U0771866

四川省「十四五」职业教育省级规划立项建设教材

 高等职业教育智能制造类新形态一体化教材

PLC编程及应用技术

（西门子）

PLC BIANCHENG JI YINGYONG JISHU(SIEMENS)

主　编　满海波　佘　东

副主编　徐　敏　姜洪训　刘　颜　程龙泉

主　审　许志军

中国教育出版传媒集团

高等教育出版社·北京

内容提要

本书以西门子 PLC 为核心，采用"项目导向、任务驱动"的教学模式编写而成，系统介绍了西门子 S7-300、S7-1200 和 S7-1500 PLC 编程及应用技术，涵盖了从基础入门到典型控制应用的多个实际工程项目。内容由浅入深，包括：PLC 简单控制入门、电动机控制、彩灯闪烁与循环控制、电子产品加工线机械手控制、锂电池隔膜生产线烘箱温度控制、高速钢轨生产线通信控制、新能源汽车生产线通信控制以及智能变频恒压供水控制系统设计等。每个项目围绕一个具体的工业应用场景展开，涵盖 PLC 的基本功能、硬件结构、指令应用、编程方法、硬件组态、通信技术以及系统调试等各个方面。每个项目由多个任务组成，以工作过程为导向，通过实施每个任务，逐步引导学生掌握 PLC 在不同工业场景中的应用。

本书中附有微课讲解和拓展材料等学习资源，学生可扫描书中的二维码查看，随时随地获取新知识，享受学习新体验。

本书可在高职院校电气自动化技术、机电一体化技术、工业机器人技术、机电设备技术和供用电技术等专业使用，同时也可作为企业人员的 PLC 技术培训教材。

图书在版编目（CIP）数据

PLC 编程及应用技术 ：西门子 / 满海波，佘东主编.

北京 ： 高等教育出版社，2025. 8. -- ISBN 978 - 7 - 04 - 064895 - 9

Ⅰ. TM571.61

中国国家版本馆 CIP 数据核字第 202531FX81 号

| 策划编辑 | 谢永铭 | 责任编辑 | 田一彤 | 封面设计 | 张文豪 | 责任印制 | 高忠富 |

出版发行	高等教育出版社	网　址	http://www.hep.edu.cn
社　址	北京市西城区德外大街 4 号		http://www.hep.com.cn
邮政编码	100120	网上订购	http://www.hepmall.com.cn
印　刷	杭州广育多莉印刷有限公司		http://www.hepmall.com
开　本	787mm×1092mm　1/16		http://www.hepmall.cn
印　张	19.75		
字　数	518 千字	版　次	2025 年 8 月第 1 版
购书热线	010-58581118	印　次	2025 年 8 月第 1 次印刷
咨询电话	400-810-0598	定　价	46.00 元

本书如有缺页、倒页、脱页等质量问题，请到所购图书销售部门联系调换

版权所有　侵权必究

物 料 号　64895-00

配套学习资源及教学服务指南

 二维码链接资源

本书配套微课讲解和拓展材料等学习资源，在书中以二维码链接形式呈现。使用手机扫描书中的二维码进行查看，可随时随地获取学习内容，享受学习新体验。

打开书中附有二维码的页面　　　　**扫描二维码**　　　　**查看相应资源**

 教师教学资源索取

本书配有课程相关的教学资源，例如，PPT课件、习题及参考答案等。选用教材的教师，可扫描下方二维码，关注微信公众号"高职智能制造教学研究"，点击"教学服务"中的"资源下载"，或电脑端访问地址（101.35.126.6），注册认证后下载相关资源。

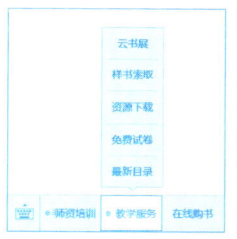

★如您有任何问题，可加入工科类教学研究中心QQ群：240616551。

二维码资源列表

项目	页码	类型	名称	项目	页码	类型	名称
项目7	206	微课	MM440变频器的参数设置方法	项目8	228	微课	S7-1200 PLC与ABB工业机器人的PROFINET通信
项目7	209	微课	MM440变频器主要控制字的设定计算方法	项目9	266	拓展材料	"大国工匠"崔兴国
项目8	223	视频	新能源汽车生产线	项目9	277	微课	模块化程序设计方法
项目8	225	拓展材料	全国劳动模范张永忠	项目9	283	微课	结构化程序设计方法

前　言

随着工业自动化技术的飞速发展,可编程控制器(PLC)已成为现代工业控制领域不可或缺的核心技术。从简单的机械控制到复杂的智能制造系统,PLC 为提高生产效率、保障产品质量、降低能耗和提升企业竞争力发挥了重要作用。本书旨在帮助学生系统地掌握 PLC 编程及应用技术,同时培养其工程素养、创新精神、团队合作意识等,使其成为适应新时代发展的高素质技能人才。

本书充分考虑了学生的学习需求和工业实际应用的特点,内容以西门子 PLC 为核心,通过多个典型场景的实际工程项目展开。每个项目均包括项目情景、项目导学、学习目标、学习指导、学习任务、拓展训练和能力测试等环节,并有机融入课程思政,旨在引导学生逐步掌握PLC 的基本功能、硬件结构、指令应用、编程方法、硬件组态、通信技术以及系统调试等。

本书在编写过程中,重点突出以下几个特点。

1. 理论实践相结合。每个项目均配有详细的项目任务实施步骤,学生可以通过实际操作加深对理论知识的理解,增强动手能力。

2. 项目驱动式教学。以实际工程项目为载体,引导学生在完成项目任务的过程中掌握知识和技能,培养其解决实际问题的能力。

3. 能力培养为导向。本书不仅注重知识的传授,更注重对学生能力的培养,包括 PLC 编程能力、装调能力、系统设计能力和通信技术应用能力等。

4. 提升综合素养。本书通过实际案例和项目任务,将思政教育有机融入项目学习的环节,使学生在掌握技术的同时,提高科技创新意识和民族自豪感。

本书由满海波、佘东担任主编,并负责全书统稿;由徐敏、姜洪训、刘颜和程龙泉担任副主编;由许志军担任主审。编写分工如下:满海波编写项目 1(部分)、2(部分)、4(部分)、7(部分)、9(部分);佘东编写项目 5(部分);徐敏编写项目 3、6(部分)、7(部分);姜洪训编写项目 2(部分)、6(部分)、7(部分);刘颜编写项目 2(部分)、8(部分);程龙泉编写项目 9(部分);贾洪编写项目 4(部分);宋立中编写项目 1(部分);陈皓波编写项目 8(部分);吕子乒编写项目 5(部分)。参加本书资源建设的还有攀钢集团有限公司的刘自彩、

1

黄启益、黄云峰，四川卓勤新材料科技有限公司的李金。

编写本书时，编者查阅和参考了众多文献资料，在此向参考文献的作者致以诚挚的谢意。四川机电职业技术学院有关领导和同事以及高等教育出版社的同志对本书的出版也给予了大力支持和帮助，在此一并表示衷心的感谢。

由于编者水平有限，书中难免存在不妥之处，恳请读者批评指正。

编　者

目　　录

PLC 简单控制入门

【项目情景】

　　工业自动化是机器设备或生产过程在不需要人工直接干预的情况下,按预期的目标实现测量、操控等信息处理和过程控制的统称。可编程控制器(programmable logic controller,PLC)是将 3C(computer, control, communication)技术,即微型计算机技术、控制技术及通信技术融为一体,应用到工业控制领域的一种高可靠性控制器,是当代工业自动化的重要支柱。电气设备能否便捷可靠地实现自动化,很大程度上取决于可编程控制器的应用水平。学好PLC 需要循序渐进,首先从最基础的电动机点动控制、长动控制入门,本项目基于 CA6140 型车床,通过对 PLC 的基本指令、软件使用方法的学习,开启 PLC 应用的大门。

【项目导学】

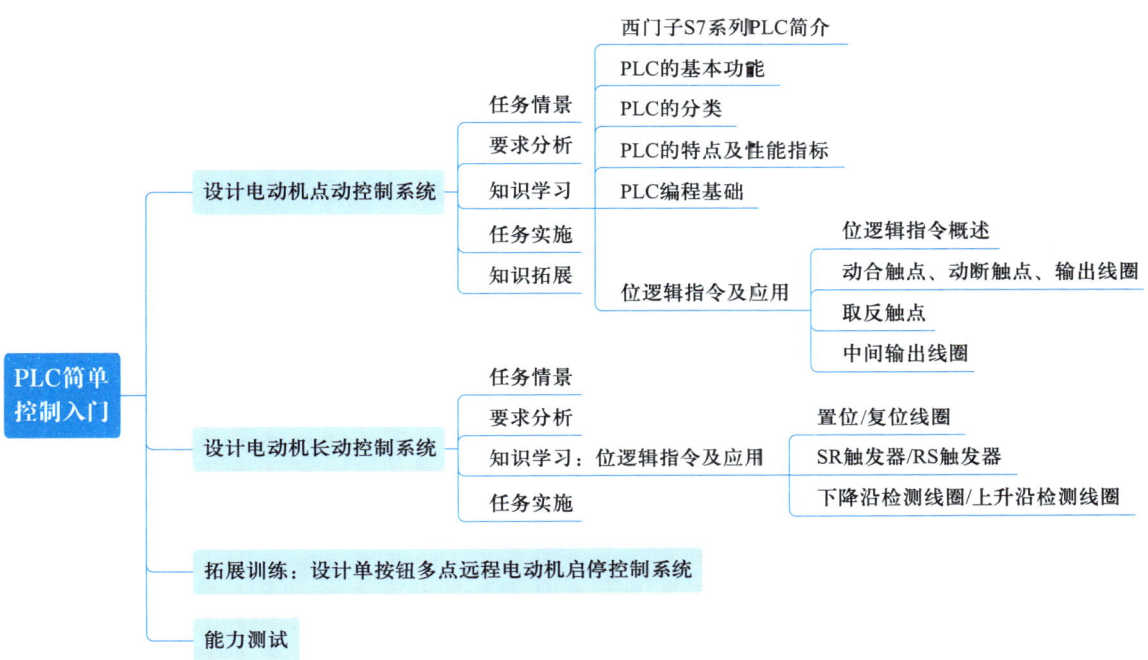

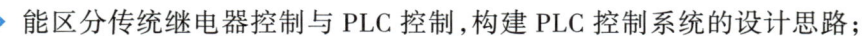

【学习目标】

知识目标	▶ 掌握 PLC 的定义、功能及主要特点； ▶ 了解 PLC 的分类及发展趋势； ▶ 掌握 PLC 的结构和工作过程。
能力目标	▶ 能识别 PLC 各模块型号，掌握安装方式； ▶ 会用性能指标确定 PLC 产品的优劣； ▶ 会应用 LAD 指令设计常见的 PLC 控制程序； ▶ 能实施电动机点动控制； ▶ 能对电动机点动控制和长动控制系统进行设计和调试。
素质目标	▶ 具有严谨的科学态度和扎实的专业基础； ▶ 具有沟通能力和团队协作精神； ▶ 具有爱岗敬业的职业操守； ▶ 具有安全意识和规范的操作习惯。

【学习指导】

重点

▶ 掌握三相异步电动机点动控制和长动控制的工作原理；
▶ 能正确设计 I/O 接线示意图；
▶ 会使用基本 LAD 指令；
▶ 会根据控制要求用 STEP 7 或 TIA Portal 软件进行程序设计和调试。

拓展材料

中国制造2025

难点

▶ 能区分传统继电器控制与 PLC 控制，构建 PLC 控制系统的设计思路；
▶ 针对同一控制要求，存在多种控制方法，可灵活运用各种指令完成控制任务。

学习任务 1　设计电动机点动控制系统

1.1　任务情景

图 1-1 所示为 CA6140 型车床。当操作人员需要快速移动车床刀架时,只要按下按钮,刀架就会快速移动;松开按钮,刀架就会立即停止移动,这种控制方式叫作点动控制。电动机点动控制常用于需要短时间、小幅度、精确动作的设备和场景中,如机床设备的快速调试和定位、起重机和提升设备、机械印刷以及自动化生产线的初始启动和故障排查等。

图 1-1　CA6140 型车床

1.2　要求分析

1.2.1　电动机点动控制电路简介

如图 1-2 所示的三相异步电动机点动控制电路是一个简单的继电—接触器控制环节,运用 PLC 对其进行改造和控制,可以辅助了解 PLC 控制的基本方法。

图中电源开关 QS、熔断器 FU1,交流接触器 KM 的主触点组成主电路,主电路中通过的电流比较大。按钮 SB、交流接触器 KM 的线圈组成控制回路,控制回路中通过的电流比较小。

电路工作原理如下：接通电源开关 QS，按下按钮 SB，KM 线圈通电，其动合主触点闭合，电动机定子绕组接通三相电源，电动机启动。松开按钮 SB，KM 线圈断电，动合主触点断开，切断三相电源，电动机停转。

1.2.2　PLC 控制要求分析

采用 PLC 控制电动机的点动运行，是一种最简单的逻辑控制，实现起来较为简单。但是由于 PLC 控制跟继电—接触器控制不同，其输出采用的是"串行"工作方式，要同时实现"点动"与"连续运行"控制，就不能采用类似于继电—接触器的控制思路了。

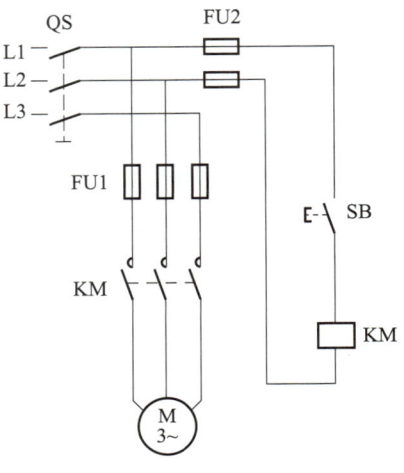

图 1-2　三相异步电动机点动控制电路

1.3　知识学习

1.3.1　西门子 S7 系列 PLC 简介

西门子 S7 系列 PLC 是西门子公司推出的具有强大功能和广泛适用范围的可编程逻辑控制器，在工业自动化领域中具有重要地位，被广泛应用于制造业、能源和交通等众多行业。如图 1-3 所示，西门子 S7 系列 PLC 包括多个型号，以满足不同规模和复杂程度的自动化控制需求，其中较为常见的有 S7-200、S7-300、S7-400、S7-1200 和 S7-1500 等。

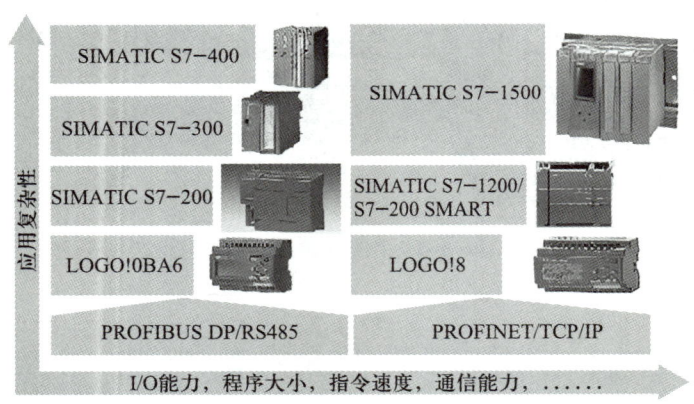

图 1-3　西门子 S7 系列 PLC

目前，为了适应大中小型企业的不同需求，同时扩大 PLC 在工业自动化领域的应用范围，PLC 正朝着以下两个方向发展：

1. 低档 PLC 向小型化、简易廉价方向发展，使之能更加广泛地取代继电器控制；

2. 中高档 PLC 向大型、高速、多功能方向发展，使之能取代工业控制器的部分功能，对复杂系统进行综合性自动控制。

1.3.2　PLC 的基本功能

1. 控制功能

（1）逻辑控制

PLC 具有逻辑运算功能,它设置与、或、非等逻辑指令,具有逻辑运算功能,能够描述继电器触点的串联、并联、串并联等多种连接模式,因此它可以代替继电器进行组合逻辑与顺序逻辑控制。

（2）定时与计数控制

PLC 具有定时、计数功能。它为用户提供了若干个电子定时器、计数器,并设置了定时、计数指令。定时值、计数值可由用户在编程时设定,并能读取与修改,使用灵活且操作方便。程序投入运行后,PLC 将根据用户设定的定时值、计数值对某个操作进行定时、计数控制。用户可自行设定接通延时、关断延时和定时脉冲等方式。例如,使用脉冲控制可以实现加、减计数模式,连接码盘可进行位置检测。

（3）顺序控制

在前道工序完成后,自动转入下一道工序,使一台 PLC 可作为步进控制器使用。

2. 数据采集、存储与处理功能

有些 PLC 还具有数据处理及并行运算能力,能进行数据并行传输、比较和逻辑运算,甚至是 BCD 码的加、减、乘、除运算,还能完成与、或、非、异或、逻辑移位、算术移位、数据检索、比较及数制转换等操作。

3. A/D、D/A 转换功能

PLC 还具有"模数"转换（A/D）和"数模"转换（D/A）功能,能完成对模拟量的控制与调节,位数和精度可以根据用户要求选择。一些 PLC 具有温度测量接口,可直接连接各种热电阻或热电偶。

4. 通信与联网功能

现代 PLC 采用了通信技术,可以进行远程 I/O 控制,多台 PLC 之间可以进行同位连接,还可以与计算机进行上位连接,接收计算机的命令,并将执行结果返回计算机。由一台计算机和若干台 PLC 可以组成"集中管理、分散控制"的分布式控制网络,能完成较大规模的复杂控制。

5. 控制系统监控功能

PLC 配备有较强的监控功能,既能记录某些异常情况,也能在发生异常情况时自动终止运行。在控制系统中,操作人员通过监控命令可以监视有关部分的运行状态,可以调整定时或计数等设定值,便于调试、使用和维护。

6. 编程与调试

使用复杂程度不同的手持、便携和桌面式编程器和操作屏组成工作站,进行编程、调试、监视、试验和记录,可打印程序文件。

1.3.3　PLC 的分类

1. 按 I/O 点数及内存容量分类

按 I/O 点数和内存容量来分,PLC 大致可分为大、中、小型 3 种。

小型 PLC 的 I/O 点数在 256 点以下,内存容量在 4 K 字以下,一般采用紧凑型结构,以开关量控制为主,适合单机控制或小型系统的控制。

中型 PLC 的 I/O 点数在 256 ~ 1 024 点之间,内存容量一般为 2 ~ 8 K 字,采用模块化结构,比较适合中型或大型控制系统的控制。

大型 PLC 的 I/O 点数在 1 024 点以上,内存容量一般为 8 K 字以上,采用模块化结构,软、硬件功能较强。

2. 按结构形式分类

PLC 可分为整体式和模块式 2 种。

整体式 PLC 是将其电源、中央处理器、I/O 部件等集中配置在一起,有的甚至全部安装在一块印制电路板上。整体式 PLC 结构紧凑,体积小、质量小、价格低,但 I/O 点数固定,使用不灵活。小型 PLC 常采用这种结构,如西门子 S7–200 和 S7–1200。

模块式 PLC 是把 PLC 的各部分以模块形式分开。例如,电源模板、CPU 模板、输入模板和输出模板等,将这些模板插入机架底板上,组装在一个机架内,这种结构配置灵活、装配方便且便于扩展,常用于中型和大型 PLC。

3. 按控制功能分类

按 PLC 功能强弱来分,可分为低档机、中档机和高档机三种。

低档 PLC 通常具有基本的逻辑控制功能,如开关量输入 / 输出、简单的逻辑运算等。这类 PLC 适用于简单的控制任务,例如小型设备或简单的工艺流程控制,常见的有西门子 S7–200。

中档 PLC 除了基本的逻辑控制功能外,还可能具备更多的模拟量输入 / 输出、PID 控制、通信接口等模块。这类 PLC 能够处理更复杂的控制逻辑和算法,适用于中大型系统或对控制要求较高的应用,常见的有西门子 S7–300 和 S7–1200。

高档 PLC 通常具有更强大的处理能力、更丰富的通信接口和更高级的功能。这类 PLC 可以支持高级的编程语言、冗余配置、运动控制和数据处理等,适用于大型复杂的自动化系统,如工厂自动化、过程控制等领域,常见的有西门子 S7–400 和 S7–1500。

1.3.4　PLC 的特点及性能指标

1. PLC 的特点

(1) 高可靠性

由于工业生产过程是昼夜连续的,一般的生产装置要使用几个月,甚至几年才大修一次,这就要求 PLC 具有较高的可靠性,而高可靠性是 PLC 最突出的特点之一。这是因为它采用了微电子技术,所有的 I/O 接口电路均采用光电隔离措施,使工业现场的外电路与 PLC 内部电路之间在电气上隔离。大量的开关动作由无触点的半导体电路来完成,另外还采用了屏蔽、滤波等抗干扰措施,因此它的平均故障间隔时间为 3 ~ 5 万小时。大型 PLC 还采用由两个 CPU 构成的冗余系统,或由三个 CPU 构成的表决系统。

(2) 丰富的 I/O 接口

由于工业控制器只是整个工业生产过程的自动控制系统中的一个控制中枢,为了实现对工业生产过程的控制,工业控制器还必须与各种工业现场的设备相连接才能完成控制任务。因此 PLC 除了具有计算机的如 CPU、存储器等基本部件以外,还有丰富的 I/O 接口模块。对不同的工业现场信号(如交流、直流、电压、电流、开关量、模拟量和脉冲量等),都有相应的 I/O 模块与工业现场的器件或设备(如按钮、行程开关、接近开关、传感器及变送器、电磁线圈、电动机启动器和控制阀等）直接连接。另外某些 PLC 还有通信模块和特殊功能模块等。

（3）灵活性

有了 PLC，电气工程师不必为每套设备配备专用控制装置，可使控制系统的硬件设备均采用相同的 PLC，只需编写不同应用程序即可，实现用一台 PLC 控制多台操作方式完全不同的设备。

（4）采用模块化结构

为了适应各种工业控制的需要，除单元式的小型 PLC，绝大多数 PLC 均采用模块化结构。PLC 的各个部件均采用模块化设计，由机架和电缆将各模块连接起来。

（5）便于改进和修正

相比于传统的电气控制线路，PLC 为改进和修正控制方案提供了极其方便的手段。以前也许要花费几周的时间，现在可能只用几分钟就可以完成。

（6）节点利用率提高

传统电路中一个继电器只能提供几个联锁节点，而 PLC 一个输入中的开关量或程序中的一个线圈可提供用户所需要的任意数量的联锁节点，也就是说，节点在程序中可不受限制地使用。

（7）模拟调试

PLC 能在实验室内进行功能的模拟调试，缩短现场的调试时间。

（8）对现场进行监视

在 PLC 系统中，操作人员能通过显示器观测到每一个所控节点的运行情况，随时监视现场。

（9）快速动作

PLC 反应速度很快，内部节点是 ms 级的，外部设备是 ms 级的。

（10）体积小、质量轻、功耗低

由于采用半导体集成电路，与传统控制系统相比较，PLC 体积小、质量轻、功耗低。

（11）编程简单、使用方便

PLC 采用面向控制过程、面向问题的"自然语言"编程，容易掌握和使用。

2. PLC 的性能指标

PLC 的性能指标可分为硬件指标和软件指标两大类，是设计控制系统时选择 PLC 产品的重要依据。

（1）编程语言

PLC 常用的编程语言有梯形图（LAD）、指令表、流程图及某些高级语言等。目前使用最多的是梯形图和指令表，不同的 PLC 可采用不同的语言。

（2）I/O 点数

PLC 的输入量和输出量有开关量和模拟量两种。开关量 I/O 用最大 I/O 点数表示，模拟量 I/O 则用最大 I/O 通道数表示。

（3）内部继电器的种类

PLC 的内部继电器包括普通继电器、保持继电器和特殊继电器等。

（4）用户程序存储量

PLC 的用户程序存储量是指 PLC 中用于存储用户编写的控制程序的空间大小，用户程序存储量的大小决定了能够存储的程序代码量。一般来说，用户程序存储量越大，就能够编写更复杂、更长的程序,这对于处理复杂的控制逻辑和实现更多的功能非常重要。

用户程序存储量通常用字节(Byte)、字(Word)、千字节(KB)或兆字节(MB)等单位来表示。中小型 PLC 的用户程序存储量通常在几 KB 到几百 KB 之间,而大型 PLC 的用户程序存储量则可能达到几十 MB。例如,S7-1200 PLC 内置装载存储器有 1 MB(S7-1211C、S7-1212C)、2 MB(S7-1214C V3.0 以下)和 4 MB(S7-1214C V3.0 以上、S7-1215C、S7-1217C)三种,如果通过存储卡扩展,理论上可以增加到 32 GB。

(5)扫描速度

PLC 的扫描速度以毫秒 / 千字节(ms/KB)为单位表示。

(6)工作环境

PLC 的工作环境温度为 0 ~ 55 ℃,相对湿度为 35% ~ 85%。

1.3.5 PLC 编程基础

1. 数据类型

在 S7 系列 PLC 中,数据类型分成三大类。基本数据类型:定义不超过 32 位(Bit)的数据(符合 IEC 61131-3 的规定);复式数据类型:定义超过 32 位或由其他数据类型组成的数据;参数类型:定义传给 FB 块和 FC 块的参数。下面介绍在 S7 系列 PLC 中最常见的两种基本数据类型。

(1)位

位(Bit)数据的类型为布尔(BOOL)型,仅占 1 位(即二进制中的 **0** 或 **1**),其中值 **1** 代表逻辑真,值 **0** 代表逻辑假。

位存储单元的地址由字节地址和位地址组成,例如,I2.4 中的区域标示符"I"表示输入(Input),字节地址为 2,位地址为 4(图 1-4),这种方式称为字节位寻址方式。

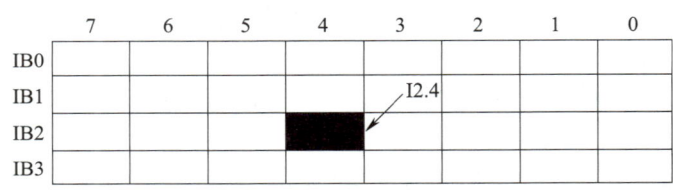

图 1-4 位数据

(2)字节

1 个字节(Byte)由 8 个位组成,例如:输入字节 IB2(B 是 Byte 的缩写)由 I2.0 ~ I2.7 共 8 个位组成(图 1-4),其中的第 0 位为最低位,第 7 位为最高位。I1.3 表示 PII 区(过程映像输入存储器)第 1 字节的第 3 位。QB4 表示 PIQ 区(过程映像输出存储器)第 4 字节,由 Q4.0 ~ Q4.7 共 8 个位组成。

表 1-1 列出了 STEP 7 中常用的基本数据类型,给出了对不同基本数据类型直接寻址的例子,也说明了各种常量的表示方法。

数据类型决定了以什么格式访问存储区中的数据。例如,基本数据类型中的字和整数的位数均为 16 位。对于某 16 位的存储器,若以整数的格式访问 16 位的存储区,16 位中的最高位有特殊含义,它表示整数是正数还是负数;而若以字的格式访问,最高位则没有特殊含义。

表 1–1 STEP 7 中常用的基本数据类型

数据类型	符号	位数	取值范围	取值举例
位	Bit	1	**1、0**	TRUE、FALSE 或 **1、0**
字节	Byte	8	16#00 ~ 16 # FF	16#2、16#AB
字	Word	16	16#0000 ~ 16#FFFF	16 # ABCD、16 # 0001
双字	DWord	32	16#00000000 ~ 16#FFFFFFFF	16 #02468ACE
字符	Char	8	16#00 ~ 16#FF	'A'、't'
有符号短整数	SInt	8	−128 ~ 127	125、−125
整数	Int	16	−32 768 ~ 32 767	125、−125
双整数	DInt	32	−2 147 483 648 ~ 2 147 483 647	125、−125
无符号短整数	USInt	8	0 ~ 255	125
无符号整数	UInt	16	0 ~ 65 535	125
无符号双整数	UDInt	32	0 ~ 4 294 967 295	125
浮点数（实数）	Real	32	$\pm 1.175\,495 \times 10^{-38}$ ~ $\pm 3.402 \times 10^{38}$	12.45、−3.4、−3.1E+12（表示 -3.1×10^{12}）
双精度浮点数	LReal	64	$\pm 2.225\,073\,858\,507\,202\,0 \times 10^{-308}$~ $\pm 1.797\,693\,134\,862\,315\,7 \times 10^{308}$	12356.56743、−1.2E+40（表示 -1.2×10^{40}）
时间	Time	32	T#−24d20h31m23s648ms ~ T#+24d20h31m23s648ms	T#1d_2h_15m_30s_50ms（表示 1 天 2 时 15 分 30 秒 50 毫秒）

语句表、梯形图和功能块图指令使用特定长度的数据对象。例如，位逻辑指令使用位；装载和传递指令（STL）以及移动指令（LAD 和 FBD）使用字节、字和双字；数学运算指令也使用字节、字或双字。

2. 数字量模块地址分配

S7 系列 PLC 的数字量地址由地址标识符、地址的字节部分和位部分组成，一个字节由 0 ~ 7 共 8 位组成。地址标识符 I 表示输入位，Q 表示输出位，M 表示存储器位。例如，I3.2 是一个数字输入量的地址，小数点前面的 3 是地址的字节部分，小数点后面的 2 表示这个输入点是第 3 个字节中的第 2 位。

开关量除了按位寻址外，还可以按字节、字和双字寻址。例如，输入量 I2.0 ~ I2.7 组成输入字节 IB2，B 是 Byte 的缩写；字节 IB2 和 IB3 组成一个输入字 IW2，W 是 Word 的缩写，其中的 IB2 为高位字节；IB2 ~ IB5 组成一个输入双字 ID2，D 是 Double Word 的缩写，其中的 IB2 为最高位的字节。一般以组成字和双字的第一个字节的地址作为字和双字的地址。

S7-300 的信号模块的字节地址与模块所在的机架号和槽号有关，而位地址与信号线接在模块上的哪一个端子有关。对于数字量模块，从 0 号机架的 4 号槽开始，每个槽位分配 4 个字节的地址，相当于 32 个 I/O 点。最多可能有 32 个数字量模块，共占用 32×4 B=128 B。数字量 I/O 模块内最低的位地址（如 I0.0）对应的端子位置最高，最高的位地址对应的端子位置最低。数字量 I/O 模块可以插入槽号为 4 ~ 11 的所有位置，各槽号所对应的数字量地址见表 1–2，每个槽划分为 4 B（等于 32 个 I/O 点）。

表 1-2　S7-300 PLC 数字量地址分配

主机架	槽号							
	4	5	6	7	8	9	10	11
0	0.0 ~ 3.7	4.0 ~ 7.7	8.0 ~ 11.7	12.0 ~ 15.7	16.0 ~ 19.7	20.0 ~ 23.7	24.0 ~ 27.7	28.0 ~ 31.7

扩展机架	槽号							
	4	5	6	7	8	9	10	11
1	32.0 ~ 35.7	36.0 ~ 39.7	40.0 ~ 43.7	44.0 ~ 47.7	48.0 ~ 51.7	52.0 ~ 55.7	56.0 ~ 59.7	60.0 ~ 63.7
2	64.0 ~ 67.7	68.0 ~ 71.7	72.0 ~ 75.7	76.0 ~ 79.7	80.0 ~ 83.7	84.0 ~ 87.7	88.0 ~ 91.7	92.0 ~ 95.7
3	96.0 ~ 99.7	100.0 ~ 103.7	104.0 ~ 107.7	108.0 ~ 111.7	112.0 ~ 115.7	116.0 ~ 119.7	120.0 ~ 123.7	124.0 ~ 127.7

3. 数字量 I/O 模块地址的确定

一个数字量 I/O 模块的输入或输出地址由字节地址和位地址组成。字节地址取决于其模块起始地址。例如,如果插在第 4 号槽里,若 I/O 模块的起始地址均为 0,则其地址分配如图 1-5 所示。

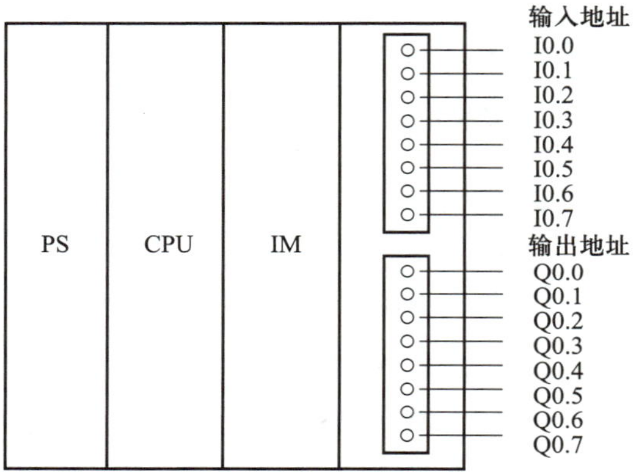

4. PLC 编程的基本原则

(1) 外部输入 / 输出继电器、内部继电器、定时器、计数器等器件的接点可多次重复使用,无须用复杂的程序结构来减少接点的使用次数。

(2) 梯形图每一行都是从左母线开始,线圈接在最右侧,接点不能放在线圈的右侧。

(3) 线圈不能直接与左母线相连。

图 1-5　数字量 I/O 模块的地址分配举例

(4) 同一编号的线圈在一个程序中使用两次称为双线圈输出。双线圈输出容易引起误操作,应尽量避免重复使用线圈。

(5) 梯形图程序必须符合顺序执行的原则,即从左到右、从上到下地执行。若不符合顺序执行的电路则不能直接编程,例如,桥式电路就不能直接编程。

(6) 在梯形图中串联接点、并联接点的使用次数没有限制,可无限次使用。

1.3.6　位逻辑指令及应用

1. 位逻辑指令概述

位逻辑指令使用 1 和 0 两个数字,将 1 和 0 两个数字称作二进制数字或位。在触点和线圈中,1 表示激活或激励状态,0 表示未激活或未激励状态。

位逻辑指令对 1 和 0 信号状态加以解释,并按照布尔逻辑运算进行组合,结果称作"逻辑运算结果"(result of logic operation, RLO)。

常用的位逻辑指令见表 1–3。

表 1–3　常用的位逻辑指令

指令	描述
─┤├─	动合触点（地址）
─┤/├─	动断触点（地址）
─( )─	输出线圈
─┤NOT├─	取反触点
─(#)─	中间输出线圈
─(S)─	置位线圈
─(R)─	复位线圈
SR 触发器	复位优先型 SR 双稳态触发器
RS 触发器	置位优先型 RS 双稳态触发器
─(N)─	下降沿检测线圈
─(P)─	上升沿检测线圈
NEG	地址下降沿检测
POS	地址上升沿检测

2. 动合触点、动断触点、输出线圈

（1）梯形图（LAD）符号和参数说明（表 1–4）

<address>	<address>	<address>
─┤├─	─┤/├─	─( )─
动合触点	动断触点	输出线圈

表 1–4　动合触点、动断触点、输出线圈的参数说明

参数	数据类型	内存区域	说明
<address>	BOOL	I、Q、M、L、D、T、C	选中的位

（2）说明

─┤├─在指定 <address> 的位值为 1 时，动合触点处于闭合状态。动合触点闭合时，梯形图轨道能流流过触点，逻辑运算结果（RLO）为 1。否则，如果指定 <address> 的位值为 0，动合触点将处于断开状态。动合触点断开时，能流不流过触点，逻辑运算结果（RLO）为 0。串联使用时，通过 AND 逻辑将─┤├─与 RLO 位进行连接；并联使用时，通过 OR 逻辑将─┤├─与 RLO 位进行连接。

—|/|—在指定 <address> 的位值为 **0** 时，动断触点处于闭合状态。动断触点闭合时，梯形图轨道能流流过触点，逻辑运算结果（RLO）为 **1**。否则，如果指定 <address> 的位值为 **1**，将断开动断触点。动断触点断开时，能流不流过触点，逻辑运算结果（RLO）为 **0**。串联使用时，通过 AND 逻辑将—|/|—与 RLO 位进行连接；并联使用时，通过 OR 逻辑将—|/|—与 RLO 位进行连接。

—( )—的工作方式与继电器逻辑图中线圈的工作方式类似。如果有能流通过线圈（RLO 为 **1**），将置位 <address> 的位值为 **1**。如果没有能流通过线圈（RLO 为 **0**），将置位 <address> 的位值为 **0**。注意：只能将输出线圈置于梯形图的右端，可以有多个（最多 16 个）输出单元。

（3）举例

如图 1-6 所示，满足下列条件之一时，输出端 Q4.0 的信号状态将是 **1**：输入端 I0.0 和 I0.1 的信号状态为 **1**，M10.0 的信号状态也为 **1** 时；或输入端 I0.2 的信号状态为 **0**，M10.0 的信号状态也为 **1** 时。

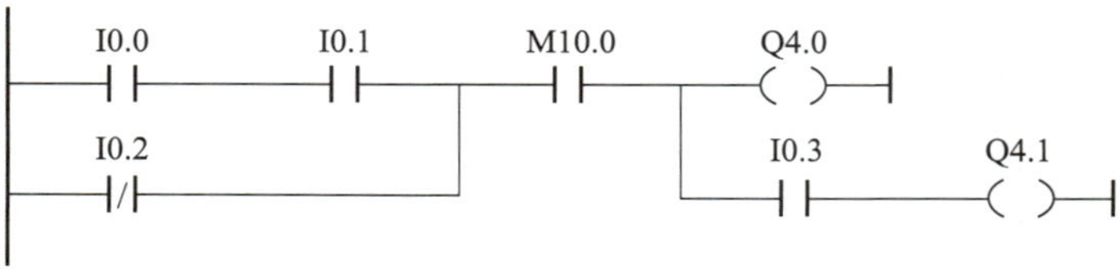

图 1-6　动合触点、动断触点、输出线圈（LAD）

满足下列条件之一时，输出端 Q4.1 的信号状态将是 **1**：输入端 I0.0 和 I0.1 的信号状态为 **1**，M10.0 和输入端 I0.3 的信号状态都为 **1** 时；或输入端 I0.2 的信号状态为 **0**，M10.0 和输入端 I0.3 的信号状态都为 **1** 时。

3. 取反触点

（1）梯形图（LAD）符号

—|NOT|—

（2）说明

取反逻辑运算结果。

（3）举例

如图 1-7 所示，满足下列条件之一时，输出端 Q4.0 的信号状态将是 **0**：输入端 I0.0 的信号状态为 **1** 或当输入端 I0.1 和 I0.2 的信号状态为 **1**。

```
A(
O     I     0.0
O
A     I     0.1
A     I     0.2
)
NOT
=     Q     4.0
```

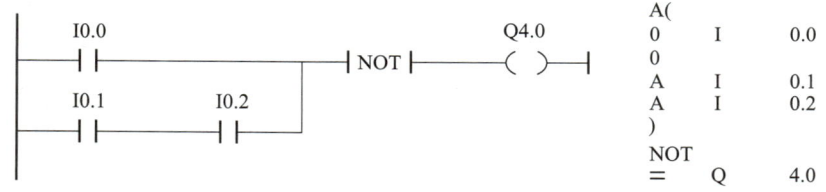

图 1-7　取反指令（LAD、STL）

4. 中间输出线圈

（1）梯形图（LAD）符号和参数说明（表1-5）

<address>
—（#）—

表1-5　中间输出线圈的参数说明

参数	数据类型	内存区域	说明
<address>	BOOL	I、Q、M、*L、D	分配位

（2）说明

—（#）—是中间输出线圈，它将 RLO 位状态（能流状态）保存到指定 <address>，保存前面分支单元的逻辑运算结果。当以串联方式与其他触点连接时，可以像插入触点那样插入—（#）—，不能将—（#）—连接到电源轨道或直接连接在分支的后面或尾部。

（3）举例

如图 1-8 所示，输入端 I0.0 的信号状态为 **1** 时，中间输出线圈 M10.0 的信号状态为 **1**；同时当 I0.1 的信号状态为 **1** 时，中间输出线圈 Q4.0 的信号状态也将为 **1**；如果此时 M20.0 的信号状态也为 **1**，则输出线圈 Q4.5 的信号状态也将为 **1**。

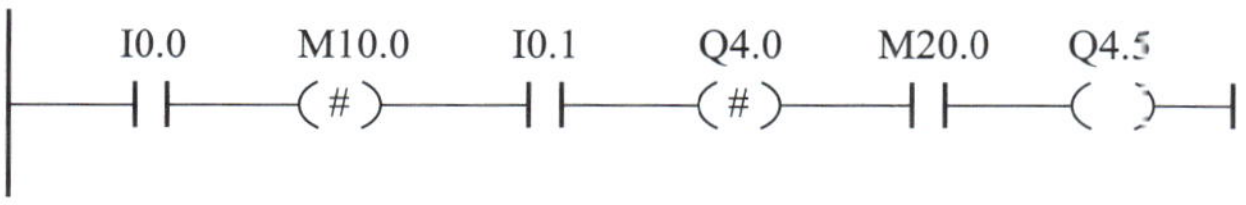

```
I0.0   M10.0   I0.1   Q4.0   M20.0   Q4.5          A   I   0.0
─┤ ├──(#)──┤ ├──(#)──┤ ├──( )─         =   M   10.0
                                                    A   M   10.0
                                                    A   I   0.1
                                                    =   Q   4.0
                                                    A   Q   4.0
                                                    A   M   20.0
                                                    =   Q   4.5
```

图 1-8　中间输出线圈（LAD、STL）

图 1-8 等价的梯形图程序如图 1-9 所示，可见中间输出线圈在一定程度上可以简化程序结构。

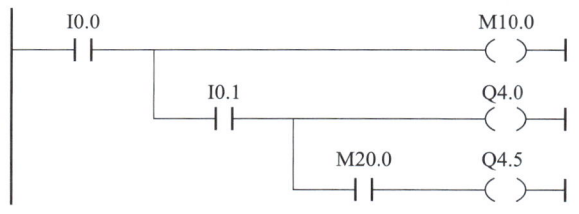

微课

编程软件
STEP 7 的
基本用法

图 1-9　与图 1-8 等价的梯形图程序

1.4　任务实施

任务要求：用 PLC 实现三相异步电动机点动控制。

» 步骤 1　设计 I/O 地址分配表

I/O 地址分配表见表 1-6。

表 1-6 三相异步电动机点动控制 I/O 地址分配表

I/O 设备名称	I/O 地址	说明
FR	I0.0	热保护（动断触点）
SB	I0.1	点动按钮（动合触点）
KM	Q4.0	交流接触器线圈

》步骤 2 设计 I/O 接线示意图

绘制 I/O 接线示意图,如图 1-10 所示。

》步骤 3 数字输入 / 输出（DI/DO）模块的安装与接线

根据 I/O 接线示意图进行接线,将各输入控制按钮、触点连接到 DI 模块的前连接器上,将 DO 模块的前连接器对应的输出点连接到交流接触器线圈上。接线时注意接线示意图上标注的电源是否为交流,以及电压等级等。

》步骤 4 创建项目

双击 STEP 7 图标打开软件,按图 1-11 所示的步骤进行项目的创建。

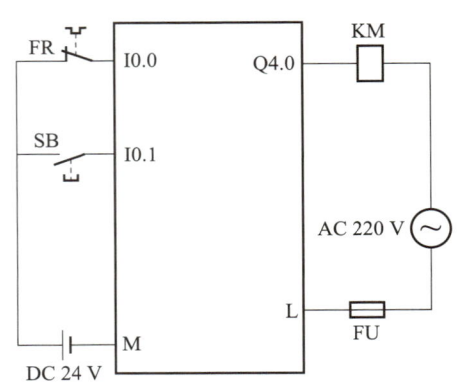

图 1-10 三相异步电动机点动控制
I/O 接线示意图

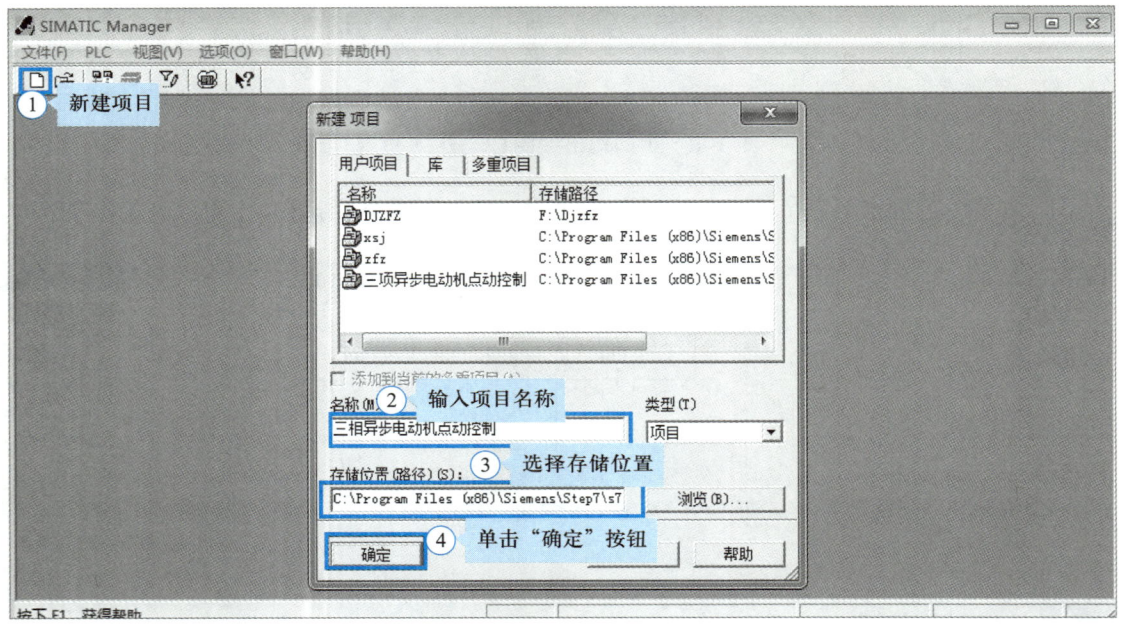

图 1-11 项目的创建

》步骤 5 硬件组态

硬件组态的任务就是在 STEP 7 中生成与实际的硬件系统完全相同的系统,组态的模块和实际的模块的插槽位置、型号、订货号和固件版本号应完全一致。硬件组态确定了 PLC I/O

变量的地址,为编写用户程序奠定了基础。硬件组态包括下列内容:

a）系统组态。从硬件目录中选择机架,将模块分配给机架中的插槽,用接口模块连接多机架系统的各个机架。对于网络控制系统,需要生成网络和网络上的站点。

b）设置 CPU 和其他模块的参数。如果没有特殊要求,可以使用默认参数。

c）具体步骤可参考图 1-12、图 1-13 和图 1-14,硬件组态完成后保存编译即可存储硬件信息。

硬件目录中 RACK 是机架或导轨,PS 是电源模块,CF 是通信处理器,FM 是功能模块,SM 是信号模块,其中的 DI、DO 分别是数字量输入模块和数字量输出模块。待硬件组态完毕,单击"编译和保存"按钮存储硬件信息,如图 1-15 所示。

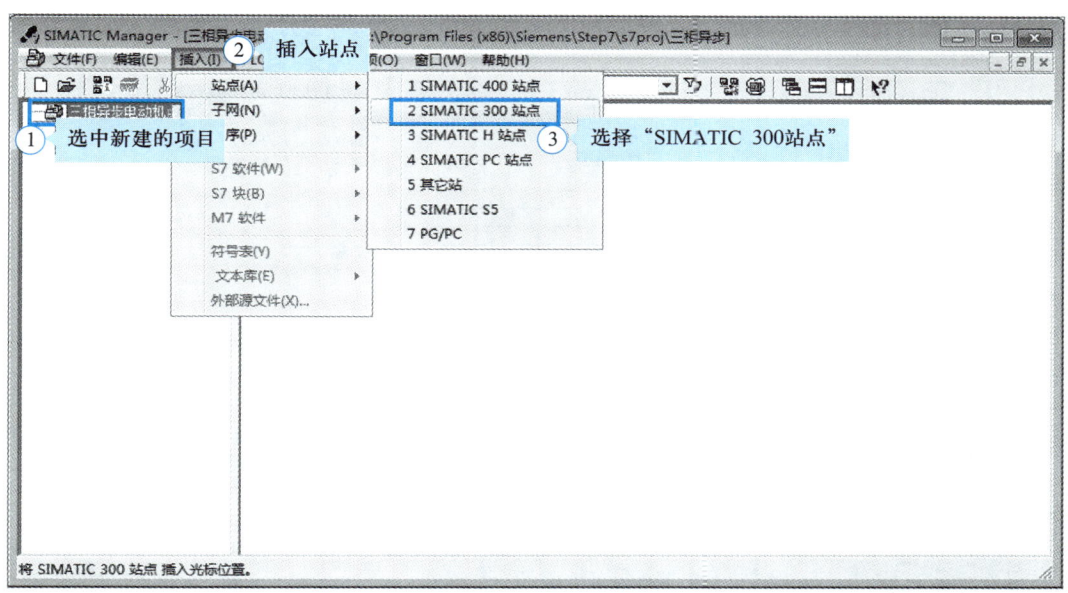

图 1-12　插入站点

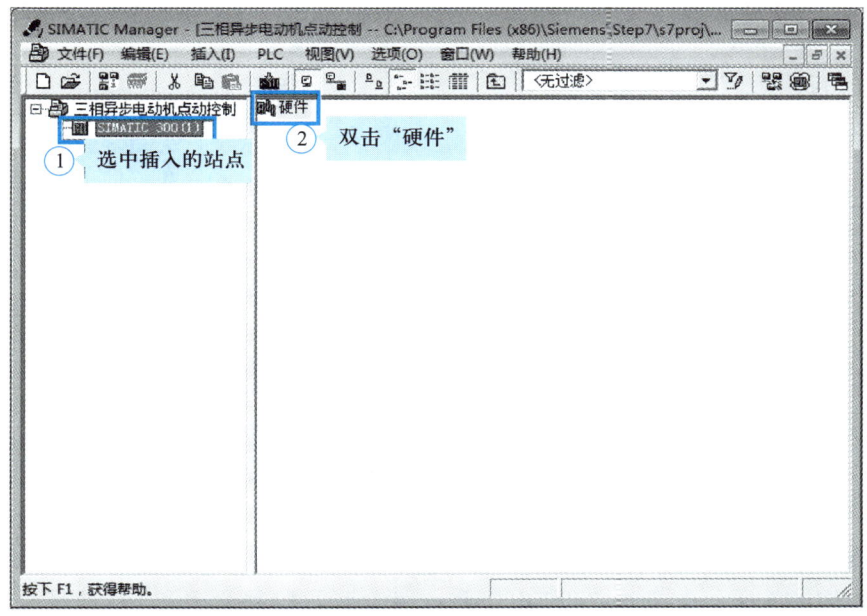

图 1-13　开始硬件组态

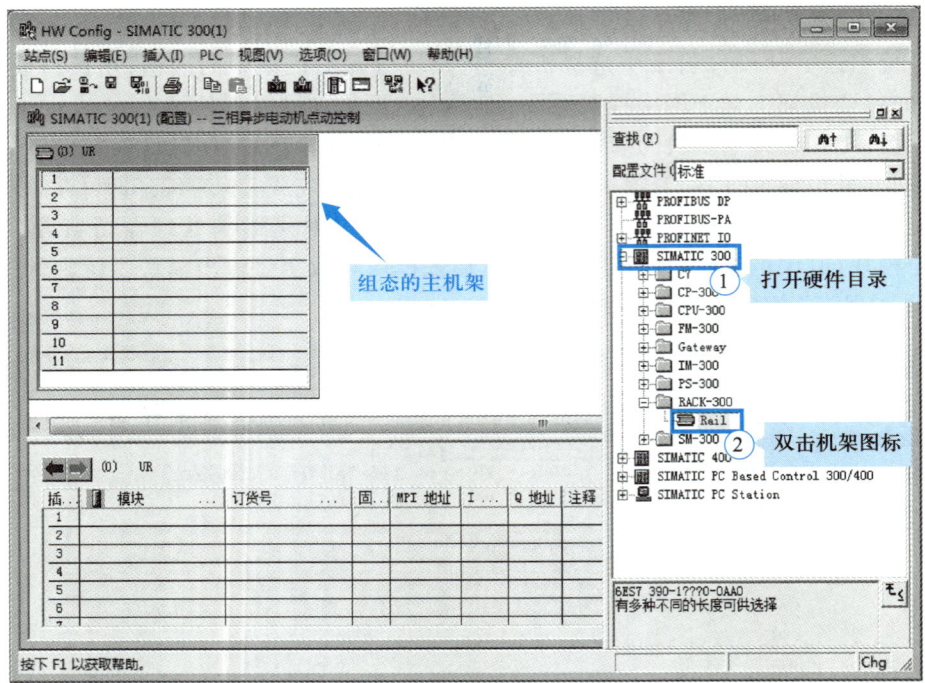

图 1-14 选择机架

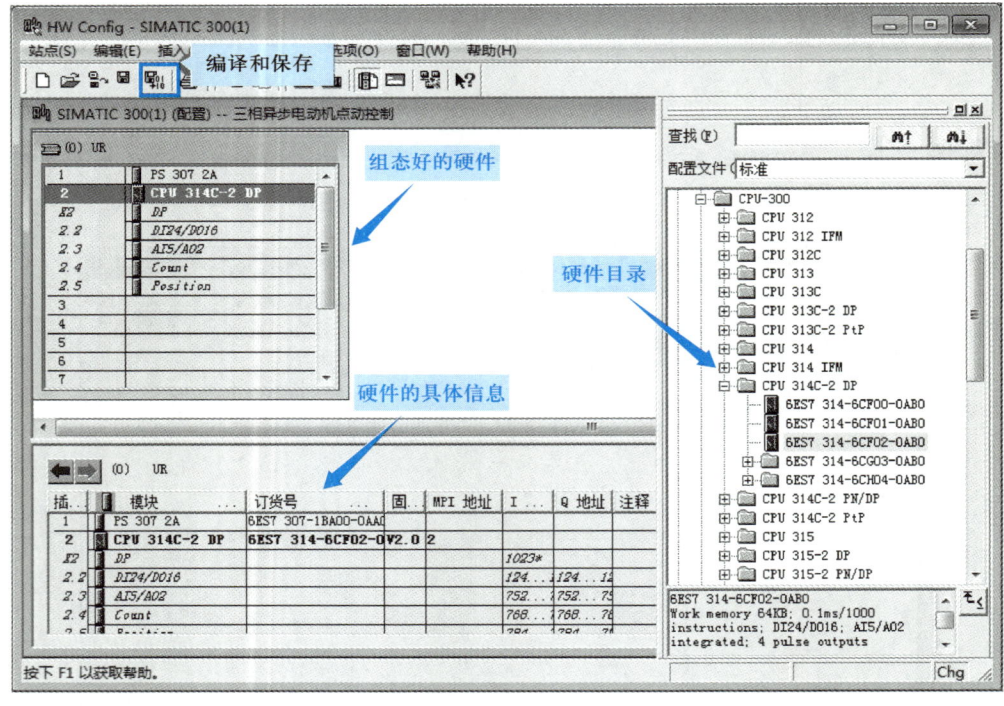

图 1-15 硬件组态示例

» 步骤 6 程序设计

按照如图 1-16 所示的方法打开 OB1,并按照电路的控制要求和 I/O 地址分配表在 OB1 中编写程序,参考程序如图 1-17 所示。

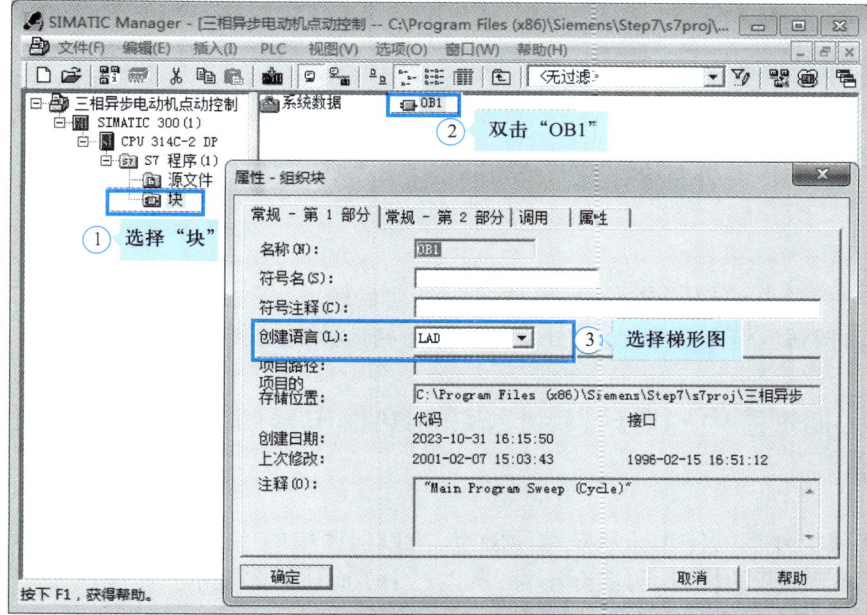

图 1–16　选择梯形图（LAD）作为编程语言

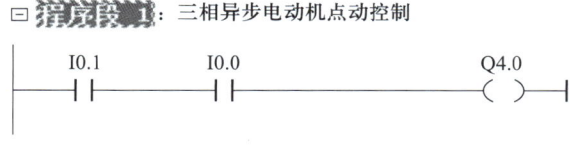

图 1–17　三相异步电动机点动控制参考程序

▶ 微课

STEP 7 仿真器
的使用

》 步骤 7　程序调试

利用 STEP 7 的仿真功能，可以实现虚拟仿真，在如图 1–18 所示的界面进行程序调试。

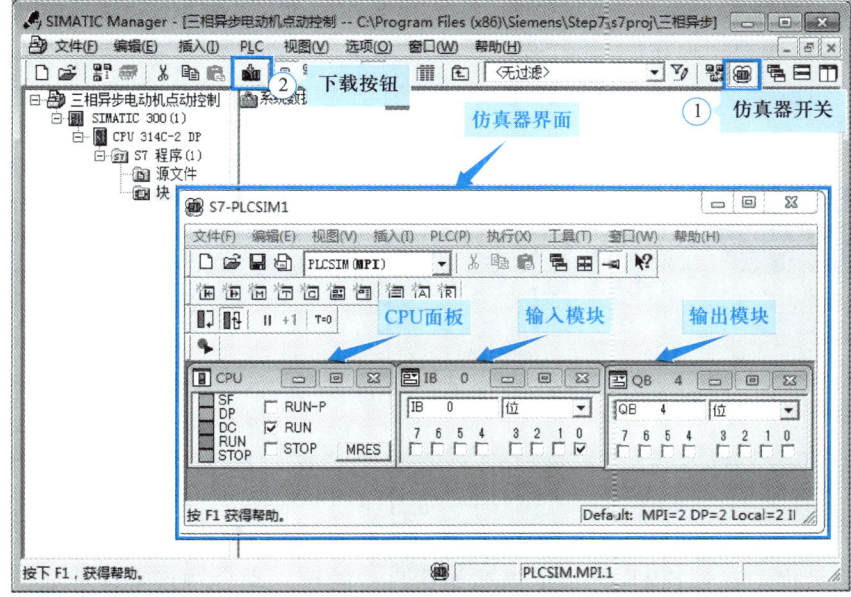

图 1–18　虚拟仿真界面

1.5　知识拓展

1.5.1　DI 模块外接的启动、停止按钮和热继电器的动合、动断硬触点应如何选择？

在继电—接触器的控制电路中，启动按钮是动合触点，停止按钮是动断触点，所以 DI 模块外接的启动按钮应该是动合触点，外接的停止按钮应该是动断触点。

1.5.2　梯形图中的启动、停止按钮和热继电器对应的动合触点、动断触点应如何选择？

由于 DI 模块外接的停止按钮是动断触点，所以程序中的停止按钮也用动断触点的话，该触点会默认处于断开的情况，与实际不符，所以在 I/O 地址分配表中一定要注明输入点是动合触点还是动断触点，这直接决定了在程序中是否取反。

1.5.3　运用 PLC 设计或改造"继电器系统"的基本方法

主电路保持不变，用程序代替原有控制电路的逻辑，主要包括三个基本步骤。

» 步骤一　分析系统的控制要求，找出实现控制目的所使用的输入量和输出量，填写 I/O 地址分配表（表 1-6）。这里所说的输入量是指实现控制要求使用的开关、按钮、触点和传感器，输出量是指系统最终控制的对象（例如，接触器线圈、指示灯、电磁阀等设备）。

» 步骤二　根据 I/O 地址分配表，绘制 I/O 接线示意图（图 1-10），根据接线示意图在 PLC 的 I/O 模块上连接线路。

» 步骤三　利用各种指令，设计控制程序，并进行调试（图 1-17、图 1-18）。反复测试程序的控制功能，查找程序存在的漏洞，并不断修改完善。

学习任务 2　设计电动机长动控制系统

2.1　任务情景

长动控制又称为自锁控制，是指依靠接触器自身的辅助动合触点来保证线圈继续通电的现象，也称为自保持控制。

在如图 1-19 所示的集装箱门式起重机中,提升机构通常采用三相异步电动机长动控制;若电动机在启动后持续运行,行走机构也可能会采用长动控制。

图 1-19　集装箱门式起重机

2.2　要求分析

当集装箱门式起重机吊起重物上升时,需要电动机持续运转来保持重物的吊起状态。如图 1-20 所示,三相异步电动机长动控制电路可以保证在启动按钮松开后,电动机仍然持续运转,从而实现重物的稳定提升。

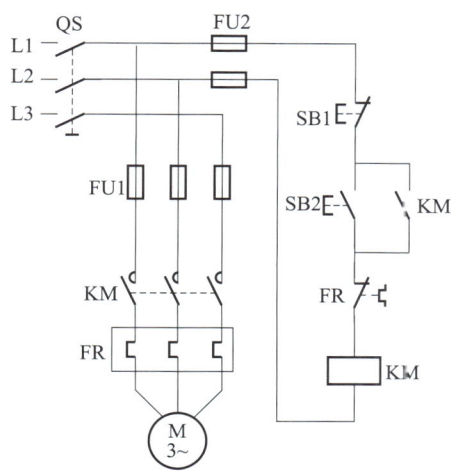

图 1-20　三相异步电动机长动控制电路

长动控制电路的工作原理如下：接通电源开关 QS，按下启动按钮 SB2，接触器线圈 KM 得电，其动合主触点闭合。电动机定子绕组接通三相电源，电动机 M 启动。同时并联在启动按钮 SB2 两端的辅助动合触点闭合，即使松开启动按钮 SB2，接触器线圈 KM 也不会断电，电动机 M 仍能继续运行。按下停止按钮 SB1，接触器线圈 KM 断电，接触器所有触点断开，切断主电路。

2.3　知识学习：位逻辑指令及应用

1. 置位 / 复位线圈

（1）梯形图（LAD）符号和参数说明（表 1-7）

```
<address>        <address>
—( S )—          —( R )—
置位线圈          复位线圈
```

表 1-7　置位 / 复位线圈的参数说明

参数	数据类型	内存区域	说明
<address>	BOOL	I、Q、M、L、D	置位
<address>	BOOL	I、Q、M、L、D、T、C	复位

（2）说明

对于—(S)—，只有在前面指令的 RLO 为 **1**（能流通过线圈）时，才会执行置位。如果 RLO 为 **1**，将把单元的指定 <address> 置位为 **1**。如果 RLO 为 **0**，将不起作用，当前状态将保持不变。

对于—(R)—，只有在前面指令的 RLO 为 **1**（能流通过线圈）时，才会执行复位。如果 RLO 为 **1**，将把单元的指定 <address> 复位为 **0**。如果 RLO 为 **0**，将不起作用，单元指定地址的状态将保持不变。注意：<address> 可以是值复位为 **0** 的定时器 T 或值复位为 **0** 的计数器 C。

（3）举例

如图 1-21 所示，满足下列条件之一时，输出端 Q4.0 的信号状态将是 1：输入端 I0.0 和 I0.1 的信号状态为 1 时；或输入端 I0.2 的信号状态为 0 时。如果 RLO 为 0，输出端 Q4.0 的信号状态将保持不变。

如图 1-22 所示，满足下列条件之一时，将把输出端 Q4.0 的信号状态复位为 0：输入端 I0.0 和 I0.1 的信号状态为 1 时，或输入端 I0.2 的信号状态为 0 时。如果 RLO 为 0，输出端 Q4.0 的信号状态将保持不变。

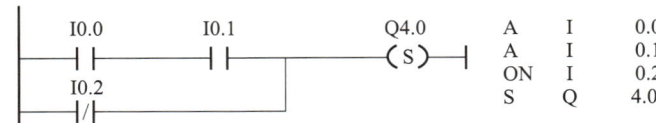

图 1-21　置位线圈（LAD、STL）

满足下列条件时才会复位定时器 T1 的信号状态：输入端 I0.3 的信号状态为 **1** 时。

满足下列条件时才会复位计数器 C1 的信号状态：输入端 I0.4 的信号状态为 **1** 时。

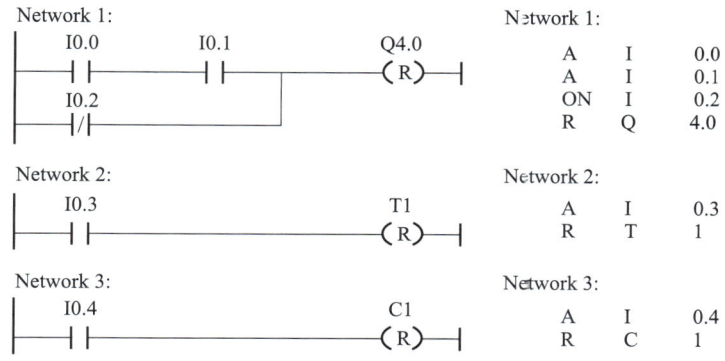

图 1-22　复位线圈（LAD、STL）

2. SR 触发器 /RS 触发器

（1）梯形图（LAD）符号和参数说明（表 1-8）

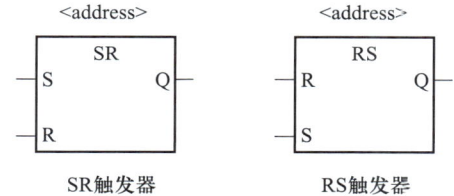

SR触发器　　　　　　　　RS触发器

表 1-8　SR 触发器 /RS 触发器的参数说明

参数	数据类型	内存区域	说明
<address>	BOOL	I、Q、M、L、D	置位或复位
S	BOOL	I、Q、M、L、D	启用置位指令
R	BOOL	I、Q、M、L、D	启用复位指令
Q	BOOL	I、Q、M、L、D	<address> 的信号状态

（2）说明

对于 SR 触发器，如果 S 输入端的信号状态为 **1**，R 输入端的信号状态为 **0**，则置位 SR 触发器。否则，如果 S 输入端的信号状态为 **0**，R 输入端的信号状态为 **1**，则复位 SR 触发器。如果两个输入端的 RLO 状态均为 **1**，则 SR 触发器先在指定 <address> 执行置位指令，然后执行复位指令，确保该 <address> 在执行余下的程序扫描过程中保持复位状态。只有在 RLO 为 **1** 时，才会执行 S（置位）和 R（复位）指令，因此这些指令不受 RLO 为 **0** 的影响。

对于 RS 触发器，如果 R 输入端的信号状态为 **1**，S 输入端的信号状态为 **0**，则复位 RS 触发器。否则，如果 R 输入端的信号状态为 **0**，S 输入端的信号状态为 **1**，则置位 RS 触发器。如果两个输入端的 RLO 均为 **1**，则 RS 触发器先在指定 <address> 执行复位指令，然后执行置位指令，确保该 <address> 在执行余下的程序扫描过程中保持置位状态。只有在 RLO 为 **1** 时，才会执行 S（置位）和 R（复位）指令，因此这些指令不受 RLO 为 0 的影响。

（3）举例

如图 1-23 所示，如果输入端 I0.0 的信号状态为 **1**，I0.1 的信号状态为 **0**，则输出 Q4.0 的信号状态将是 **1**。否则，如果输入端 I0.0 的信号状态为 **0**，I0.1 的信号状态为 **1**，则输出 Q4.0 的信号状态将是 **0**。如果两个输入端的信号状态均为 **0**，则不会发生任何变化。如果两个输入端的信号状态均为 **1**，将按顺序执行复位指令，复位输出 Q4.0 的信号状态。

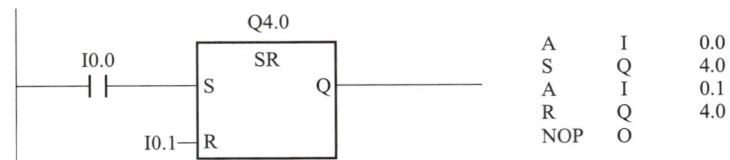

图 1-23　SR 触发器（LAD、STL）

3. 下降沿检测线圈 / 上升沿检测线圈

（1）梯形图（LAD）符号和参数说明（表 1-9）

表 1-9　下降沿检测线圈 / 上升沿检测线圈的参数说明

参数	数据类型	内存区域	说明
\<address\>	BOOL	I、Q、M、L、D	边沿存储位，存储逻辑运算结果的上一信号状态

（2）说明

—（P）—检测地址中 **0** 到 **1** 的信号变化，并在执行指令后显示"RLO=1"。具体来说，是将 RLO 中的当前信号状态与地址的信号状态（边沿存储位）进行比较。如果在执行指令前地址的信号状态为 **0**，RLO 为 **1**，则在执行指令后 RLO 将是 **1**（脉冲），而在所有其他情况下 RLO 将是 **0**，最后将指令执行前的 RLO 状态存储在地址中。

—（N）—检测地址中 **1** 到 **0** 的信号变化，并在执行指令后显示"RLO =1"。具体来说，是将 RLO 中的当前信号状态与地址的信号状态（边沿存储位）进行比较。如果在执行指令前地址的信号状态为 **1**，RLO 为 **0**，则在执行指令后 RLO 将是 **1**（脉冲），而在所有其他情况下 RLO 将是 **0**，最后将指令执行前的 RLO 状态存储在地址中。

（3）举例

如图 1-24 所示，如果输入端 I0.0 的信号状态由 **0** 变为 **1**，这一上升沿将被—（P）—检测到，并向后面的 M20.0 输出一个脉冲信号。M10.0 为边沿存储位，它将保存指令执行前的 RLO 状态，其时序图与 I0.0 一样。

如果输入端 I0.1 的信号状态由 **1** 变为 **0**，这一下降沿将被—（N）—检测到，并向后面的 M20.1 输出一个脉冲信号。M10.1 为边沿存储位，它将保存指令执行前的 RLO 状态，其时序图与 I0.1 一样。

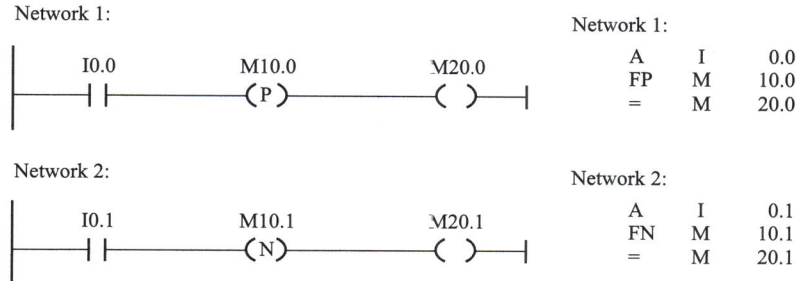

图 1-24 下降沿检测线圈 / 上升沿检测线圈（LAD、STL）

2.4 任务实施

» 步骤 1 设计 I/O 地址分配表

分析控制要求，找出实现控制要求所需的输入量和输出量，设计 I/O 地址分配见表 1-10。

表 1-10 三相异步电动机长动控制 I/O 地址分配表

I/O 设备名称	I/O 地址	说明
FR	I0.0	电动机（M）热保护（动断触点）
SB1	I0.1	电动机（M）停止按钮（动断触点）
SB2	I0.2	电动机（M）启动按钮（动合触点）
KM	Q4.0	交流接触器线圈

» 步骤 2 设计 I/O 接线示意图

根据控制要求及 I/O 地址分配表，绘制如图 1-25 所示的 I/O 接线示意图，主电路的接触器线圈的额定电压为 AC 220 V。

通过对该任务的分析，选用西门子 S7-300 PLC 进行控制，硬件配置采用一个电源模块（PS307 5A）和一个 CPU 模块（CPU 314C-2 DP）构成。

» 步骤 3 数字输入 / 输出（DI/DO）模块的安装与接线

由于该控制系统比较简单，所需的 I/O 点数较少，如图 1-26 所示，按照 S7-300 PLC 模块排列顺序，依次在机架上安装好电源模块（PS307 5A）和 CPU 模块（CPU 314C-2 DP）后，再将各输入控制按钮、触点连接到 DI 模块的前连接器上，将 DO 模块的前连接器对应的输出点连接到交流接触器线圈上，得到 S7-300 PLC 的安装效果图（图 1-27）。

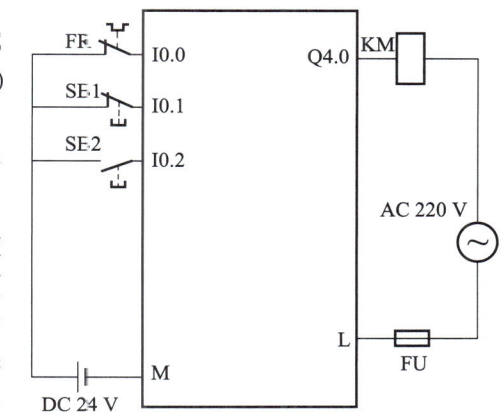

图 1-25 三相异步电动机长动控制
I/O 接线示意图

23

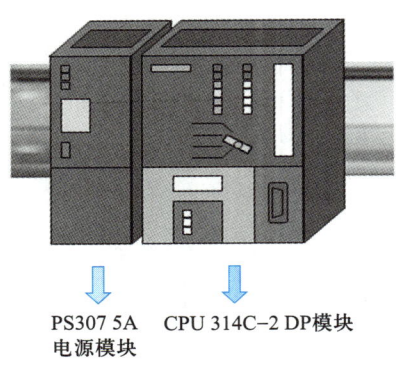

PS307 5A   CPU 314C-2 DP模块
电源模块

图 1-26   S7-300 PLC 的电源模块和
CPU 模块安装方法

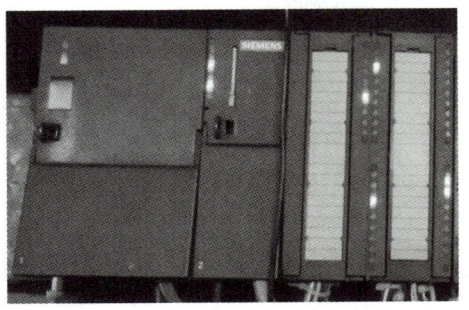

图 1-27   S7-300 PLC 的安装效果图

》**步骤 4**   创建项目

参照"项目 1—学习任务 1—任务实施—步骤 4"完成本任务的项目创建。

》**步骤 5**   硬件组态

参照"项目 1—学习任务 1—任务实施—步骤 5"完成本任务的硬件组态。

》**步骤 6**   程序设计

打开编程界面,设计控制程序,如图 1-28 所示。

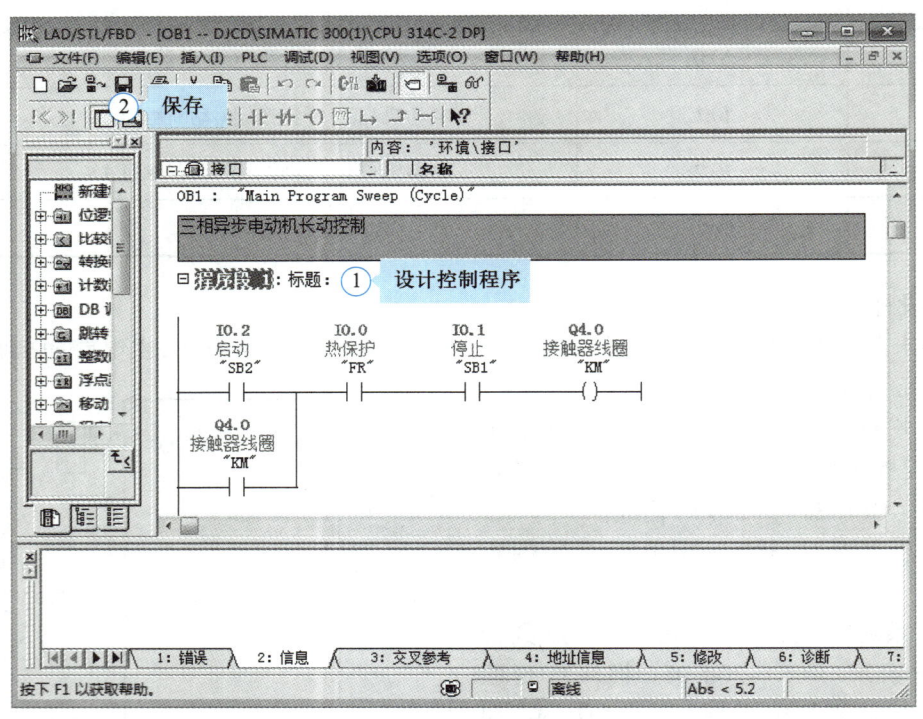

符号表编程

图 1-28   设计控制程序

》**步骤 7**   程序调试

单击快捷菜单上的"下载"按钮,将程序下载到 PLC,并单击监控图标,可监控程序的执行,如图 1-29 所示。

图 1-29　下载程序并监控程序执行

【任务情景】

常规电动机启动、停止需使用两个按钮,但若用单按钮多点远程控制电动机的启停,则可简化控制线路又节省导线。

1. 任务描述与引导问题

设计一个控制电路:用三个按钮（I0.0、I0.1、I0.2）在三个地方控制一台电动机 (Q4.0) 的启停,按任意一个按钮则电动机启动,再按任意一个按钮则电动机停止。

引导问题 1

结合学习任务 1 的单按钮实现电动机启停控制,讨论如何实现在多地采用单按钮控制电动机的启停?

_____

_____

_____

_____

_____

引导问题 2

在完成引导问题 1 后,思考:如何实现"在信号控制屏上显示电动机的工作状态"?

_____

_____

_____

_____

_____

2. 制订计划

根据上述引导问题所提出的控制工艺要求，小组内互相讨论，制订工作计划，并派代表进行汇报展示。

工作计划单					
小组基本资料					
组别	关系	姓名	联系方式		
第__组	组长				
	组员				
工作计划					
序号	工作流程	预计用时	使用工具/材料/设备/软件	数量	负责人
1					
2					
3					
4					
5					
其他说明					
计划评价	教师评语： 签字： 年　月　日				

3. 实施步骤

» 步骤 1　设计 I/O 地址分配表

I/O 设备名称	I/O 地址	说明

» 步骤 2　设计 I/O 接线示意图
» 步骤 3　硬件组态
» 步骤 4　程序设计
» 步骤 5　程序调试

4. 任务检查

实施检查单（工作过程中小组自查）				
序号	工作流程	实际用时	工作过程中遇到的问题及解决方法	负责人
1				
2				
3				
4				
5				

工作成果小组自查		
检查项目	检查结果	完成度
I/O 地址分配表		
I/O 接线示意图		
程序设计		
程序调试（按功能实现情况检查）		
教师检查	检查结论： 签字： 　年　　月　　日	

5. 效果评估

训练完成后,综合个人、小组在完成任务过程中的表现和教师的评价,明确学习的重点和后期的改进方向。

评价指标	评价内容	评分	评价结果
获取与处理信息	能根据工作内容有效利用网络、学习平台自主学习	5	
	能依据图书资源、工作手册等资料查找相关信息		
行为表现	仪态自然、大方	5	
	语言表达流畅、逻辑清晰		
	层次分明、准确		
团队精神	积极参与讨论,完成小组给定的软硬件设计任务,与老师和同学相处融洽	10	
	在讨论中提出自己的见解,并倾听同学的意见,适应小组工作方式		
	在小组工作中态度友好,富有创新性;能够代表本小组与其他小组同学交流和探讨		
学习方法	独立确定学习时间、方法,能解决调试过程中出现的问题	10	
	认识自己的缺陷并及时补救		
	能独立决定学习进度和制定设计方案,有效学习		
工作过程	遵守实验实训室管理规定,确保工作过程安全有效	50	
	工具、器件摆放有序,工作台面整洁		
	善于发现问题、分析问题、解决问题		
	能正确完成工作任务		
工匠精神	绘制的接线示意图整齐、美观	20	
	程序设计正确、严谨		
	硬件及外围接线整齐、可靠,无裸露及松动		
自评得分:		核定总分:	

【能力测试】

一、填空题

1. S7 系列 PLC 的数字量地址由 _____、地址的字节部分和 _____ 部分组成。

2. 确定 0 号机架上 4 号槽的 SM321 DI16 的地址范围 _____。

3. S7 系列 PLC 的基本编程语言，主要有 _____、_____、_____ 三种（本题填英文符号）。

4. 由于 PLC 控制跟 "继电—接触器" 控制不同，其输出采用的是 _____ 工作方式，要同时实现 "点动" 与 "连续运行" 控制，就不能采用类似于 "继电—接触器" 的控制思路。

5. PLC 的控制功能包括逻辑控制、_____ 控制以及 _____ 控制三种。

6. 运用 PLC 设计或改造继电器系统的基本方法是：_____ 保持不变，用程序代替原有的 _____ 逻辑。

7. 用户程序存储量属于 PLC 的性能指标中的 _____ 指标，而编程语言则属于 PLC 的性能指标中的软件指标。

二、简答题

1. 简述 PLC 编程的基本原则。

2. 请写出 SR 触发器指令的 S 端、R 端分别输入 "0　0" "0　1" "1　0" 以及 "1　1" 时输出端 Q 的状态（用真值表表示）。

3. 请写出 S7–300 PLC 的 4 号槽的 SM321 DI16 × DC 24 V 的默认地址以及 5 号槽的 SM322 DO16 × DC 24 V 的默认地址。

4. 简述硬件组态的步骤。

行车、辊道系统的电动机控制

 【项目情景】

PLC 是先进制造业自动化系统最核心的控制设备,而三相异步电动机是自动化系统中应用最为广泛的典型 PLC 控制对象。本项目以三相异步电动机为载体,以高铁钢轨生产企业(轨梁厂)为项目背景,提炼了行车、辊道系统的电动机控制案例,帮助理解并掌握 PLC 相关知识和技能。本项目包括两个学习任务:设计行车电动机正反转控制系统和设计辊道电动机顺启/逆停控制系统。另外,拓展训练以炼铁高炉的上料系统为任务背景,完成上料系统小车往返控制的 PLC 程序设计。

【项目导学】

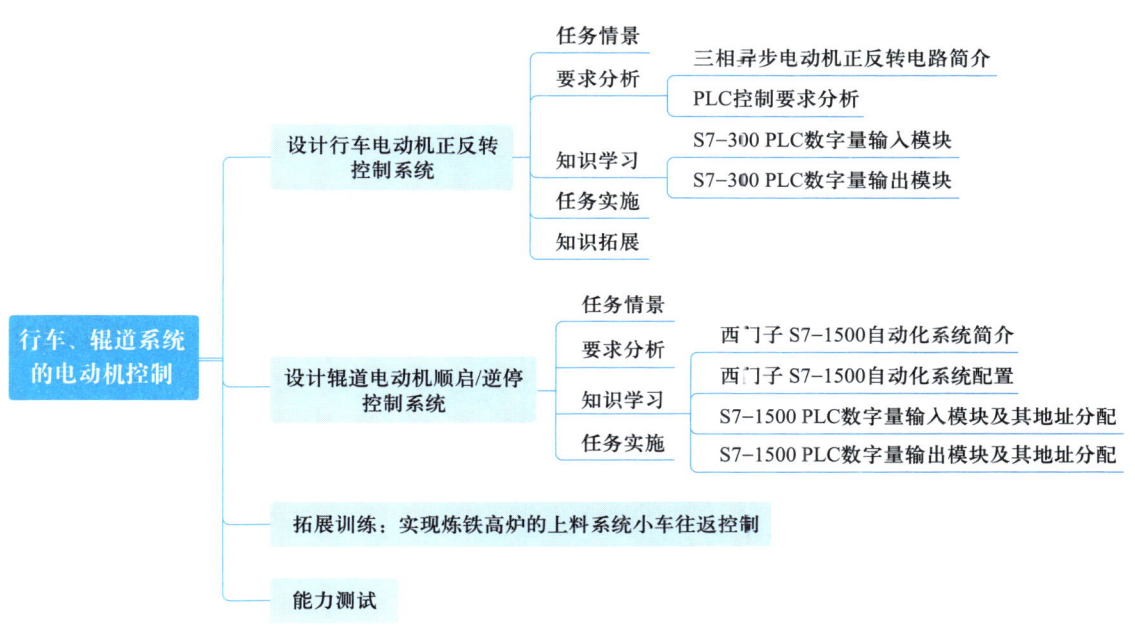

⊙ 【学习目标】

| 知识目标 | ▸ 掌握 S7 系列 PLC 数字量输入 / 输出模块，会自定义模块地址；
▸ 掌握编程软件的使用方法，完成程序编写、下载和调试；
▸ 以 LAD 为主，掌握指令系统中各指令的基本功能及使用方法。 |

知识目标
▸ 掌握 S7 系列 PLC 数字量输入 / 输出模块，会自定义模块地址；
▸ 掌握编程软件的使用方法，完成程序编写、下载和调试；
▸ 以 LAD 为主，掌握指令系统中各指令的基本功能及使用方法。

能力目标
▸ 能进行基本的电路分析和设计；
▸ 掌握 S7 系列 PLC 数字量输入 / 输出模块的接线；
▸ 熟悉常见 LAD 指令的含义；
▸ 应用 LAD 指令设计常见的 PLC 控制系统；
▸ 能实现行车电动机正反转控制；
▸ 能实现辊道电动机顺启 / 逆停控制和软硬件功能；
▸ 能对炼铁高炉的上料系统小车往返控制系统进行程序设计和调试。

素质目标
▸ 具有一定的科学思维；
▸ 具有爱岗敬业、踏实肯干、敢于挑战的精神；
▸ 具有安全作业意识和团队合作精神；
▸ 感悟艰苦创业、无私奉献、勇于创新的"三线精神"。

📝 【学习指导】

重点

▸ 掌握行车电动机实现正反转控制的工作原理；
▸ 掌握辊道电动机实现顺启 / 逆停控制的工作原理；
▸ 能正确设计 I/O 接线示意图；
▸ 应用 LAD 指令；
▸ 会根据控制要求用 STEP 7 和 TIA Portal 软件进行程序设计和调试。

难点

▸ 设计思路的建立；
▸ 指令的灵活运用。

▶ 拓展材料

探寻钢轨生产
的奥秘

学习任务 1　设计行车电动机正反转控制系统

1.1　任务情景

　　钢铁工业是世界所有工业化国家的基础工业之一，经济学家通常把钢产量或人均钢产量作为衡量各国经济实力的一项重要指标。钢铁企业的交流电动机大都用 PLC 来控制，例如：轨梁厂万能轧生产线，如图 2-1 所示，主钩的提升及大车、小车的运行均依靠行车（三相异步）电动机正反转控制实现。

▶️ 视频

百米高速钢轨
起吊行车

图 2-1　轨梁厂万能轧生产线

1.2　要求分析

1.2.1　三相异步电动机正反转电路简介

　　在三相异步电动机正反转控制中，最基本的方法是采月正反转双重连锁控制电路，如图 2-2 所示。

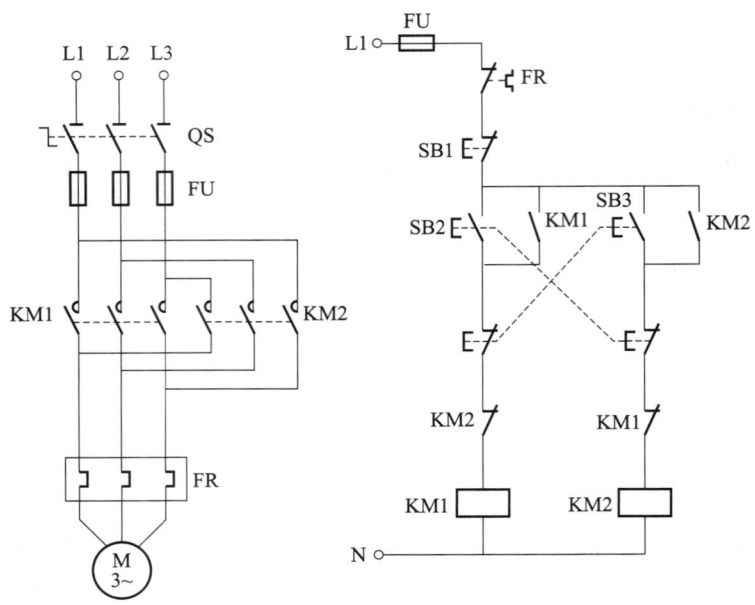

图 2-2　三相异步电动机正反转双重连锁控制电路

采用 KM1、KM2 的动合辅助触点实现控制电路的电气连锁,用 SB2、SB3 的动断触点实现控制电路的机械连锁,即为双重连锁。在实际控制中,对于小功率的电动机或空载启动的电动机,可通过 SB2、SB3 在正反转之间直接切换。但对于大功率的电动机或负载启动的电动机,则需要先按下 SB1 后,再切换电动机的转向。

1.2.2　PLC 控制要求分析

用 PLC 控制电动机正反转,即是对原继电—接触器电路的控制电路进行 PLC 控制或改造。在学校的实验室里,一般用指示灯来模拟数字量(开关量)的输出,但这样编写的程序是不能应用于实际的。因为在实际工程控制中,为了检测接触器是否正常工作(即接触器的线圈得电,接触器的触点是否正常动作;或接触器的线圈断电,接触器的触点是否正常复位),往往需要将接触器的辅助触点引入 PLC 的数字量输入模块作为反馈检测信号,同时在外围电路中将可能引起电源相间短路的接触器进行硬件上的电气互锁。

1.3　知识学习

1.3.1　S7-300 PLC 数字量输入模块

S7-300 有多种型号的数字量输入模块供选择,本任务主要介绍数字量输入(DI)模块 SM321,如图 2-3 所示。数字量输入模块将过程现场送来的数字信号电平转换成 S7-300 内部信号电平。对现场输入元件,仅要求提供开关触点即可。输入信号进入数字量输入模块后,一般都经过光电隔离和滤波,然后才被送至输入缓冲器等待 CPU 采样。采样时,信号经过背板总线进入到输入映像区。

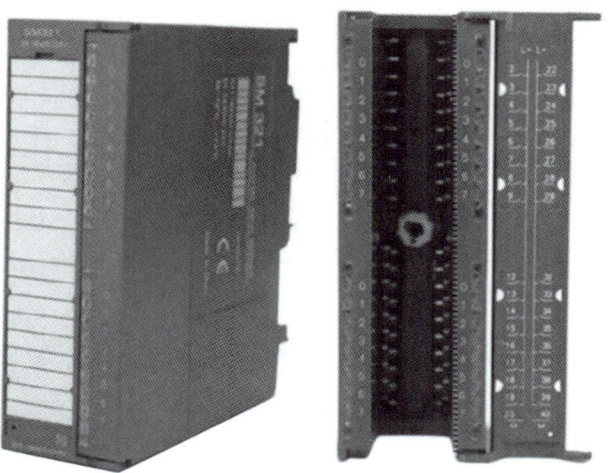

S7-300 PLC
DI/DO 模块

图 2-3　DI 模块(SM321)实物图

数字量输入模块 SM321 有四种型号可供选择,即直流 16 点输入、直流 32 点输入、交流 16 点输入和交流 8 点输入。模块的每个输入点有一个绿色发光二极管显示输入状态,当输入开关闭合,即有输入电压时,二极管亮。常见的直流 32 点数字量输入模块的内部电路及外部端子接线如图 2-4 所示,交流 32 点数字量输入模块的内部电路及外部端子接线如图 2-5 所示,数字量输入模块 SM321 的技术特性见表 2-1。

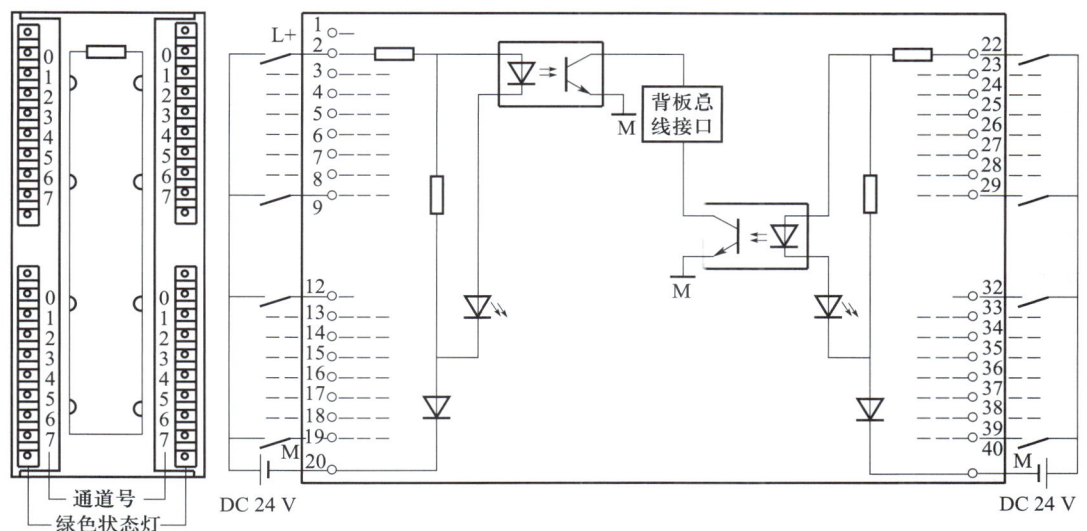

图 2-4　直流 32 点数字量输入模块的内部电路及外部端子接线示意图

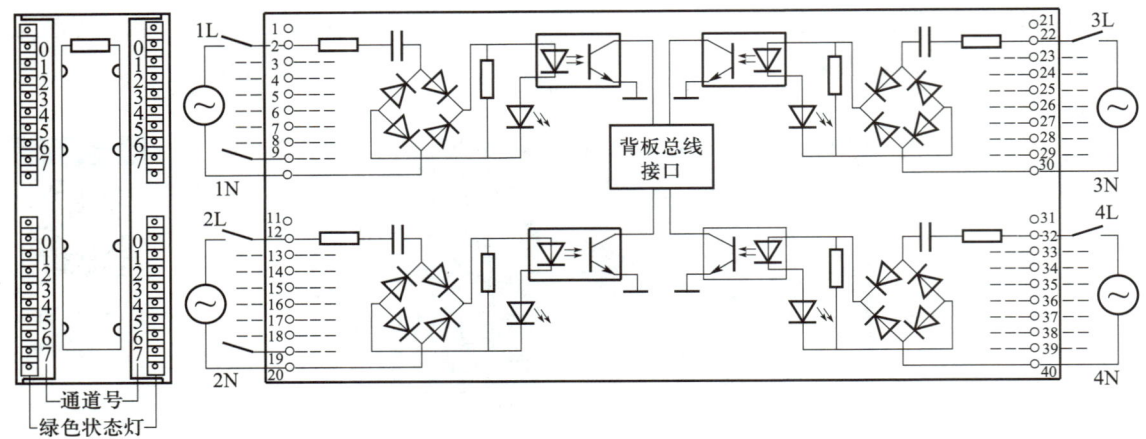

图 2-5　交流 32 点数字量输入模块的内部电路及外部端子接线示意图

表 2-1　数字量输入模块 SM321 的技术特性

数字量输入模块 SM321	直流 16 点 输入模块	直流 32 点 输入模块	交流 16 点 输入模块	交流 8 点 输入模块
输入点数	16	32	16	8
额定负载电压 L+	DC 24 V	DC 24 V	–	–
负载电压范围	20.4 ~ 28.8 V	20.4 ~ 28.8 V	–	–
额定输入电压	DC 24 V	DC 24 V	AC 120 V	AC 120/230 V
隔离 （与背板总线）	光耦	光耦	光耦	光耦
输入电流	7 mA	7.5 mA	6 mA	6.5 mA /11 mA
最大允许静态电流	1.5 mA	1.5 mA	1 mA	2 mA
典型输入延迟时间	1.2 ~ 4.8 ms	1.2 ~ 4.8 ms	25 ms	25 ms
消耗背板 总线最大电流	25 mA	25 mA	16 mA	29 mA
消耗 L+ 最大电流	1 mA	–	–	–
功耗	3.5 W	4 W	4.1 W	4.9 W

1.3.2　S7-300 PLC 数字量输出模块

S7-300 有多种型号的数字量输出（DO）模块供选择，本任务主要介绍数字量输出模块 SM322，如图 2-6 所示。SM322 数字量输出模块将 S7-300 内部信号电平转换成过程所要求的外部信号电平，可直接驱动电磁阀、接触器、小型电动机、灯和电动机启动器等。数字量输出模块按负载回路使用的电源不同分为：直流输出模块、交流输出模块和交直流两用输出模块。按输出开关器件的种类不同又可分为：晶体管输出方式、晶闸管输出方式和继电器输出方式。晶体管输出模块，只能带直流负载，属于直流输出模块；晶闸管输出模块属于交流输出模块；继电器输出模块属于交直流两用输出模块。从响应速度上看，晶体管输出模块响应最快，继电器输出模块响应最慢；从安全隔离效果及应用灵活性角度看，继电器输出模块最佳。

数字量输出模块 SM322 有七种型号可供选择,即 16 点晶体管输出、32 点晶体管输出、16 点晶闸管输出、8 点晶体管输出、8 点晶闸管输出、8 点继电器输出和 16 点继电器输出。模块的每个输出点有一个绿色发光二极管显示输出状态,当有输出电压时,二极管发光。常见的 32 点数字量晶体管输出模块的内部电路及外部端子接线如图 2-7 所示,32 点数字量晶闸管输出模块的内部电路及外部端子接线如图 2-8 所示,16 点数字量继电器输出模块的内部电路及外部端子接线如图 2-9 所示。

在选择使用何种模块时,因每个模块的端子接地情况不同,不仅要考虑输出类型,还要考虑现场输出信号负载回路的供电情况。例如,现场需输出 4 点信号,但每点用的负载回路电源不同,此时 8 点继电器输出模块将是最佳的选择,选用其他输出模块将增加数量。

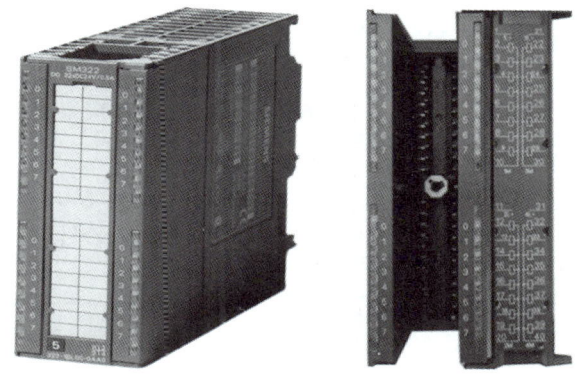

图 2-6　DO 模块(SM322)实物图

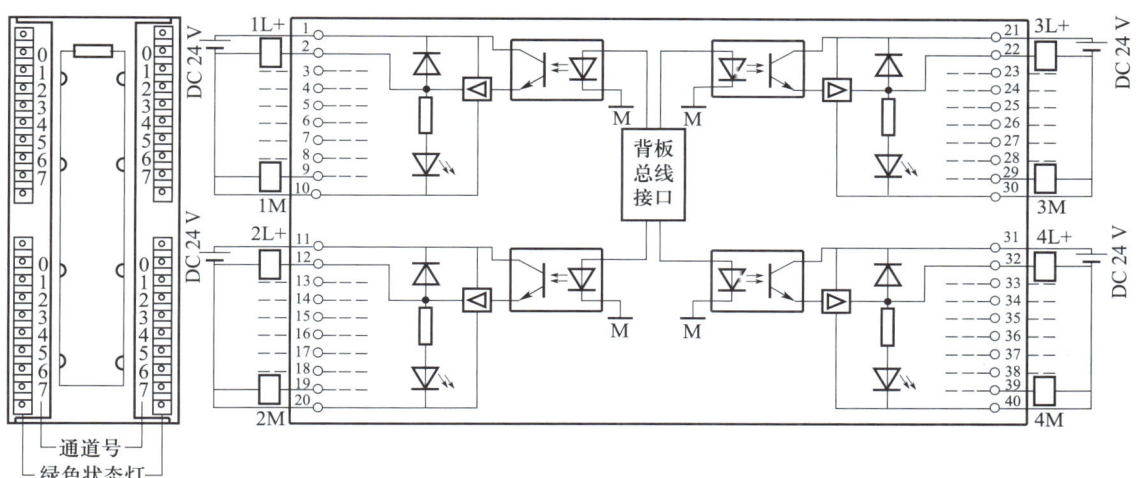

图 2-7　32 点数字量晶体管输出模块的内部电路及外部端子接线示意图

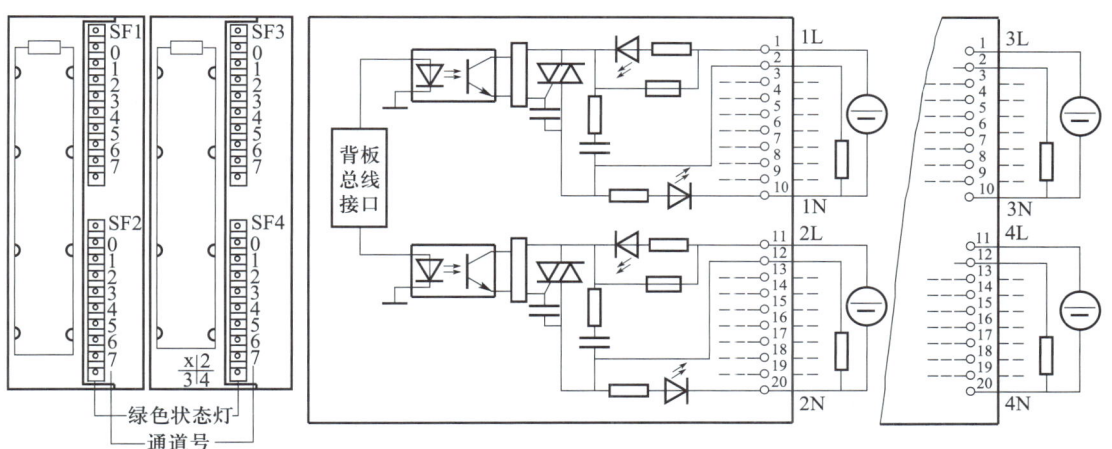

图 2-8　32 点数字量晶闸管输出模块的内部电路及外部端子接线示意图

37

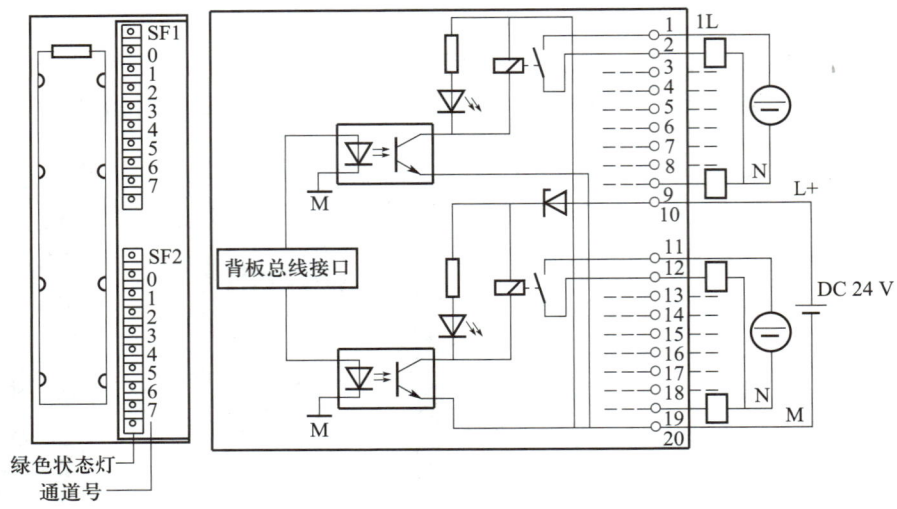

图 2-9 16 点数字量继电器输出模块的内部电路及外部端子接线示意图

晶体管输出模块没有反极性保护措施,输出具有短路保护功能,适用于驱动电磁阀和直流接触器。晶闸管输出模块上有红色 LED 指示故障或错误,当用于输出短路保护的保险丝熔断或负载电源一端未连接时,可使 LED 变红;当进行逻辑运算或者扩大输出功率时,可以将同一组内的两个点并联输出,因此适用于驱动灯、交流电磁阀、接触器和电动机启动。继电器输出模块的额定负载电压范围较宽,直流可以从 24 ~ 120 V,交流可以从 48 ~ 230 V,继电器触点容量与负载电压有关,电压越高触点容量越低。电容器在电源切断后约 200 ms 内仍蓄有能量,故用户程序还可以短暂地使继电器动作。

1.4 任务实施

任务要求:用 PLC 实现行车电动机正反转控制。

》**步骤 1** 设计 I/O 地址分配表

I/O 地址分配表见表 2-2。

表 2-2 行车电动机正反转控制 I/O 地址分配表

I/O 设备名称	I/O 地址	说明
FR	I0.0	热保护(动断触点)
SB1	I0.1	停止按钮(动断触点)
SB2	I0.2	正转启动按钮(动合触点)
SB3	I0.3	反转启动按钮(动合触点)
KM1	I0.4	正转接触器(动合)辅助触点
KM2	I0.5	反转接触器(动合)辅助触点
KM1	Q4.0	正转接触器线圈
KM2	Q4.1	反转接触器线圈

» 步骤 2 设计 I/O 接线示意图

绘制 I/O 接线示意图,如图 2-10 所示。

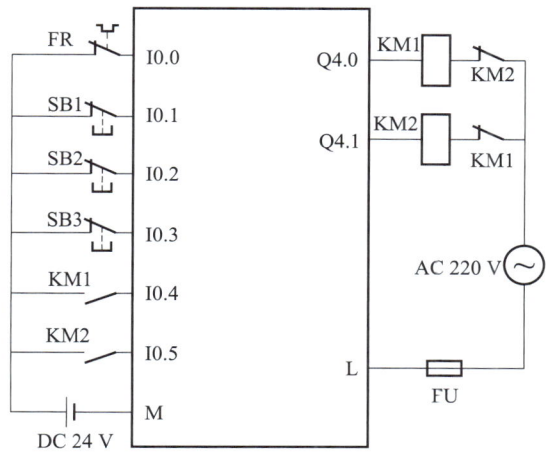

图 2-10　行车电动机正反转控制 I/O 接线示意图

» 步骤 3 数字输入 / 输出(DI/DO)模块的安装与接线

根据 I/O 接线示意图进行接线,将各输入控制按钮、触点连接到 DI 模块的前连接器上,将 DO 模块的前连接器对应的输出点连接到两个交流接触器线圈上,接线时注意接线示意图上标注的电源是否为交流,以及电压等级等。

» 步骤 4 创建项目

双击 STEP 7 图标打开软件,进行项目的创建,如图 2-11 所示。

微课

电动机正反转
S7-300 PLC
程序设计及仿真

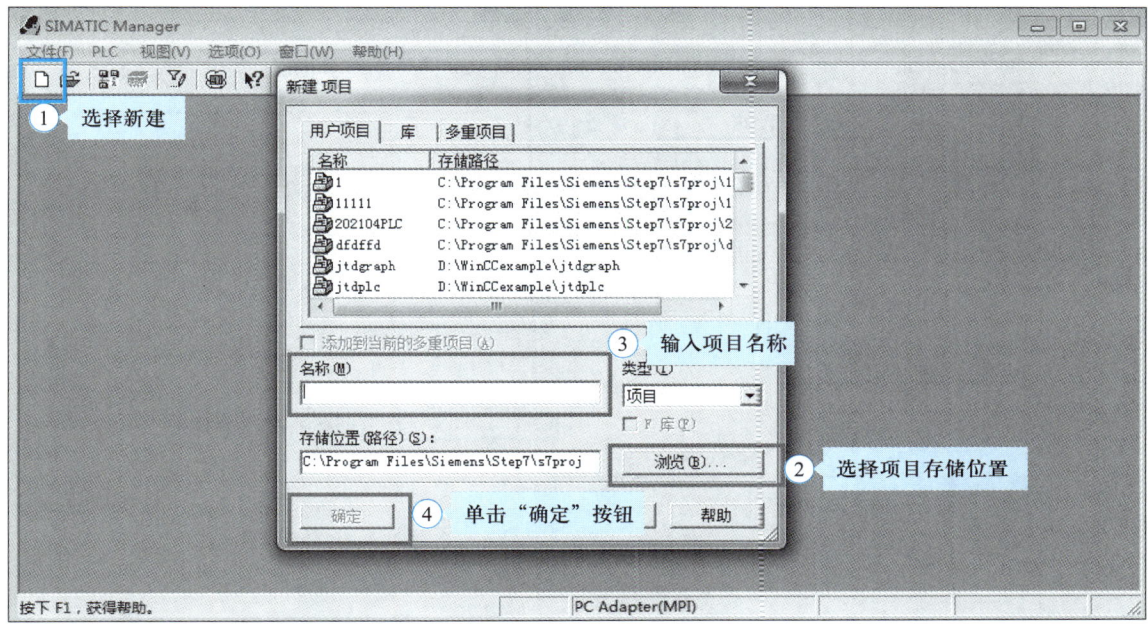

图 2-11　项目的创建

>> **步骤5** 硬件组态

硬件组态的任务就是在 STEP 7 中生成与实际的硬件系统完全相同的系统,组态的模块和实际的模块的插槽位置、型号、订货号和固件版本号应完全一致。硬件组态确定了 PLC I/O 变量的地址,为编写用户程序奠定了基础。硬件组态包括下列内容:

a)系统组态。从硬件目录中选择机架,将模块分配给机架中的插槽,用接口模块连接多机架系统的各个机架。对于网络控制系统,需要生成网络和网络上的站点。

b)设置 CPU 和其他模块的参数。如果没有特殊要求,可以使用默认参数。

c)具体步骤可参考图 2-12、图 2-13 和图 2-14,硬件组态完成后保存编译即可存储硬件信息。

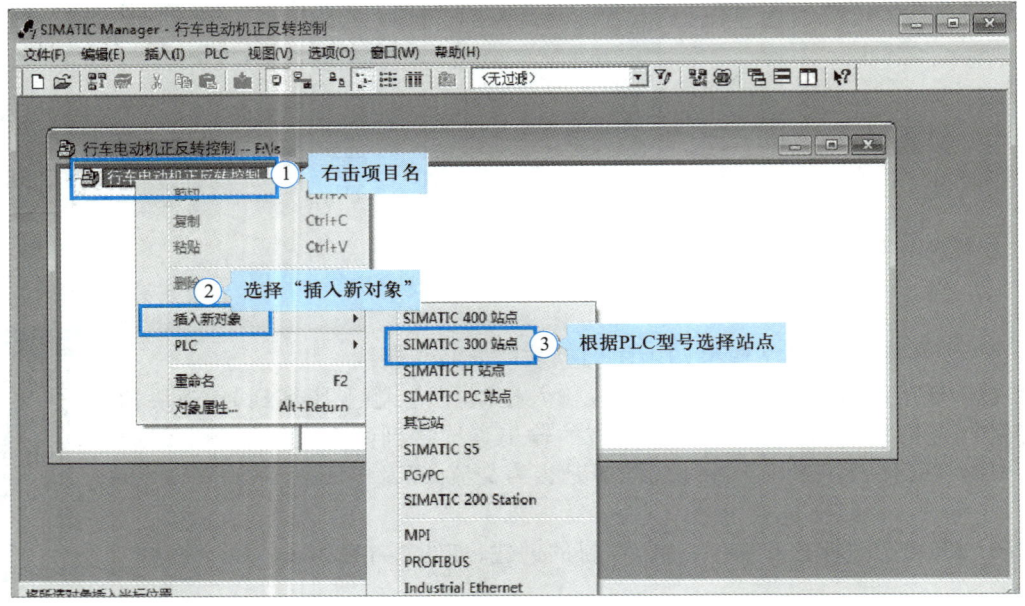

图 2-12 插入站点

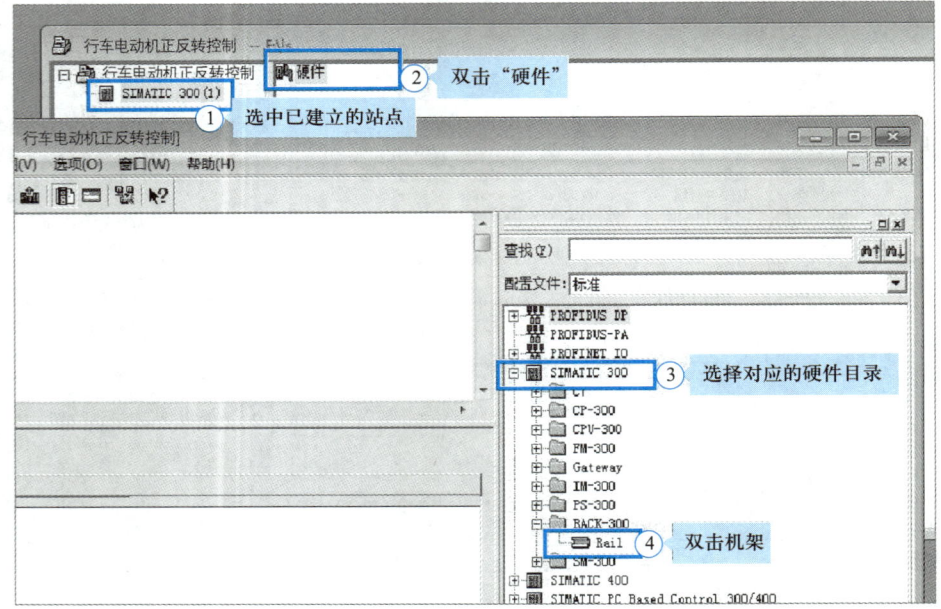

图 2-13 组态机架

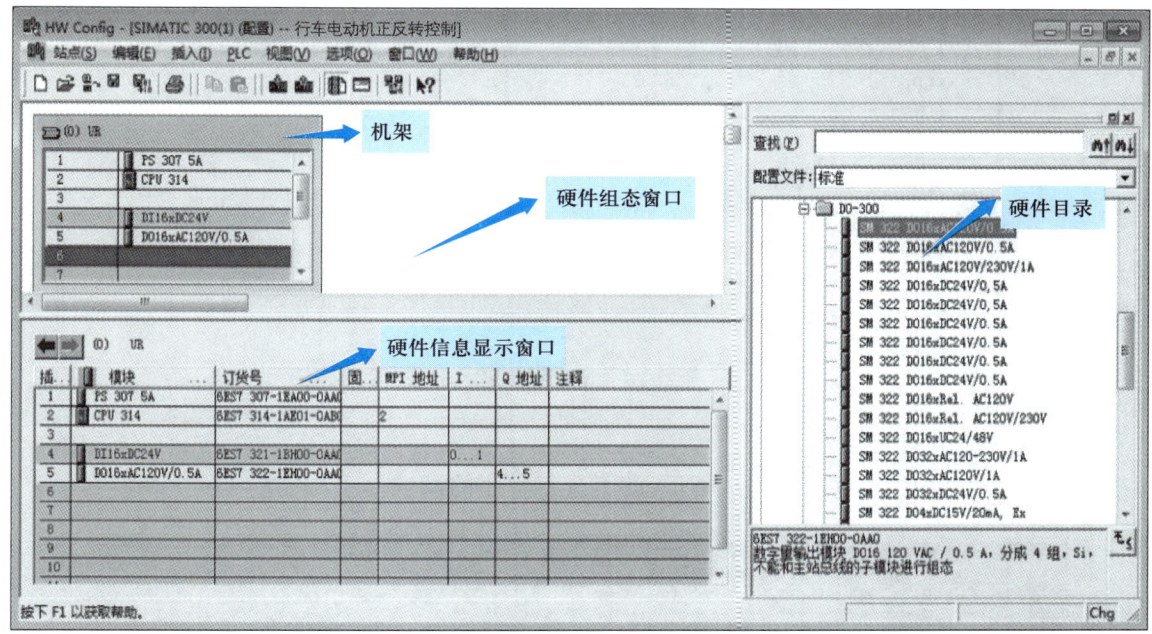

图 2-14　硬件组态示例

硬件目录中 RACK 是机架或导轨，PS 是电源模块，CP 是通信处理器，FM 是功能模块，SM 是信号模块，其中的 DI、DO 分别是数字量输入模块和数字量输出模块。

》步骤 6　程序设计

按照如图 2-15 所示的方法打开 OB1，并对照行车电动机正反转控制电路在 OB1 中编写程序，参考程序如图 2-16 所示。

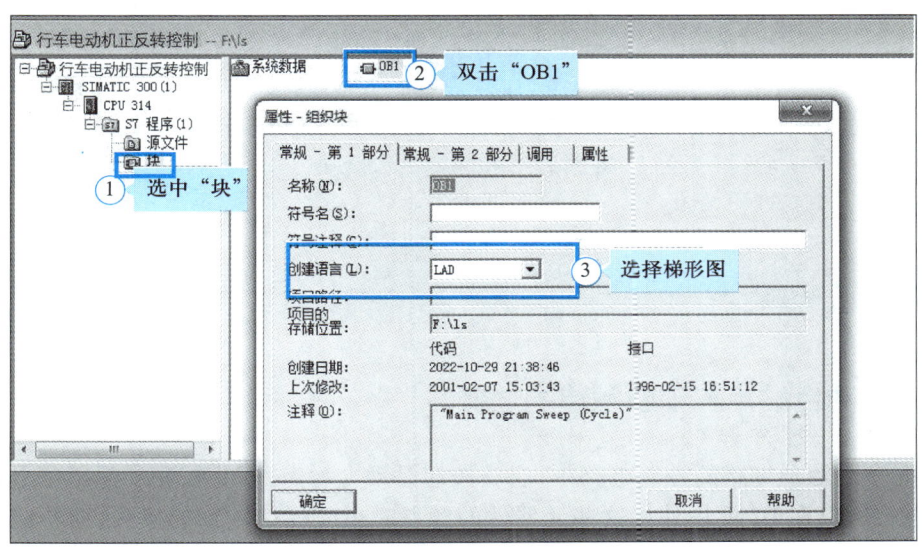

图 2-15　选择梯形图（LAD）作为编程语言

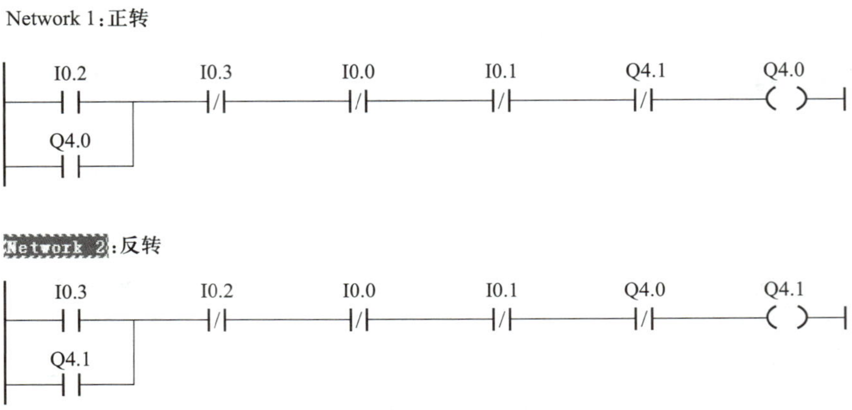

Network 1：正转

```
    I0.2      I0.3      I0.0      I0.1      Q4.1      Q4.0
  ──┤├───┬───┤/├───────┤/├───────┤/├───────┤/├───────( )──┤
    Q4.0  │
  ──┤├────┘
```

Network 2：反转

```
    I0.3      I0.2      I0.0      I0.1      Q4.0      Q4.1
  ──┤├───┬───┤/├───────┤/├───────┤/├───────┤/├───────( )──┤
    Q4.1  │
  ──┤├────┘
```

图 2-16　设计控制程序

》 **步骤 7**　程序调试

启动虚拟仿真软件，如图 2-17 所示，即可进行程序的调试。

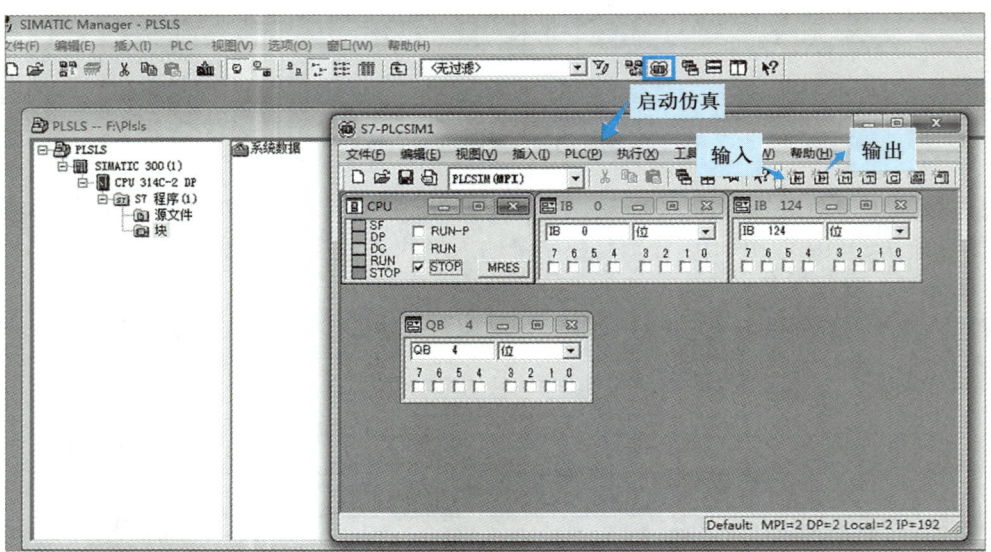

图 2-17　启动虚拟仿真软件

1.5　知识拓展

1.5.1　动合触点和动断触点的选择

在继电—接触器电路的控制电路中，启动按钮是动合触点，停止按钮和热继电器辅助触点是动断触点，所以在 DI 模块外接这些元器件的触点时也应保持一致的接法，而不能全部接为动合触点。

由于 DI 模块外接的停止按钮和热继电器接的是动断触点，如果在梯形图程序中也使用动断触点，会怎么样呢？这会导致 PLC 通电运行后梯形图程序中对应的触点处于断开状态，梯形图程序将无法启动。因此在梯形图程序中停止按钮和热继电器均应使用动合触点。同理，启动按钮在梯形图程序中也应使用动合触点。因此，在 I/O 地址分配表中一定要注明输入点是动合触点还是动断触点，这直接决定了梯形图程序中对应的触点是否取反。

1.5.2　"实验模拟型"程序

由于某些 PLC 实验装置的 DO 模块只连接了指示灯，即用指示灯来表示所有类型 DO 设备的输出状态。例如，用指示灯来模拟电动机的运行状态，由于没有引入必要的反馈信号，不能检测出 DO 设备是否真的动作，不能直接用于实际工程，这类程序叫作"实验模拟型"程序，如图 2-18 所示。

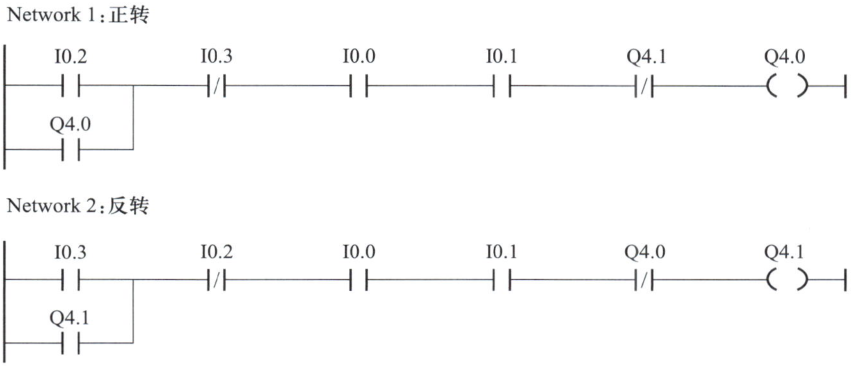

Network 1：正转

```
   I0.2       I0.3      I0.0      I0.1      Q4.1      Q4.0
───┤ ├──┬────┤/├──────┤ ├──────┤ ├──────┤/├──────( )───┤
   Q4.0 │
───┤ ├──┘
```

Network 2：反转

```
   I0.3       I0.2      I0.0      I0.1      Q4.0      Q4.1
───┤ ├──┬────┤/├──────┤ ├──────┤ ├──────┤/├──────( )───┤
   Q4.1 │
───┤ ├──┘
```

图 2-18　行车电动机正反转 PLC 控制的"实验模拟型"程序

1.5.3　"实际工程型"程序

PLC 通过 DO 模块来控制某些外部设备的动作状态，其信号的反馈是来自相应的辅助触点或限位开关，若将图 2-10 中 FR、KM 的辅助触点或限位开关作为数字量输入信号接至 DI 模块，则可以反映 FR、KM 接触器是否真的动作，这是实际工程中常见的控制方法，被称为"实际工程型"程序，如图 2-19 所示。

图 2-19 反馈了图 2-10 中 KM1、KM2 两个接触器的动合辅助触点的信号，地址分别为 I0.4、I0.5，这样就可以准确地检测出 KM 接触器是否真的动作。

Network 1：正转

```
   I0.2       I0.3      I0.0      I0.1      I0.5      Q4.0
───┤ ├──┬────┤/├──────┤ ├──────┤ ├──────┤/├──────( )───┤
   I0.4 │
───┤ ├──┘
```

Network 2：反转

```
   I0.3       I0.2      I0.0      I0.1      I0.4      Q4.1
───┤ ├──┬────┤/├──────┤ ├──────┤ ├──────┤/├──────( )───┤
   I0.5 │
───┤ ├──┘
```

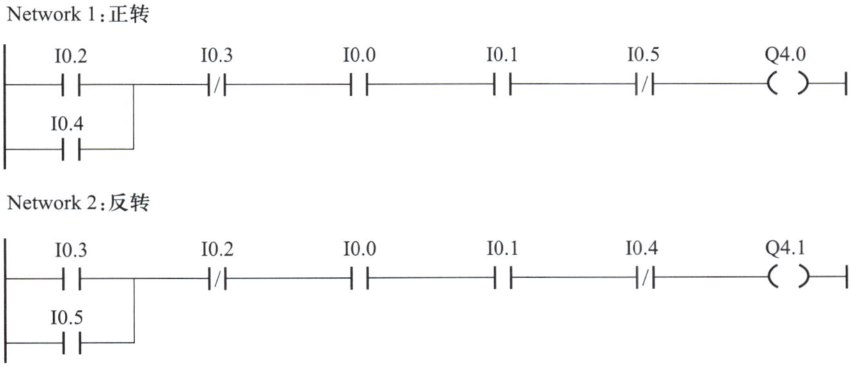

图 2-19　行车电动机正反转 PLC 控制的"实际工程型"程序

思考：还有一种方法是保持图 2-18 程序不变，将反馈的 KM1、KM2 两个接触器的动合辅助触点的信号接至两个指示灯，地址分别为 Q4.0、Q4.1，这种方法不仅能更直观地反馈信号，还避免了可能的时序竞争问题。

学习任务 2

设计辊道电动机顺启 / 逆停控制系统

2.1　任务情景

轨梁厂万能轧生产线（图 2-20）对钢坯的轧制采用轧机和辊道进行配合，钢坯在辊道上来回运行，经过轧机的轧制逐渐成形。辊道系统电动机数量多，但基本动作为顺序动作、前后连锁，是典型的多台电动机顺启 / 逆停控制工程案例。

拓展材料

万能轧生产线辊道系统

图 2-20　轨梁厂万能轧生产线

2.2　要求分析

如图 2-21 所示的某冶金企业轧机生产单元，由一台轧机和前后辊道组成，要求启动时先启动后辊道，然后再启动前辊道。停止时先停止前辊道，然后再停止后辊道。当某段电动机出现故障（例如，后辊道），其上级的设备将立即停车（轧机和前辊道），否则会出现堆料事故。

这是一个工业自动化典型的顺启 / 逆停控制，由两级电动机实现，但在实际的物料运输控制系统中还包含了许多保护环节及检测环节，并且要根据不同的现场工艺设计特殊的控制方案。

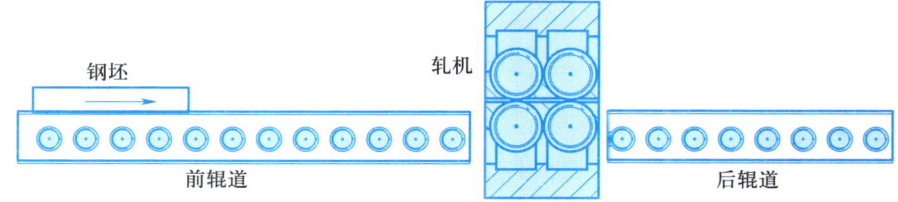

图 2-21 冶金企业轧机生产单元

2.3 知识学习

2.3.1 西门子 S7-1500 自动化系统简介

西门子 S7-1500 自动化系统性能卓越且应用灵活,S7-1500 控制器中包含 S7-1200 基本型控制器的诸多简单功能,可完美满足系统性能、灵活性和网络功能等各种严格要求,是高复杂性和高系统性能要求工厂的最佳选择。西门子 S7-1500 自动化系统支持所有适用的通信标准,组态可扩展,用户可根据生产条件对 PLC 现场进行调整。所有西门子 S7-1500 CPU 都集成有运动控制功能,还可用作故障安全控制器,对所有组件进行诊断操作,极大简化了故障排查过程。此外,西门子 S7-1500 具有的集成式安全功能有助于避免篡改和专有技术窃取,为安全网络的组态提供了额外的保障。

2.3.2 西门子 S7-1500 自动化系统配置

西门子 S7-1500 自动化系统中包含以下组件:CPU(标准、故障安全、紧凑型或 T-CPU)、数字量和模拟量 I/O 模块、通信模块(PROFINET/ETHERNET、PROFIBUS、点对点)、工艺模块(计数、定位、基于时间的 I/O)、负载电流电源、系统电源(可选)。西门子 S7-1500 自动化系统可安装在一根安装导轨上,最多可在安装导轨上安装 32 个模块(CPU、系统电源和 30 个 I/O 模块),这些模块通过 U 形连接器互相连接,如图 2-22 所示。

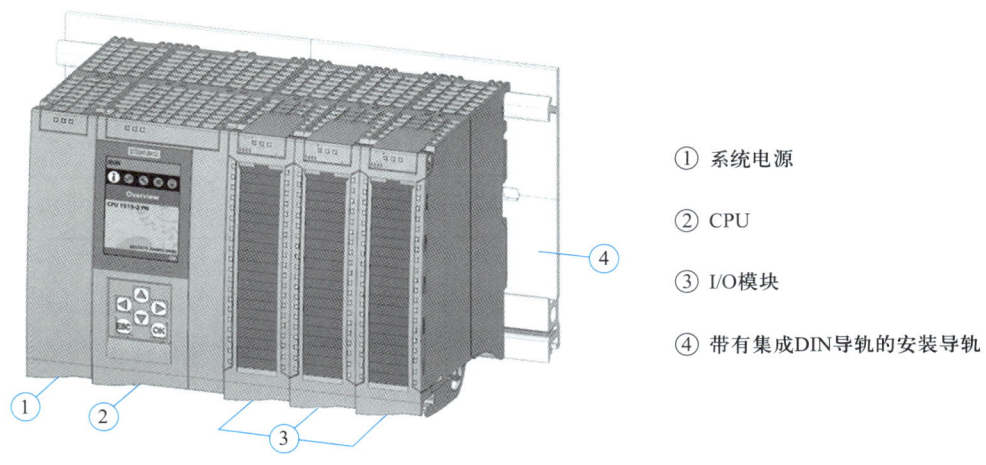

① 系统电源

② CPU

③ I/O 模块

④ 带有集成DIN导轨的安装导轨

图 2-22 西门子 S7-1500 自动化系统配置

2.3.3　S7-1500 PLC 数字量输入模块及其地址分配

1. DI 模块

I/O 模块可用作控制器与生产过程之间的接口,控制器将通过所连接的传感器和执行器检测当前的生产过程状态,并触发相应的响应。DI 模块的功能是接收外部数字量信号(如开关、传感器信号),并将其转换为 PLC 可处理的二进制信号。其应用场景主要有:工业自动化中的设备状态检测(如限位开关、按钮输入)、安全回路监控(急停按钮、安全门开关)、计数与脉冲信号采集(高速 DI 模块支持)。S7-1500 主流 DI 模块及其型号见表 2-3。

表 2-3　S7-1500 主流 DI 模块及其型号

模块型号	输入点数	输入类型	典型应用场景
SM521 DI 16 × DC 24 V	16 点	DC 24 V(漏型 / 源型)	通用设备信号采集
SM521 DI 32 × DC 24 V	32 点	DC 24 V(漏型 / 源型)	高密度信号采集系统
SM521 DI 8 × AC 230 V	8 点	AC 230 V	高压设备状态监测
SM521 F-DI 16 × DC 24 V	16 点	安全型输入(SIL3)	安全控制系统(如急停)

2. DI 模块地址分配规则

DI 模块的地址可自动分配也可手动分配,手动分配在 TIA Portal 软件中操作,方法为:在 TIA Portal 项目中右击"模块→属性→ I/O 地址",取消勾选"系统选择",输入自定义起始地址(如 I10.0)。注意事项:地址字节需对齐(16 点模块占用 2 字节,起始地址必须为偶数,如 I0.0 或 I2.0)。需避免地址重叠(冲突时系统显示红色警告)。

自动地址分配默认第一个 DI 模块从 I0.0 开始分配,后续模块地址按字节长度连续递增。地址计算工具公式为:模块占用字节数 = 输入点数 /8(向上取整)。例如:32 点模块占用 4 字节(32/8=4),地址范围为 I2.0 ~ I5.7。如果有两个 DI 模块,第 1 个有 16 个点,第 2 个有 32 个点,那么自动分配的地址范围见表 2-4。

表 2-4　S7-1500 DI 模块地址分配示例

模块地址	模块类型	地址范围
插槽 2	SM521 DI 16	I0.0 ~ I1.7
插槽 3	SM521 DI 32	I2.0 ~ I5.7

2.3.4　S7-1500 PLC 数字量输出模块及其地址分配

1. DO 模块

DO 模块功能是将 PLC 内部逻辑信号转换为外部执行机构(如电磁阀、继电器、指示灯)的控制信号。其应用场景主要有:驱动执行设备(电机启停、气缸动作)、状态指示(设备运

行 / 报警灯）、高速脉冲输出（部分模块支持 PWM/PTO 功能）等。S7-1500 主流 DO 模块及其型号见表 2-5。

表 2-5　S7-1500 主流 DO 模块及其型号

模块型号	输出点数	输出类型	典型应用场景
SM522 DO 16 × DC 24 V /0.5 A	16 点	晶体管（源型 / 漏型）	指示灯、小型继电器
SM522 DO 8 × DC 24 V /2 A	8 点	晶体管（高电流）	电磁阀、接触器
SM522 DO 8 × 继电器	8 点	继电器输出	交流负载、大功率设备
SM522 F-DO 8 × DC 24 V	8 点	安全型输出	安全控制系统

2. DO 模块地址分配规则

DO 模块地址分配规则同 DI 模块类似，可自动分配也可手动分配，手动地址分配方法为：在 TIA Portal 项目中右击"模块→属性→I/O 地址"，取消勾选"系统选择"，输入自定义起始地址（如 Q10.0）。注意事项：地址字节需对齐（16 点模块占用 2 字节，起始地址必须为偶数，如 Q0.0 或 Q2.0）。需避免与输入模块地址重叠（如 DI 模块占用了 I0.0 ~ I1.7，DO 模块不可使用相同地址）。自动地址分配默认第一个 DO 模块从 Q0.0 开始分配地址，后续模块地址按字节长度连续递增。

2.4　任务实施

» 步骤 1　设计 I/O 地址分配表

根据项目任务，对 I/O 变量进行地址分配，见表 2-6。

表 2-6　辊道电动机顺启 / 逆停控制 I/O 地址分配

I/O 设备名称	I/O 地址	说明
FR1	I2.0	前辊道电动机（M1）热保护（动断触点）
SB1	I1.0	前辊道电动机（M1）停止按钮（动断触点）
SB2	I0.0	前辊道电动机（M1）启动按钮（动合触点）
KM1	I2.2	M1 接触器辅助动合触点（动合触点）
FR2	I2.1	后辊道电动机（M2）热保护（动断触点）
SB3	I1.1	后辊道电动机（M2）停止按钮（动断触点）
SB4	I0.1	后辊道电动机（M2）启动按钮（动合触点）
KM2	I2.3	M2 接触器辅助动合触点（动合触点）
KM1	Q0.0	M1 接触器线圈
KM2	Q0.1	M2 接触器线圈

» **步骤 2**　设计 I/O 接线示意图

根据控制要求及 I/O 地址分配表，绘制如图 2-23 所示的 I/O 接线示意图，主电路两级辊道电动机的接触器线圈的额定电压为 AC 220 V。

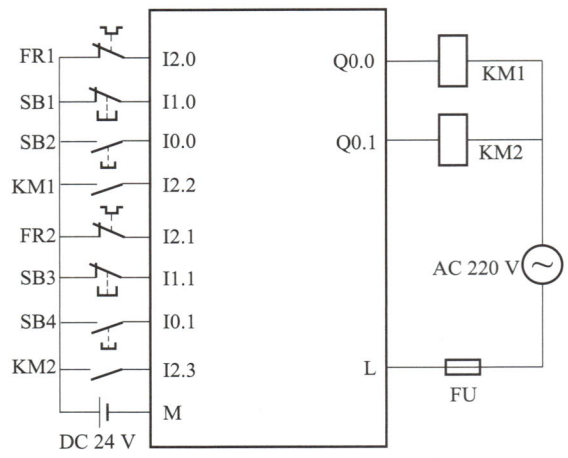

图 2-23　辊道电动机顺启 / 逆停控制 I/O 接线示意图

本任务选用西门子 S7-1500 PLC 进行控制，硬件配置采用一个电源模块（PM 70W），一个 CPU 模块（CPU 1511-1 PN），一个 DI 模块（DI 32 × DC 24 V）和一个 DO 模块（DO 16 × AC 230 V/2 A）构成。

» **步骤 3**　数字输入 / 输出（DI/DO）模块的安装与接线

如图 2-24 和图 2-25 所示，按照 S7-1500 PLC 模块排列顺序，依次在机架上安装好电源模块和 CPU 模块后，再在导轨上安装 DI 模块和 DO 模块，然后把各输入控制按钮、触点连接到 DI 模块的前连接器上，将 DO 模块的前连接器对应的输出点连接到两个交流接触器线圈上。

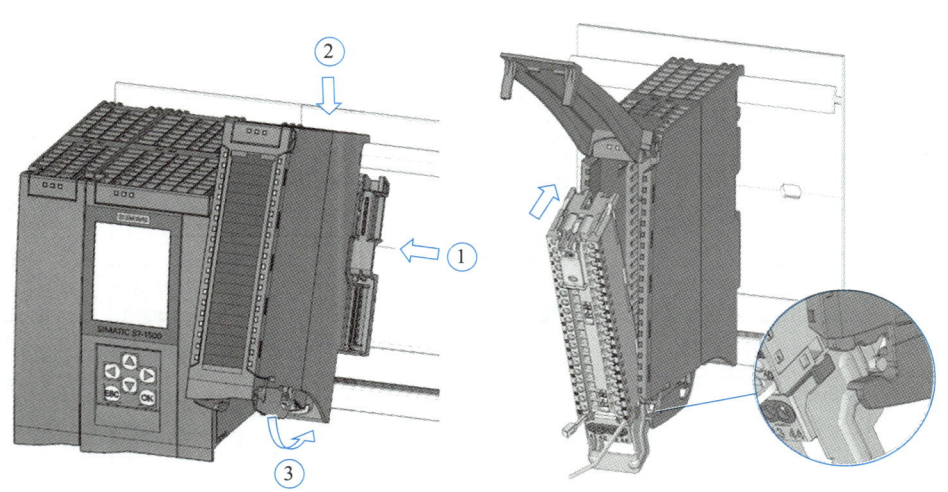

S7-1500 PLC
DI/DO 模块

图 2-24　S7-1500 PLC 信号模块及其前连接器的安装方法

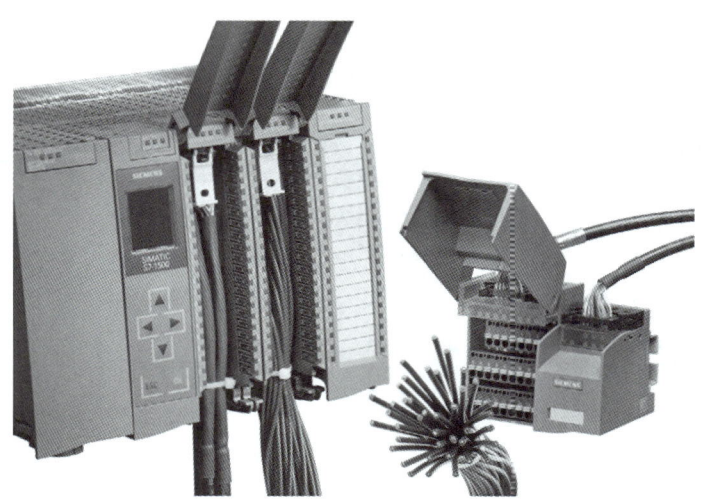

图 2-25　S7-1500 PLC 安装效具图

》步骤 4　创建新项目

启动 TIA Portal 软件,创建新项目,输入项目名称和设置存放路径等信息,如图 2-26 所示。

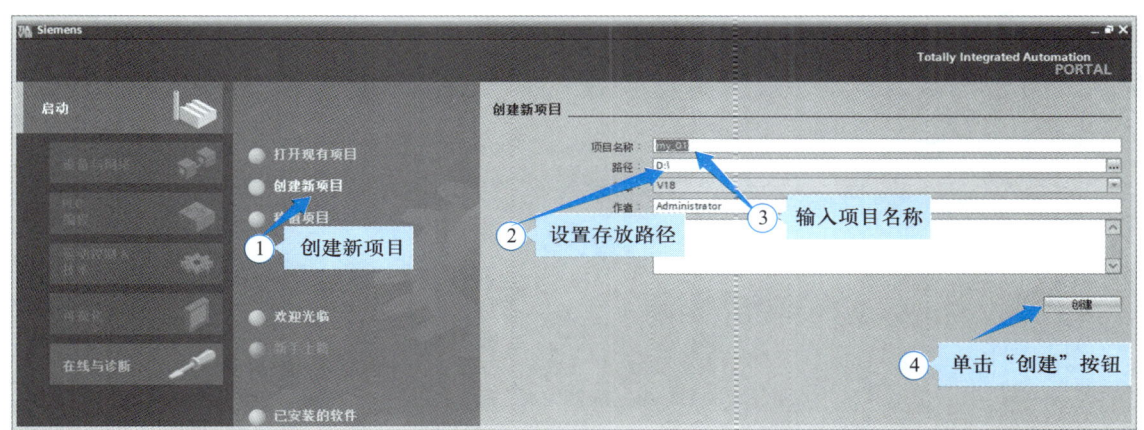

图 2-26　创建新项目

》步骤 5　硬件组态

(1)组态硬件,添加新设备,选择 CPU 的版本号和订货号,如图 2-27 所示。

(2)在设备视图界面添加 DI/DO 模块,如图 2-28 所示。

(3)在设备视图界面分配 CPU 地址(DP 或 IP),如图 2-29 所示。

(4)在设备视图界面分配 I/O 变量(定义 I/O 端子的变量名称),如图 2-30 所示。

▷ 微课

顺启 / 逆停控制
S7-1500 PLC
程序设计及仿真

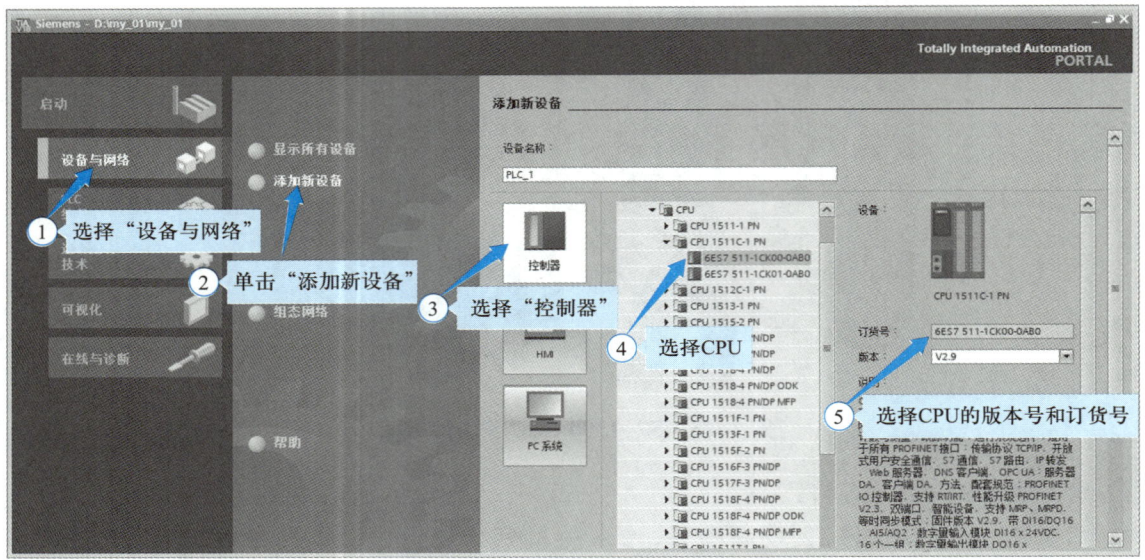

图 2-27　添加 CPU

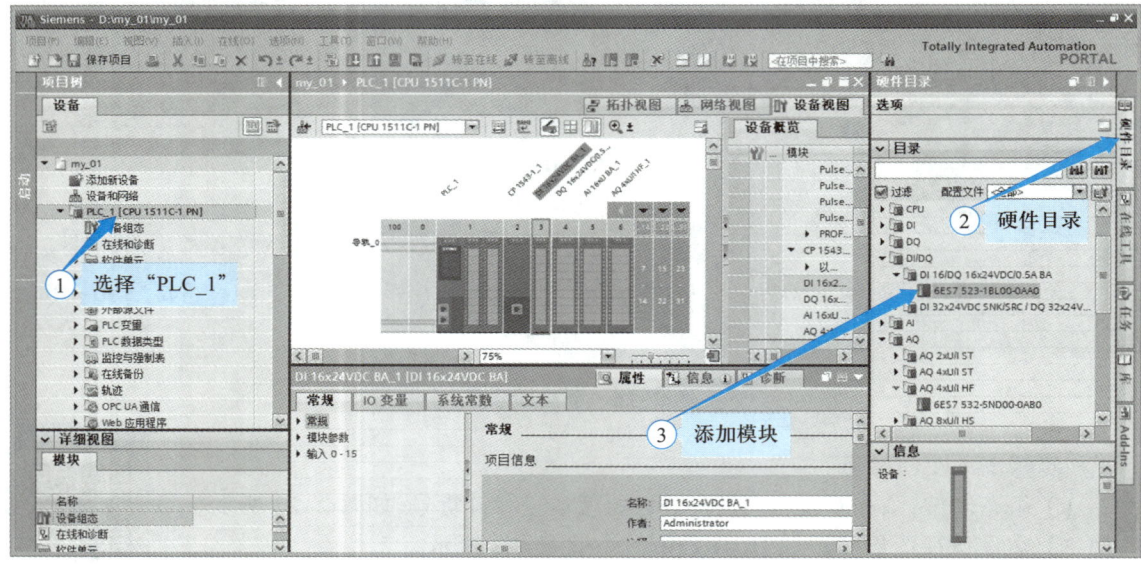

图 2-28　添加 DI/DO 模块

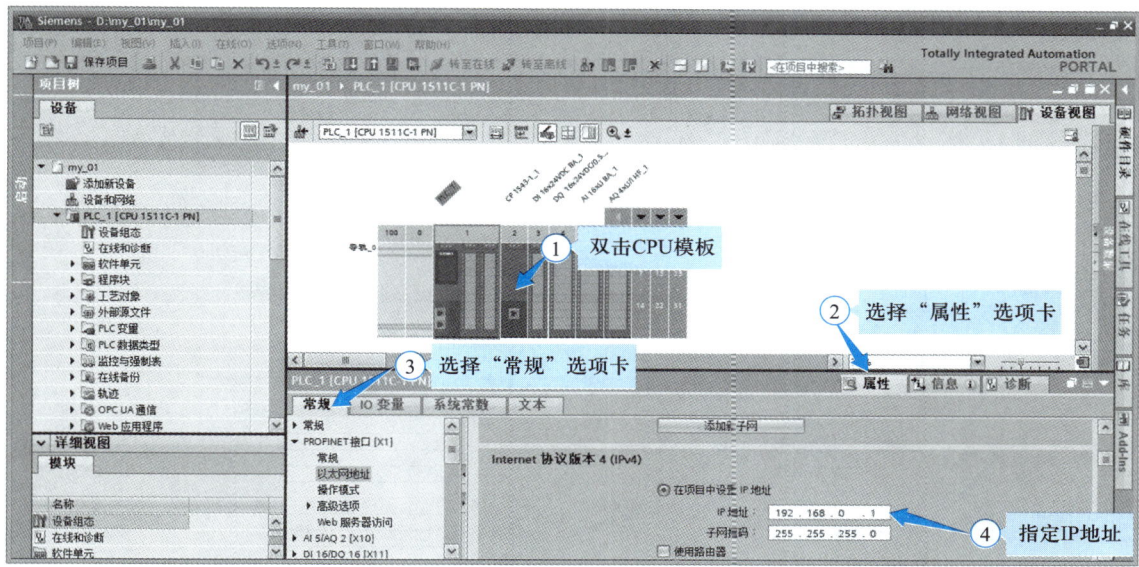

图 2-29 分配 CPU 地址

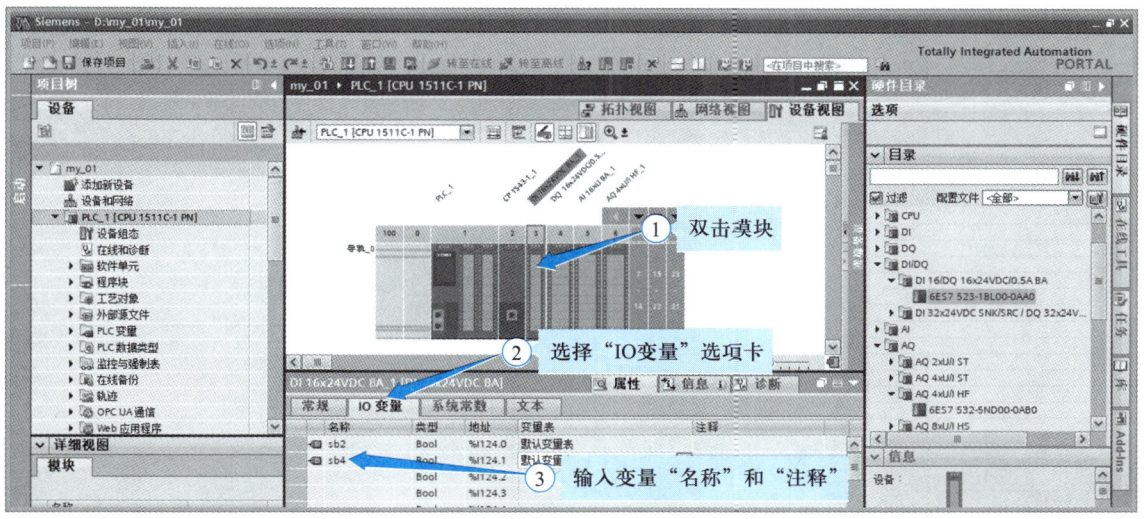

图 2-30 分配 I/O 变量

》步骤6　程序设计

（1）在目录树中依次单击"PLC_1[CPU 1511-1 PN] →程序块→ Main[OB1]"可激活程序块，再单击"PLC 变量→默认变量表 [60]"可激活变量表，最后垂直拆分窗口，可进入编辑窗口，如图 2-31 所示。

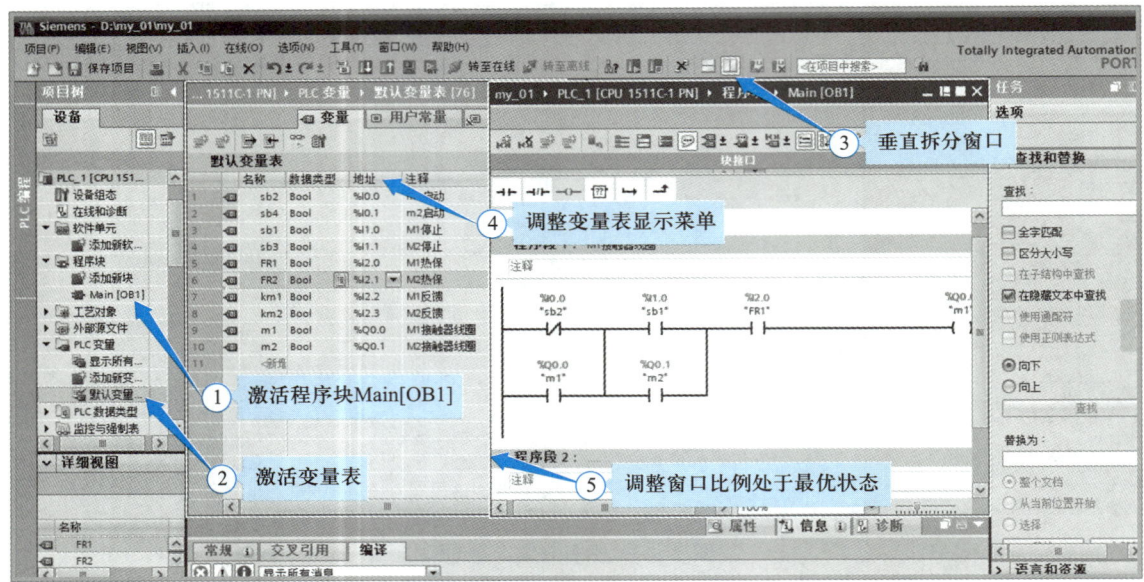

图 2-31　编辑窗口

（2）设计控制程序，如图 2-32 所示，拖曳指令符号，并指定端子地址。

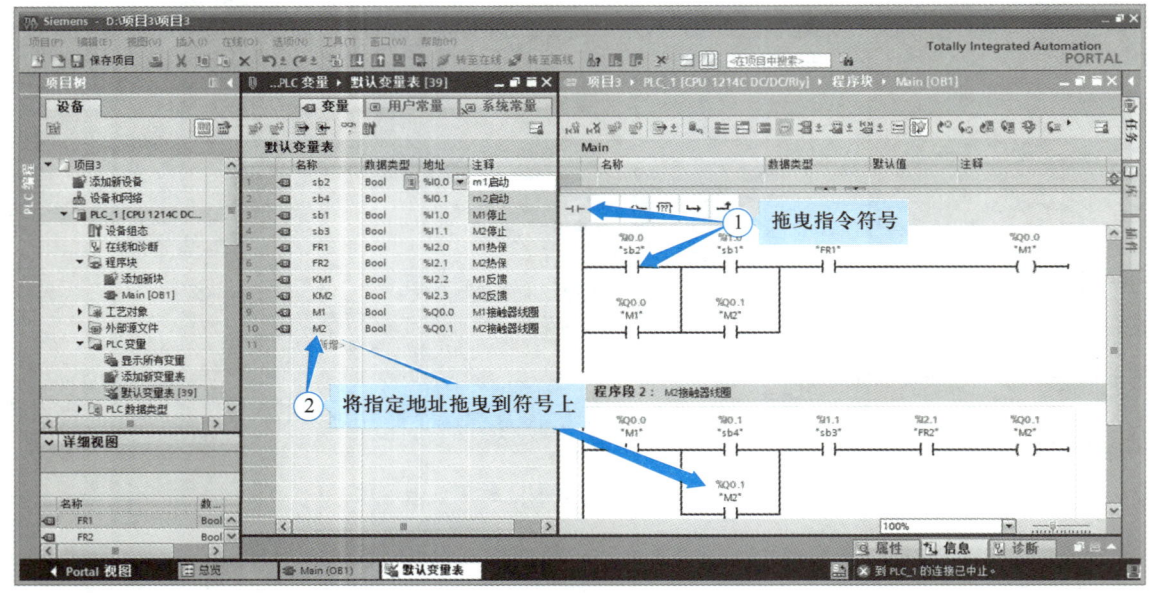

图 2-32　设计控制程序

》步骤7　程序调试

（1）在快捷菜单上编译并下载程序，打开下载界面，选择接口类型并搜索在线设备，如图 2-33 所示。

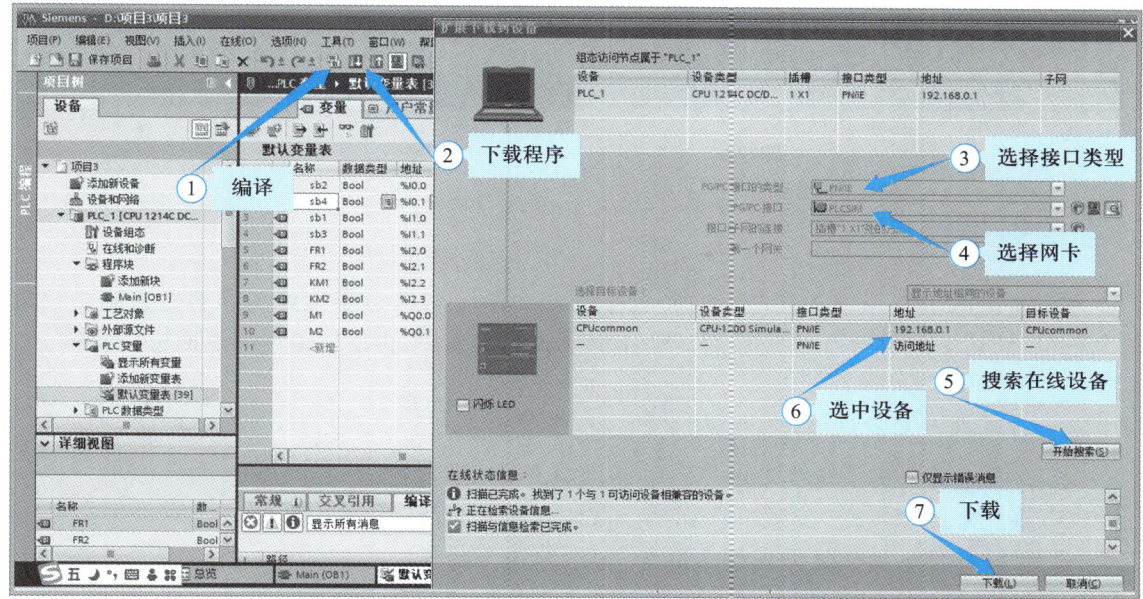

图 2-33　编译并下载程序

（2）在快捷菜单上转至在线，启动监控并调试程序，如图 2-34 所示。

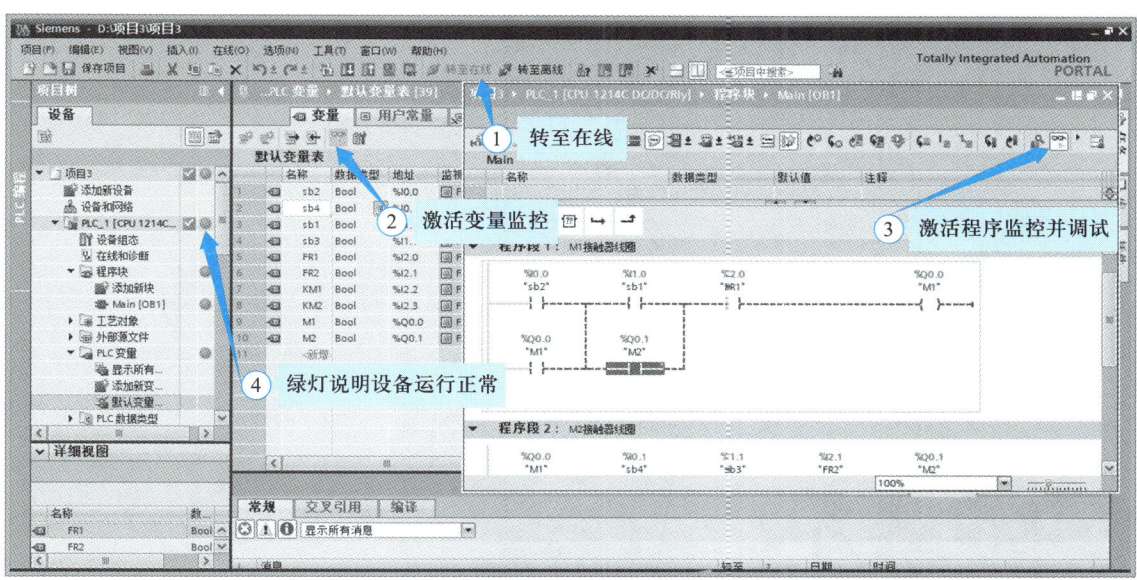

图 2-34　启动监控并调试程序

》步骤 8　设备运行

电动机顺启 / 逆停（带设备）运行状况可扫描二维码观看。

微课

顺启 / 逆停控制
S7-1500 PLC
带设备运行

【任务情景】

炼铁高炉的上料系统如图 2-35 所示，上料小车沿上料轨道将配好的原料送入高炉顶端的上料口，到达上限位 SQ1 后进行翻车动作将原料倒入高炉，再沿轨道下降返回进行装料。

1. 任务描述与引导问题

炼铁高炉的上料系统小车由一台电动机 M 拖动，沿上料轨道将配好的原料送入高炉顶端的上料口，到达上限位 SQ1 处后进行翻车动作将原料倒入高炉，再沿轨道下降返回至下限位 SQ2 处进行装料，试对上料系统小车往返控制做 PLC 程序设计。

📖 学习笔记

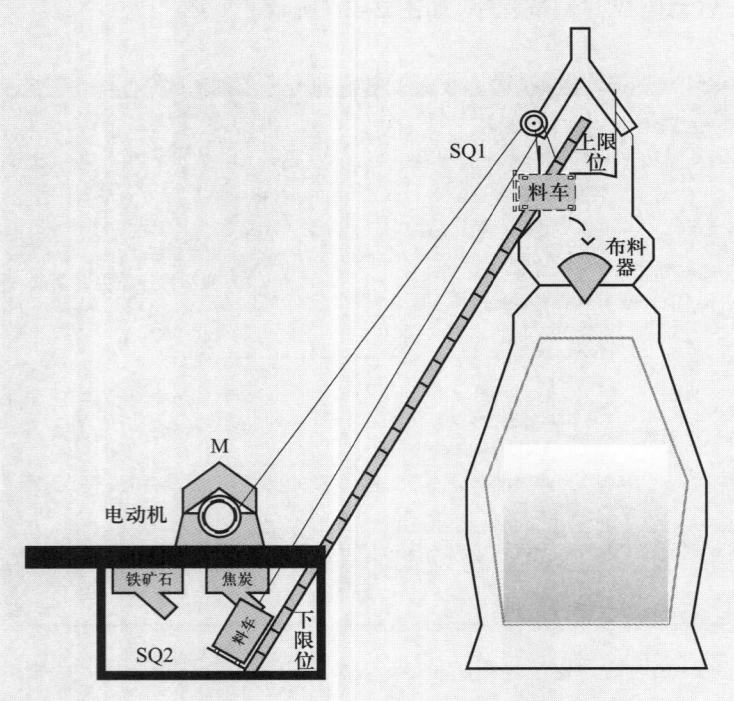

图 2-35　炼铁高炉的上料系统

📝 引导问题 1

结合学习任务 1 的行车电动机正反转控制，讨论如何实现电动机 M 的自动往返控制？

_____

_____

📝 引导问题 2

在完成引导问题 1 后,思考:如何实现在信号控制屏上显示电动机的工作状态?

_____

_____

_____

2. 制订计划

根据上述引导问题所提出的控制工艺要求,小组内互相讨论,制订工作计划,并派代表进行汇报展示。

<table>
<tr><th colspan="6">工作计划单</th></tr>
<tr><td colspan="6">小组基本资料</td></tr>
<tr><td>组别</td><td colspan="2">关系</td><td>姓名</td><td colspan="2">联系方式</td></tr>
<tr><td rowspan="4">第__组</td><td colspan="2">组长</td><td></td><td colspan="2"></td></tr>
<tr><td colspan="2" rowspan="3">组员</td><td></td><td colspan="2"></td></tr>
<tr><td></td><td colspan="2"></td></tr>
<tr><td></td><td colspan="2"></td></tr>
<tr><td colspan="6">工作计划</td></tr>
<tr><td>序号</td><td>工作流程</td><td>预计用时</td><td>使用工具 / 材料 / 设备 / 软件</td><td>数量</td><td>负责人</td></tr>
<tr><td>1</td><td></td><td></td><td></td><td></td><td></td></tr>
<tr><td>2</td><td></td><td></td><td></td><td></td><td></td></tr>
<tr><td>3</td><td></td><td></td><td></td><td></td><td></td></tr>
<tr><td>4</td><td></td><td></td><td></td><td></td><td></td></tr>
<tr><td>5</td><td></td><td></td><td></td><td></td><td></td></tr>
<tr><td>其他说明</td><td colspan="5"></td></tr>
<tr><td rowspan="2">计划评价</td><td colspan="5">教师评语:</td></tr>
<tr><td colspan="5">签字:
　　　　　　　年　　　月　　　日</td></tr>
</table>

3. 实施步骤

» 步骤 1 设计 I/O 地址分配表

I/O 设备名称	I/O 地址	说明

» 步骤 2 设计 I/O 接线示意图

» 步骤 3 硬件组态

» 步骤 4 程序设计

» 步骤 5 程序调试

4. 任务检查

实施检查单（工作过程中小组自查）				
序号	工作流程	实际用时	工作过程中遇到的问题及解决方法	负责人
1				
2				
3				
4				
5				
工作成果小组自查				
检查项目	检查结果	完成度		
I/O 地址分配表				
I/O 接线示意图				
程序设计				
程序调试（按功能实现情况检查）				
教师检查	检查结论：			
	签字： 年　　月　　日			

5. 效果评估

训练完成后，综合个人、小组在完成任务过程中的表现和教师的评价，明确学习的重点和后期的改进方向。

评价指标	评价内容	评分	评价结果
获取与处理信息	能根据工作内容有效利用网络、学习平台自主学习	5	
	能依据图书资源、工作手册等资料查找相关信息		
行为表现	仪态自然、大方	5	
	语言表达流畅、逻辑清晰		
	层次分明、准确		
团队精神	积极参与讨论，完成小组给定的软硬件设计任务，与老师和同学相处融洽	10	
	在讨论中提出自己的见解，并倾听同学的意见，适应小组工作方式		
	在小组工作中态度友好，富有创新性；能够代表本小组与其他小组同学交流和探讨		
学习方法	独立确定学习时间、方法，能解决调试过程中出现的问题	10	
	认识自己的缺陷并及时补救		
	能独立决定学习进度和制定设计方案，做到有效学习		
工作过程	遵守实验实训室管理规定，确保工作过程安全有效	50	
	工具、器件摆放有序，工作台面整洁		
	善于发现问题、分析问题、解决问题		
	能正确完成工作任务		
工匠精神	绘制的接线示意图整齐、美观	20	
	程序设计正确、严谨		
	硬件及外围接线整齐、可靠，无裸露及松动		
自评得分：		核定总分：	

【能力测试】

一、选择题

1. 在电动机正反转控制中，PLC 程序中必须包含互锁逻辑的主要目的是（　　　）。

A. 延长电动机使用寿命

B. 防止正转和反转输出同时导通，导致电源短路

C. 提高电动机运行效率

D. 简化程序结构

2. 若电动机正转启动按钮为 I0.0，反转启动按钮为 I0.1，停止按钮为 I0.2，则 PLC 程序中正转输出 Q4.0 的自锁逻辑实现方式为（　　　）。

A. Q4.0 的动合触点并联在 I0.0 两端

B. Q4.0 的动断触点串联在 I0.1 两端

C. Q4.0 的动合触点串联在 I0.0 两端

D. Q4.0 的动断触点并联在 I0.2 两端

3. 在电动机正反转控制系统中，急停按钮的动断触点通常应连接到 PLC 的（　　　）。

A. 输入模块，并在程序中直接复位输出

B. 输出模块，用于切断电动机电源

C. 中间继电器，用于隔离信号

D. 通信模块，发送报警信号

4. 在调试电动机正反转程序时，发现正转和反转指示灯同时亮起，可能的原因是（　　　）。

A. 互锁逻辑未正确编程

B. 自锁逻辑未正确编程

C. 停止按钮接线错误

D. 热继电器未复位

二、简答题

1. 正反转控制中的互锁是什么？为什么在 PLC 程序中必须实现互锁？

2. 若使用 SR 触发器或 RS 触发器实现正反转控制，需要注意哪些问题？

3. 在正反转控制电路中，接触器的辅助动断触点为何需要与 PLC 程序互锁配合使用？

项目 3

冷却水泵、搅拌装置的电动机控制

【项目情景】

冷却水泵主要用于在高压运行系统中输送清水或物理化学性质的液体，例如，给机床输送冷却液体，给化工反应罐的罐体外围输送冷却循环水，起到设备降温的作用。搅拌装置主要用于液体、粉状颗粒固体的搅拌混合。这两类设备均需要电动机进行单向旋转或正反转控制，常用于金属加工、化工、食品、酿造、制药和纺织等行业。本项目包括两个学习任务：设计冷却水泵电动机星三角降压启动控制系统和设计搅拌电动机自动正反转控制系统，在拓展训练中设计的电动机运行故障报警控制系统体现了发生故障与及时报警在工业场景中的重要性。

【项目导学】

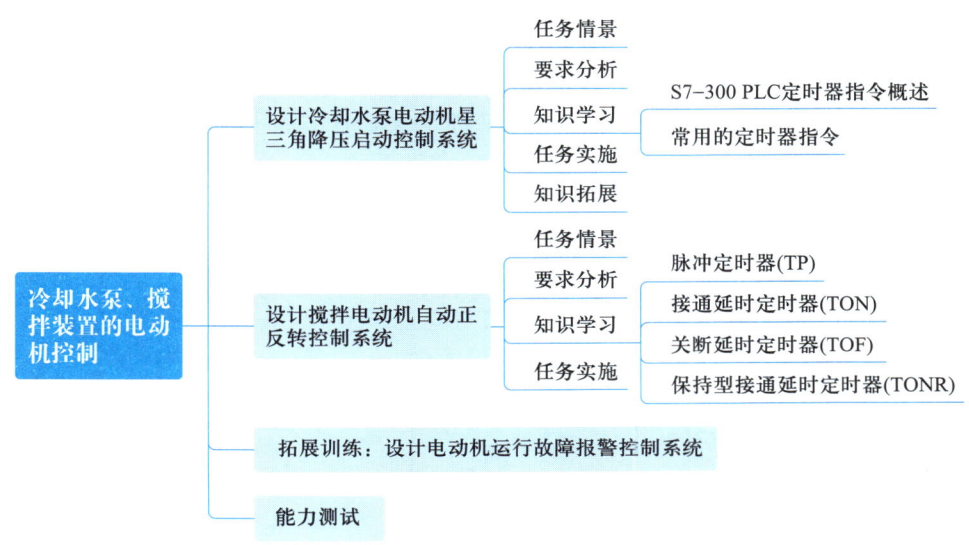

- 冷却水泵、搅拌装置的电动机控制
  - 设计冷却水泵电动机星三角降压启动控制系统
    - 任务情景
    - 要求分析
    - 知识学习
      - S7-300 PLC定时器指令概述
      - 常用的定时器指令
    - 任务实施
    - 知识拓展
  - 设计搅拌电动机自动正反转控制系统
    - 任务情景
    - 要求分析
    - 知识学习
      - 脉冲定时器(TP)
      - 接通延时定时器(TON)
      - 关断延时定时器(TOF)
      - 保持型接通延时定时器(TONR)
    - 任务实施
  - 拓展训练：设计电动机运行故障报警控制系统
  - 能力测试

【学习目标】

知识目标	▷ 掌握 S7-300 PLC 和 S7-1200/1500 PLC 定时器指令的类型、触发方式和数据结构； ▷ 会使用编程软件，进行程序输入、下载和调试； ▷ 以 LAD 为主，掌握定时器指令的基本功能及使用方法。
能力目标	▷ 能进行基本的电路分析和设计； ▷ 掌握 S7 系列 PLC I/O 模块的接线； ▷ 熟悉定时器指令的含义； ▷ 掌握应用 LAD 指令设计使用定时器的控制系统的方法； ▷ 能实现冷却水泵电动机星三角降压启动控制； ▷ 能对搅拌电动机自动正反转控制系统进行程序设计和软硬件功能实现； ▷ 能对电动机运行故障报警控制系统进行程序设计和诊断调试。
素质目标	▷ 具有创新思维和解决实际问题的能力； ▷ 具有安全操作意识以及良好的职业习惯； ▷ 具有团队协作能力和沟通能力。

【学习指导】

重点

▷ 了解冷却水泵电动机星三角降压启动控制的工作原理；
▷ 掌握自锁和互锁控制电路的原理及应用；

电机工程和自
动控制工程学
家钟士模

▷ 能正确设计 I/O 接线示意图；
▷ 掌握 S7-300 PLC 和 S7-1200/1500 PLC 定时器指令；
▷ 会根据控制要求用 STEP 7 和 TIA Portal 软件进行硬件组态、程序设计和调试。

难点

▷ 设计思路的建立；
▷ 指令的灵活运用。

设计冷却水泵电动机星三角降压启动控制系统

1.1　任务情景

机床冷却水泵是一种给各类金属切削机床,如数控机床、铣床、车床、磨床及加工中心等设备输送冷却液体的机械装置,如图 3-1 所示。该装置在工业自动化机床应用中扮演着重要的角色,它不仅能够提供高效的冷却效果,还能够提升机床的稳定性和加工质量,同时降低能耗和维护成本,是现代工业制造中不可或缺的重要组成部分。电动机是驱动机床冷却水泵运行的核心部件,通过电动机使得水泵能够将冷却液从水箱中抽出并通过管道输送到机床各个需要冷却的位置。

图 3-1　机床冷却水泵

1.2　要求分析

机床冷却水泵电动机的启动可分为直接启动和降压启动两种方式,若电动机容量较小时,一般采用全电压直接启动;若电动机容量较大时,则不允许直接启动,应采用降压启动。降压启动的目的是减小启动电流和转矩,使电动机平稳启动。常见的三相笼型异步电动机降压启动的方法有:定子绕组电路串电阻或电抗器、星三角降压启动、延边三角形启动和自耦变压器启动等。本学习任务主要设计冷却水泵电动机星三角降压启动控制系统。

1.3　知识学习

定时器指令是 PLC 指令系统中的一类类似于继电器控制系统中的时间继电器指令,只有了解定时器指令的类型、触发方式、数据结构及使用注意事项,才能正确地选择和灵活地应用该类指令。

1.3.1　S7-300 PLC 定时器指令概述

1. 存储器中的区域

在 CPU 的存储器中,有一个区域是专为定时器保留的,该区域为每个定时器地址分配一个 16 位字的存储空间。梯形图(LAD)逻辑指令集通常支持 256 个定时器,具体可用的定时器数量及对应字数,可参考 CPU 的参数信息。

2. 时间值

定时器字的位 0 到位 9 包含了二进制编码的时间值。时间更新时按照时间基准指定的时间间隔,将时间值递减一个单位,递减至时间值等于 0。可以用二进制、十六进制或以二进制编码的十进制(BCD)格式,将时间值装载到累加器 1 的低位字中,可以使用以下任意一种格式预先装载时间值。

(1)W#16#wxyz。其中,W 表示时间基准,w 表示字符访问标识符,xyz 表示以二进制编码的十进制格式的时间值。

(2)S5T#aH_bM_cS_dMS。其中,H 表示 h(小时),M 表示 min(分),S 表示 s(秒),MS 表示 ms(毫秒);a、b、c、d 由用户定义。时间基准是自动选择的,数值会根据时间基准四舍五入到下一个较小的数,可以输入的最大时间值是 9 990 s 或 2 h 46 min 30 s。

S5TIME#4S=4 s

S5T#2H_15 M=2 h 15 min

S5T#1H_12 M_18S=1 h 12 min 18 s

3. 时间基准

定时器字的位 12 和位 13 包含二进制编码的时间基准。时间基准的定义为将时间值递减一个单位所用的时间间隔。最小的时间基准是 10 ms,最大的时间基准是 10 s,见表 3-1。时间基准是自动选择的,原则是根据定时时间选择能满足要求的最小时间基准。

表 3-1　S5 定时器的时间基准

时间基准	时间基准的二进制编码
10 ms	**00**
100 ms	**01**
1 s	**10**
10 s	**11**

注意:不接受超过 2 h 46 min 30 s 的数值,也不接受分辨率超出定时范围限制的数值(例如,2 h 10 ms),它们将被转化至有效的分辨率。S5 定时器定时范围和分辨率的对应关系见表 3-2。

表 3-2　S5 定时器定时范围和分辨率的对应关系

分辨率	定时范围
0.01 s	10 MS 到 9S_990 MS
0.1 s	100 MS 到 1 M_39 S_900 MS
1 s	1 S 到 16 M_39 S
10 s	10 S 到 2 H_46 M_30 S

4. 定时器单元中的位组态

定时器启动时,定时器单元的内容会被用作时间值。定时器单元的位 0 到位 11 容纳二进制编码的十进制值(BCD 格式:四位一组,包含一个用二进制编码的十进制值)。位 12 和位 13 存储二进制编码的时间基准。图 3-2 显示装载了时间值 127,时间基准为 1 s 的定时器单元内容。

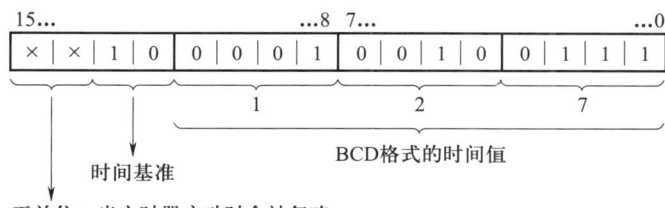

图 3-2　定时器单元中的位组态

5. S5 定时器的分类

S7-300 PLC 提供了多种形式的 S5 定时器,见表 3-3。

表 3-3　S5 定时器的分类

S_PULSE	脉冲 S5 定时器
S_PEXT	扩展脉冲 S5 定时器
S_ODT	接通延时 S5 定时器
S_ODTS	保持接通延时 S5 定时器
S_OFFDT	断开延时 S5 定时器
—(SP)—	脉冲定时器线圈
—(SE)—	扩展脉冲定时器线圈
—(SD)—	接通延时定时器线圈
—(SS)—	保持接通延时定时器线圈
—(SA)—	断开延时定时器线圈

1.3.2　常用的定时器指令

1. S_PULSE(脉冲 S5 定时器)

(1)LAD 符号

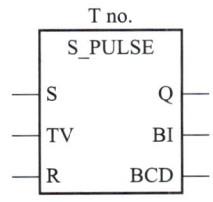

定时器指令的参数说明见表3-4。

表 3-4   定时器指令的参数说明表

参数	数据类型	内存区域	说明
T no.	定时器	T	定时器标识号，范围取决于 CPU 参数
S	BOOL	I、Q、M、L、D	使能输入
TV	S5TIME	I、Q、M、L、D	预设时间值
R	BOOL	I、Q、M、L、D	复位输入
BI	WOED	I、Q、M、L、D	剩余时间值，二进制格式
BCD	WOED	I、Q、M、L、D	剩余时间值，BCD 格式
Q	BOOL	I、Q、M、L、D	定时器的状态

（2）说明

如果在使能输入端 S 有一个上升沿，S_PULSEP（脉冲 S5 定时器）将启动指定的定时器。定时器在输入端 S 的信号状态从 0 变 1 时运行，但最长周期是由预设时间值 TV 决定的。只要定时器运行，输出端 Q 的信号状态就为 1。如果在时间间隔结束前，输入端 S 从 1 变为 0，则定时器停止，这种情况下的输出端 Q 的信号状态为 0。如果在定时器运行期间定时器复位输入端 R 从 0 变为 1 时，则定时器将被复位，当前时间和时间基准也被清零。如果定时器不是正在运行，则定时器复位输入端 R 是 1 没有任何作用。可在输出端的剩余时间值 BI 和 BCD 上扫描当前时间值，在 BI 端为二进制格式，在 BCD 端是 BCD 格式。当前时间值等于预设时间值 TV 减去定时器启动后经过的时间。

（3）时序图

S_PULSE（脉冲 S5 定时器）的时序图如图 3-3 所示。

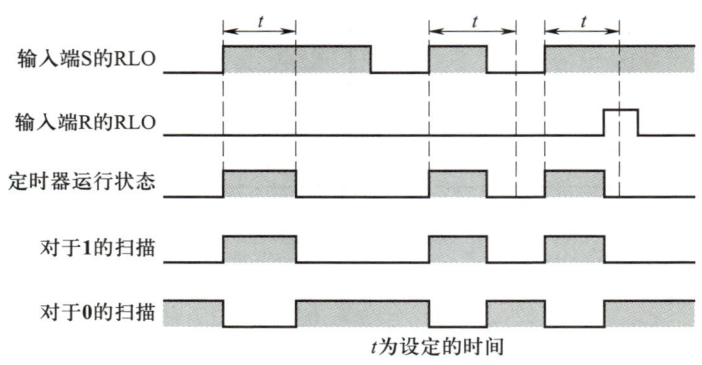

图 3-3   S_PULSE（脉冲 S5 定时器）的时序图

（4）举例

如图 3-4 所示，如果输入端 I0.0 的信号状态从 0 变为 1（RLO 中的上升沿），则定时器将启动。只要 I0.0 为 1，定时器就将继续运行指定的 2 s。如果定时器达到预定时间前，I0.0 的信号状态从 1 变为 0，则定时器将停止。如果输入端 I0.1 的信号状态从 0 变为 1，且定时器仍在运行，则时间复位。

只要定时器运行,输出端 Q4.0 就是 **1**,如果定时器预设时间结束或定时器复位,则输出端 Q4.0 变为 **0**。

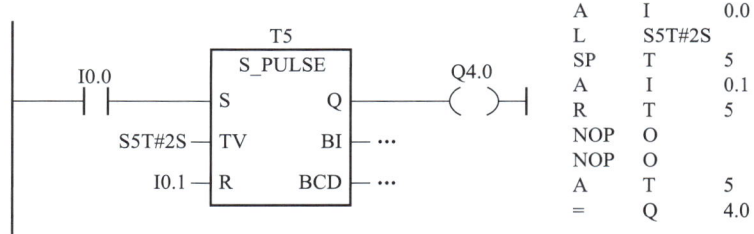

图 3-4　S_PULSE(脉冲 S5 定时器)(LAD、STL)

2. S_ODT(接通延时 S5 定时器)

（1）LAD 符号

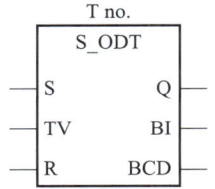

S_ODT 定时器
基本动作演示

（2）说明

如果在使能输入端 S 有一个上升沿,S_ODT(接通延时 S5 定时器)将启动指定的定时器。只要输入端 S 的信号状态为 **1**,定时器开始运行并达到预设时间值 TV 而没有出错,同时输入端 S 的信号状态仍为 **1** 时,则输出端 Q 的信号状态为 **1**。如果定时器运行期间输入端 S 的信号状态从 **1** 变为 **0**,那么定时器将停止,这种情况下的输出端 Q 的信号状态也为 **0**。如果在定时器运行期间复位输入端 R 从 **0** 变为 **1**,则定时器复位,当前时间和时间基准被清零,输出端 Q 的信号状态变为 **0**。如果在定时器没有运行时输入端 R 为 **1**,并且输入端 S 的 RLO 为 **1**,则定时器也被复位。可在输出端的剩余时间值 BI 和 BCD 上扫描当前时间值,在 BI 端为二进制格式,在 BCD 端为 BCD 格式,当前时间值等于预设时间值 TV 减去定时器启动后经过的时间。

（3）时序图

S_ODT(接通延时 S5 定时器)的时序图如图 3-5 所示。

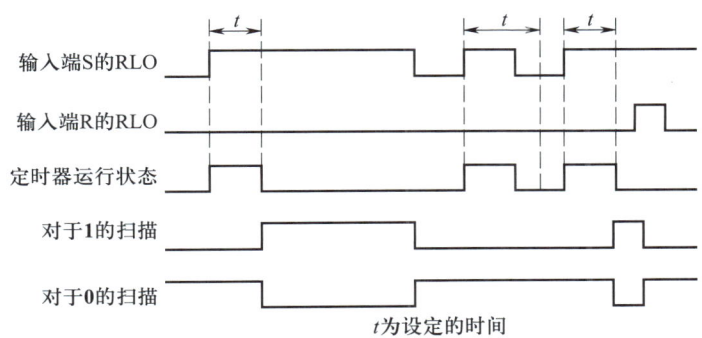

图 3-5　S_ODT(接通延时 S5 定时器)的时序图

（4）举例

如图 3-6 所示，如果 I0.0 的信号状态从 **0** 变为 **1**（RLO 中的上升沿），则定时器将启动。如果指定的 2 s 时间结束并且输入端 I0.0 的信号状态仍为 **1**，则输出端 Q4.0 将为 **1**。如果 I0.0 的信号状态从 **1** 变为 **0**，则定时器停止，并且 Q4.0 将变为 **0**（如果 I0.1 的信号状态从 **0** 变为 **1**，则无论定时器是否运行，时间都复位）。

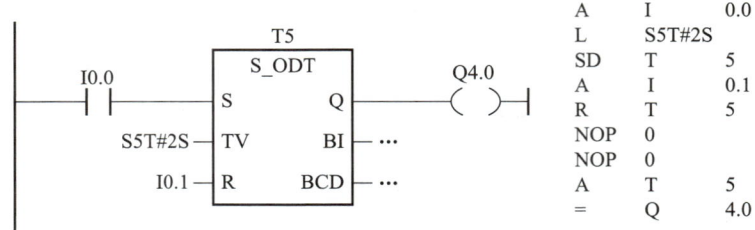

图 3-6　S_ODT（接通延时 S5 定时器）（LAD、STL）

3. S_OFFDT（断开延时 S5 定时器）

（1）LAD 符号

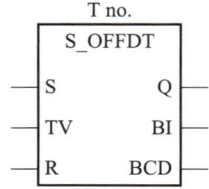

（2）说明

如果在使能输入端 S 有一个下降沿，S_OFFDT（断开延时 S5 定时器）将启动指定的定时器。如果输入端 S 的信号状态为 **1**，或定时器正在运行，则输出端 Q 的信号状态为 **1**。如果在定时器运行期间输入端 S 的信号状态从 **0** 变为 **1** 时，那么定时器将复位。输入端 S 的信号状态再次从 **1** 变为 **0** 后，定时器才能重新启动。如果在定时器运行期间复位输入端 R 从 **0** 变为 **1** 时，那么定时器将被复位。可在输出端的剩余时间值 BI 和 BCD 上扫描当前时间值，在 BI 端是二进制格式，在 BCD 端是 BCD 格式，当前时间值等于预设时间值 TV 减去定时器启动后经过的时间。

（3）时序图

S_OFFDT（断开延时 S5 定时器）的时序图如图 3-7 所示。

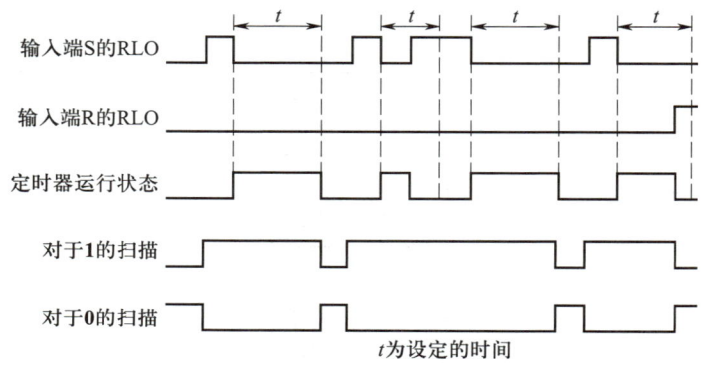

图 3-7　S_OFFDT（断开延时 S5 定时器）的时序图

（4）举例

如图 3-8 所示，如果 I0.0 的信号状态从 **1** 变为 **0**，则定时器启动。I0.0 为 **1** 或定时器运行时，Q4.0 为 **1**。（如果在定时器运行期间 I0.1 的信号状态从 **0** 变为 **1**，则定时器复位）。

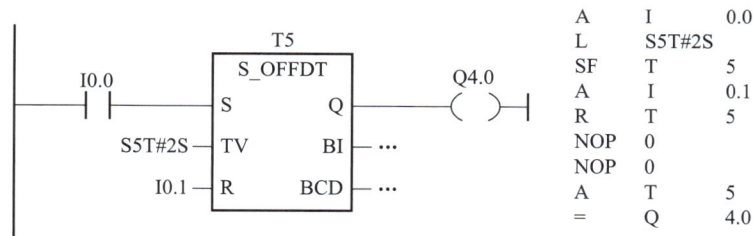

图 3-8　S_OFFDT（断开延时 S5 定时器）（LAD、STL）

4. —(SP)—脉冲定时器线圈

（1）LAD 符号

<T 编号>

—(SP)—

<时间值>

定时器线圈的参数说明见表 3-5。

表 3-5　定时器线圈的参数说明表

参数	数据类型	内存区域	说明
<T 编号>	定时器	T	表格
<时间值>	S5TIME	I、Q、M、L、D	预设时间值

（2）说明

如果 RLO 状态有一个上升沿，—(SP)—将以该 <时间值> 启动指定的 <T 编号> 定时器。只要 RLO 保持 **1**，定时器就继续运行预设的 <时间值>。只要定时器运行，输出端的信号状态就为 **1**。如果在达到 <时间值> 前，RLO 中的信号状态从 **1** 变为 **0**，则定时器将停止，输出端的信号状态为 **0**。

（3）举例

如图 3-9 所示，如果输入端 I0.0 的信号状态从 **0** 变为 **1**（RLO 中的上升沿），则定时器启

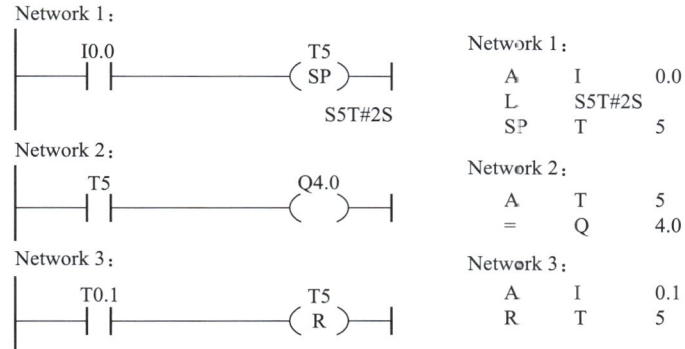

图 3-9　—(SP)—脉冲定时器线圈（LAD、STL）

动。只要输入端 I0.0 的信号状态为 **1**，定时器就继续运行指定的 **2** s 时间。如果在指定的时间结束前输入端 I0.0 的信号状态从 **1** 变为 **0**，则定时器停止。

只要定时器运行，输出端 Q4.0 的信号状态就为 **1**。如果输入端 T0.1 的信号状态从 **0** 变为 **1**，定时器将复位并停止，时间值的剩余部分会清零。

5. 一（SD）一接通延时定时器线圈

（1）LAD 符号

<T 编号>

一（SD）一

<时间值>

（2）说明

如果 RLO 状态有一个上升沿，一（SD）一将以该 < 时间值 > 启动指定的 < T 编号 > 定时器。如果达到该 < 时间值 > 而没有出错，且 RLO 仍为 **1**，则定时器的信号状态为 **1**。如果在定时器运行期间 RLO 从 **1** 变为 **0**，则定时器复位，输出端的信号状态为 **0**。

（3）举例

如图 3–10 所示，如果输入端 I0.0 的信号状态从 **0** 变为 **1**（RLO 中的上升沿），则定时器启动。如果到达指定时间且输入端 I0.0 的信号状态仍为 **1**，则输出端 Q4.0 的信号状态将为 **1**。

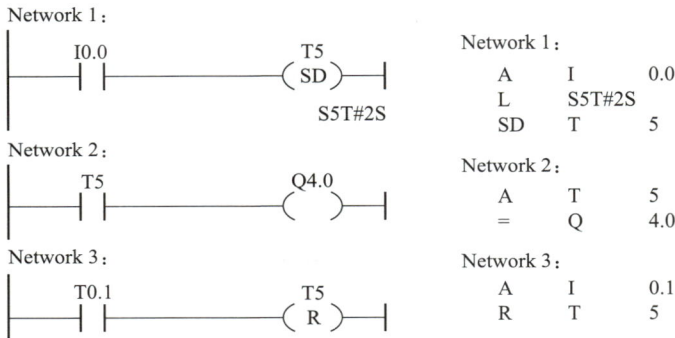

图 3–10　一（SD）一接通延时定时器线圈（LAD、STL）

如果输入端 I0.0 的信号状态从 **1** 变为 **0**，则定时器停止，并且输出端 Q4.0 的信号状态将为 **0**。如果输入端 T0.1 的信号状态从 **0** 变为 **1**，定时器将复位并停止，时间值的剩余部分会清零。

6. 一（SF）一断开延时定时器线圈

（1）LAD 符号

<T 编号>

一（SF）一

<时间值>

（2）说明

如果 RLO 状态有一个下降沿，一（SF）一将启动指定的 < T 编号 > 定时器。当 RLO 为 **1** 时或只要定时器在 < 时间值 > 内运行，输出端的信号状态就为 **1**。如果在定时器运行期间 RLO 从 **0** 变为 **1**，则定时器复位。只要 RLO 从 **1** 变为 **0**，定时器就会重新启动。

（3）举例

如图 3–11 所示，如果输入端 I0.0 的信号状态从 **1** 变为 **0**，则定时器启动。

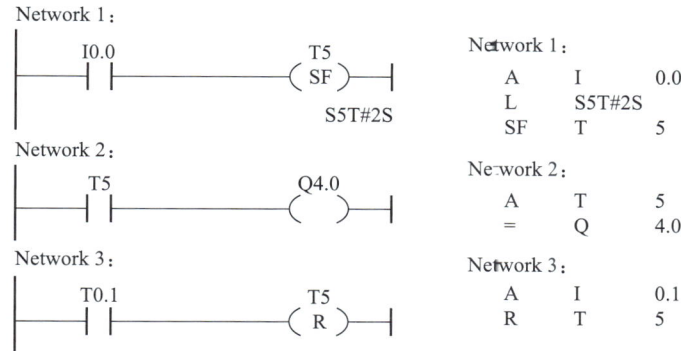

图 3–11　—(SF)—断开延时定时器线圈（LAD、STL）

如果输入端 I0.0 为 **1** 或定时器正在运行,则输出端 Q4.0 的信号状态为 **1**。如果输入端 T0.1 的信号状态从 **0** 变为 **1**,定时器将复位并停止,时间值的剩余部分会清零。

1.4　任务实施

任务要求:用 PLC 实现冷却水泵电动机星三角降压启动控制。

» 步骤 1　设计 I/O 地址分配表

I/O 地址分配见表 3–6。

表 3–6　冷却水泵电动机星三角降压启动 PLC 控制 I/O 地址分配表

I/O 设备名称	I/O 地址	说明
FR	I0.0	热保护（动断触点）
SB1	I0.1	停止按钮（动断触点）
SB2	I0.2	正转启动按钮（动合触点）
KM1	I0.3	主接触器（动合）辅助触点
KM2	I0.4	Y 接触器（动合）辅助触点
KM3	I0.5	△接触器（动合）辅助触点
KM1	Q4.0	主接触器线圈
KM2	Q4.1	Y 接触器线圈
KM3	Q4.2	△接触器线圈

» 步骤 2　设计 I/O 接线示意图

I/O 接线示意图如图 3–12 所示。

» 步骤 3　程序设计

冷却水泵电动机星三角降压启动"实验模拟型"程序设计,如图 3–13 所示。

» 步骤 4　仿真调试

可以在 STEPT 软件上调用仿真功能,进行程序的调试。

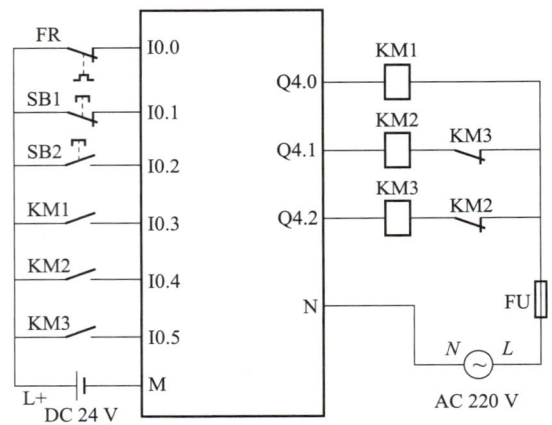

图3-12　冷却水泵电动机星三角降压启动控制 I/O 接线示意图

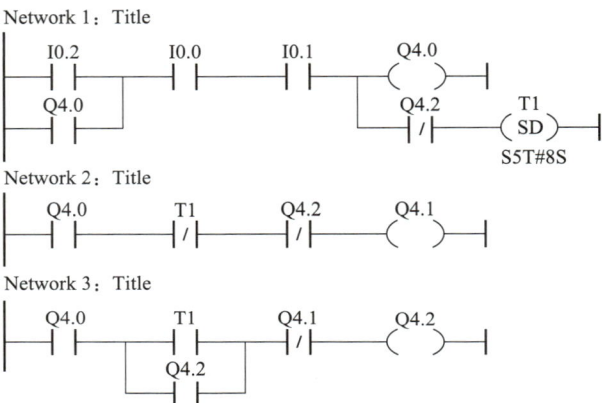

图3-13　冷却水泵电动机星三角降压启动"实验模拟型"程序设计

1.5　知识拓展

冷却水泵电动机星三角降压启动控制"实际工程型"程序设计,如图3-14所示。

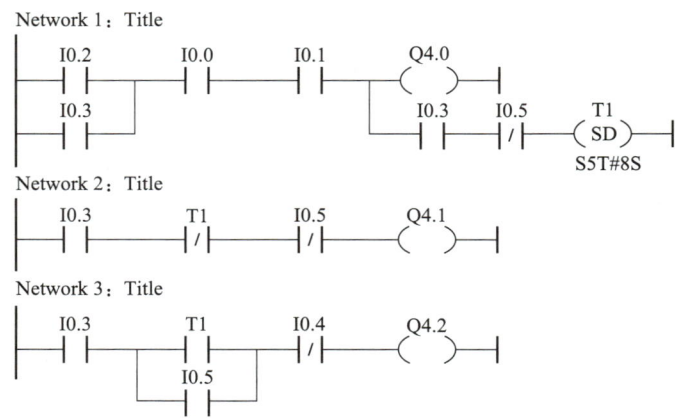

图3-14　冷却水泵电动机星三角降压启动控制"实际工程型"程序设计

学习任务 2

设计搅拌电动机自动正反转控制系统

2.1　任务情景

　　搅拌电动机一般应用于食品加工、化工等行业的物料混合控制系统中,用于搅拌各种物料,使其达到有效混合和反应,如图 3–15 所示。搅拌电动机通常采用 PLC 控制,以便根据物料的黏度、温度等参数自动调节搅拌速度,确保搅拌过程的稳定性和一致性,从而提高生产效率,稳定产品质量。

图 3–15　物料混合控制系统装置

2.2　要求分析

　　物料混合控制系统装置是工业生产中应用比较广泛的一种自动装置,在控制时要求搅拌电动机能够进行自动正反转运行,即电动机正向运行至规定的时间则开始反向运行,如此往复,直至搅拌结束。本学习任务基于西门子S7-1200 PLC的定时器,实现搅拌电动机自动正反转控制。

2.3 知识学习

西门子S7-1200 PLC提供了四种类型的定时器,分别为脉冲定时器(TP)、接通延时定时器(TON)、关断延时定时器(TOF)和保持型接通延时定时器(TONR)。S7-1200 PLC的定时器多少并不是通过编号进行划分规定的,用户程序中可以使用的定时器数量仅受CPU存储器容量限制。每个定时器均使用16 Byte(字节)的数据类型为IEC_TIMER的DB结构来存储定时器数据。S7-1200 PLC的定时器符号、名称及功能见表3-7。

表3-7 S7-1200 PLC的定时器符号、名称及功能

符号	名称	功能
TP	脉冲定时器	可生成具有预设宽度时间的脉冲
TON	接通延时定时器	输出端Q在预设的延时过后设置为ON
TOF	关断延时定时器	输出端Q在预设的延时过后重置为OFF
TONR	保持型接通延时定时器	输出端在预设的延时过后设置为ON,使用输入端R复位

S7-1200 PLC的定时器的输入和输出参数说明见表3-8。

表3-8 S7-1200 PLC的定时器的输入和输出参数

参数	数据类型	说明
IN	BOOL	定时器输入
R	BOOL	将TONR经过的时间重置为零
Q	BOOL	定时器输出
PT	TIME	预设的时间值输入
ET	TIME	经过的时间值输出
定时器数据块	DB	指定要使用RT指令复位的定时器

参数IN可启动和停止定时器,参数IN从0跳变为1将启动定时器TP、TON和TONR,参数IN从1跳变为0将启动定时器TOF。

PT和ET的值以单位为ms的有符号双精度整型存储在存储器中。TIME数据使用T#标识符,数据长度为32 bit(位),可以采用简单时间单元(如T#5 S)或复合时间单元(如T#2 S_200 MS)的形式输入。

2.3.1 脉冲定时器(TP)

TP指令可用于生成具有预设宽度时间的脉冲。

当输入端IN出现一个脉冲信号时,启动脉冲定时器TP并开始计时,定时器输出端Q为

1。PT 端设定的时间为预设定时时间,定时器的当前值存储于定时器的 ET 端,当 ET 与 PT 相等时,定时器输出端 Q 变为 0。在脉冲定时器 TP 已启动,ET 未达到 PT 时,无论输入端 IN 如何变化,定时器的当前值变化不受影响。脉冲定时器 TP 指令应用示例及时序图如图 3-16 所示。

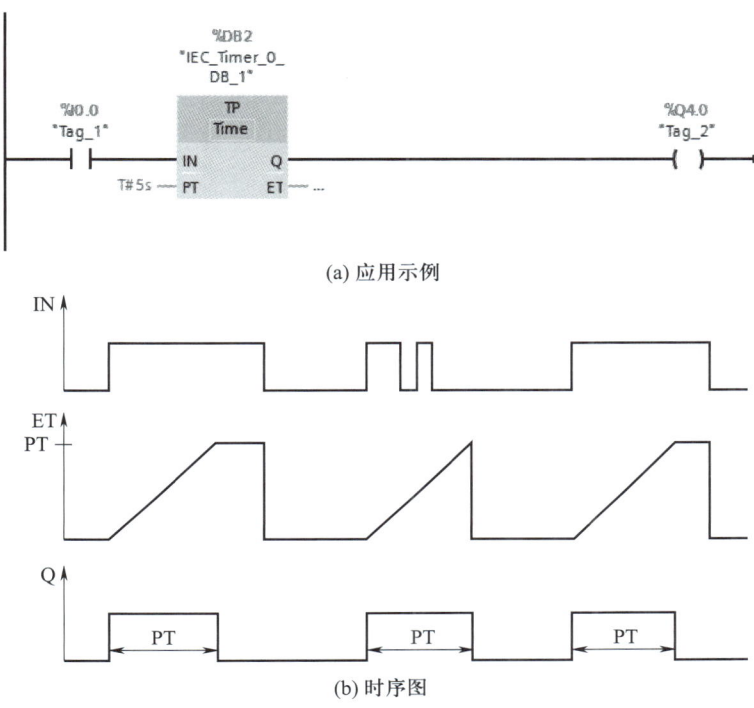

图 3-16　脉冲定时器 TP 指令应用示例及时序图

当输入 I0.0 接通时,启动脉冲定时器 TP,输出端 Q4.0 输出一个宽度为 5 s 的脉冲信号。

2.3.2　接通延时定时器(TON)

接通延时定时器 TON 的功能是将输出端 Q 在预设的延时过后设置为 1。

当输入端 IN 为 1 时,启动接通延时定时器 TON 并开始计时。PT 端为预设的时间值输入,定时器的当前值被存储于定时器的 ET 端,当 ET 与 PT 相等时,定时器输出端 Q 为 1。当输入端 IN 变为 0 时,接通延时定时器 TON 的当前值 ET 变为 0,输出端 Q 也变为 0,接通延时定时器 TON 指令应用示例及时序图如图 3-17 所示。

当输入端 I0.0 为 1 时,启动接通延时定时器 TON,5 s 后输出端 Q4.0 接通;当输入端 I0.0 断开时,输出端 Q4.0 立即断开。若输入端 I0.0 接通时间不足 5 s 时,输出端 Q4.0 无输出变化。

2.3.3　关断延时定时器(TOF)

关断延时定时器 TOF 的功能是将输出端 Q 在预设的延时过后置为 0。

当输入端 IN 为 1 时,定时器输出端 Q 为 1,当输入端 IN 断开时,关断延时定时器 TOF 开始计时,PT 端为预设的时间值输入,定时器的当前值存储于定时器的 ET 端,当 ET 和 PT 相等时,定时器输出端 Q 变为 **0**。若定时器在计时过程中输入端 IN 重新为 **1**,定时器的当前值 ET 清零。关断延时定时器 TOF 指令应用示例及时序图如图 3–18 所示。

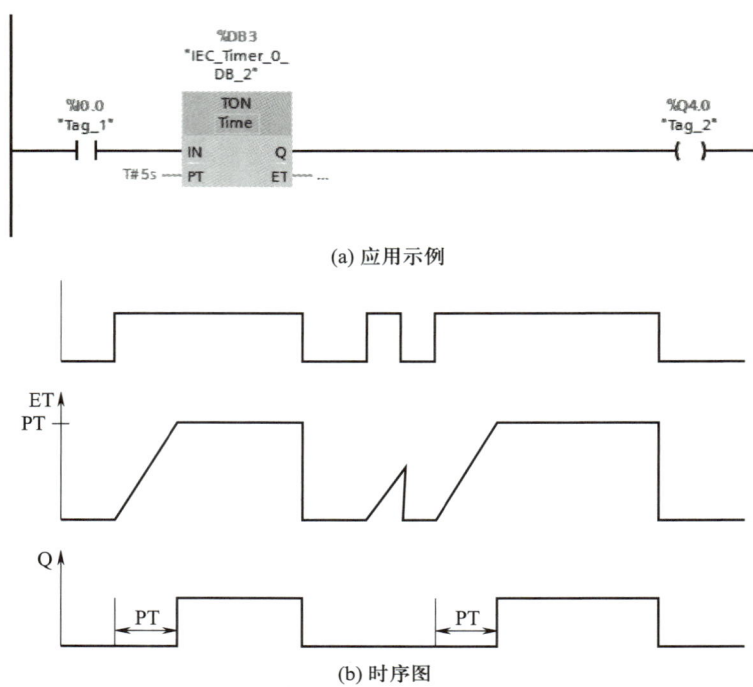

(a) 应用示例

(b) 时序图

图 3–17　接通延时定时器 TON 指令应用示例及时序图

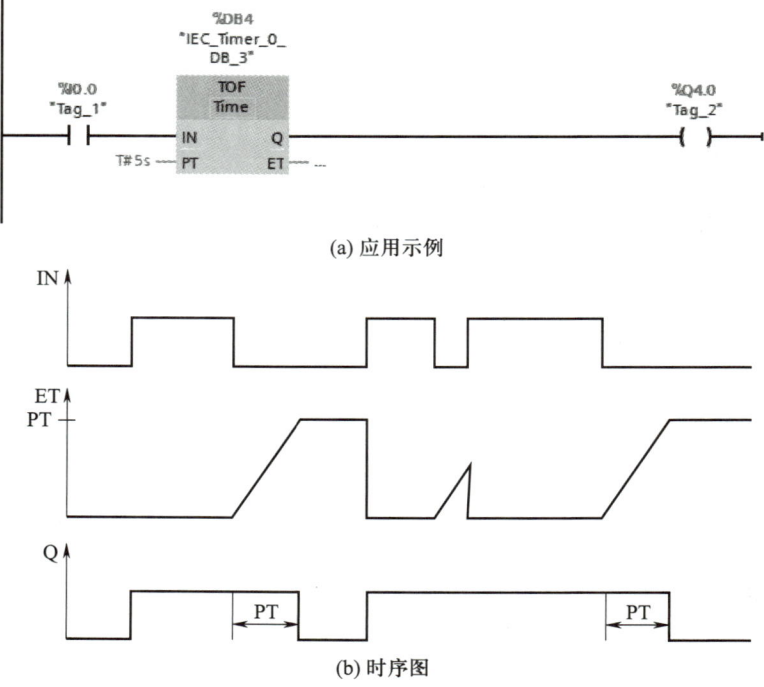

(a) 应用示例

(b) 时序图

图 3–18　关断延时定时器 TOF 指令应用示例及时序图

2.3.4　保持型接通延时定时器（TONR）

保持型接通延时定时器 TONR 的功能是将输出端 Q 在累计时间达到预设的时间后设置为 **1**，该类型定时器使用 R 复位。

TONR 和 TON 功能相似。当定时器输入端 IN 为 **1** 时，启动保持型接通延时定时器 TONR 并开始计时；当输入端 IN 变为 **0** 时，定时器的当前值 ET 保持不变，不清零；当输入端 IN 再次接通时，定时器在原当前值的基础上继续开始计时。PT 端为预设的时间值输入，当 ET 和 PT 相等时，定时器输出端 Q 为 **1**。若需要对定时器复位，则可通过复位端 R 进行复位，定时器的当前值 ET 清零，输出端 Q 为 **0**。保持型接通延时 TONR 定时器指令应用示例及时序图如图 3–19 所示。

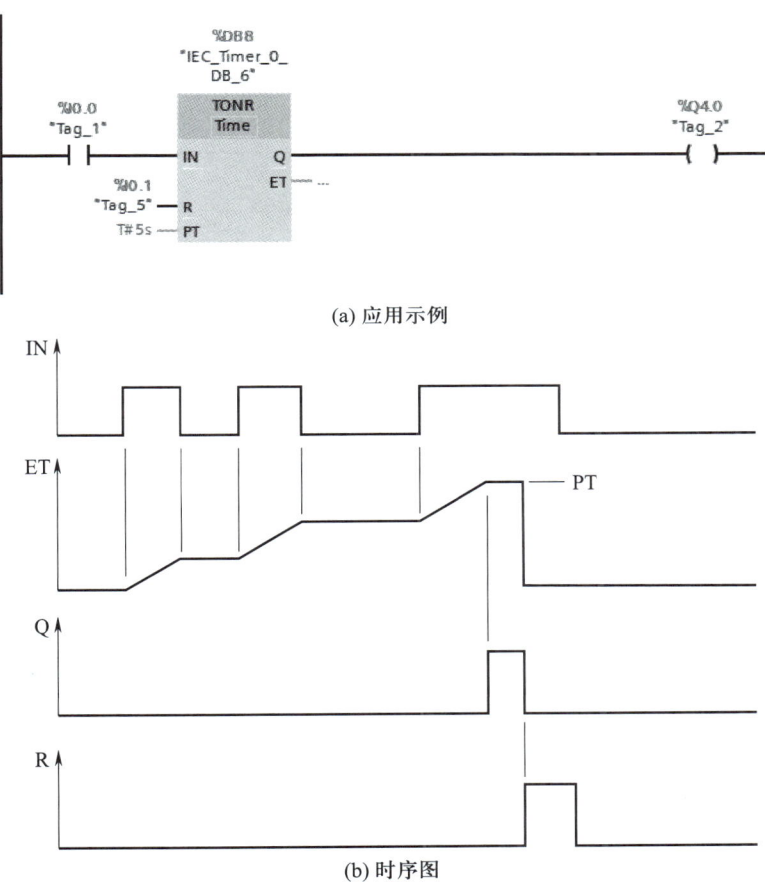

(a) 应用示例

(b) 时序图

图 3–19　保持型接通延时定时器 TONR 指令应用实例时序图

2.4　任务实施

任务要求：用 PLC 实现搅拌电动机自动正反转控制。

» 步骤 1　设计 I/O 地址分配表

I/O 地址分配见表 3-9。

表 3-9　搅拌电动机正反转控制 I/O 地址分配表

I/O 设备名称	I/O 地址	说明
FR	I0.0	热保护（动断触点）
SB1	I0.1	停止按钮（动断触点）
SB2	I0.2	正转启动按钮（动合触点）
SB3	I0.3	反转启动按钮（动合触点）
KM1	I0.4	正转接触器（动合）辅助触点
KM2	I0.5	反转接触器（动合）辅助触点
KM1	Q4.0	正转接触器线圈
KM2	Q4.1	反转接触器线圈

» 步骤 2　设计 I/O 接线示意图

I/O 接线示意图如图 3-20 所示。

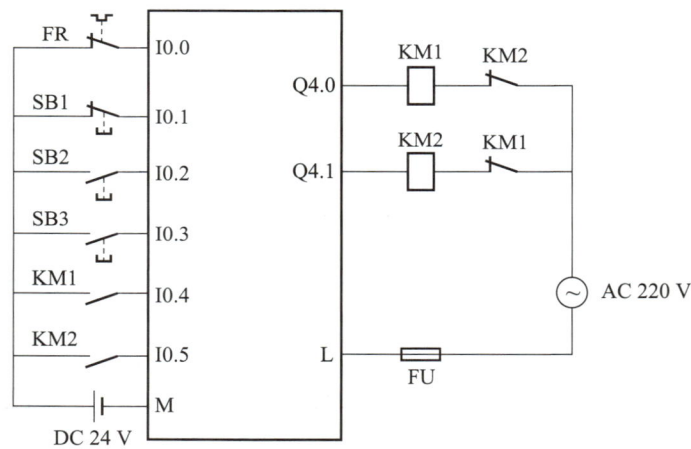

图 3-20　搅拌电动机正反转控制 I/O 接线示意图

» 步骤 3　数字输入 / 输出（DI/DO）模块的安装与接线

根据 I/O 接线示意图进行接线，将各输入控制按钮、触点连接到 DI 模块的前连接器上，将 DO 模块的前连接器对应的输出点连接到两个交流接触器线圈上，接线时注意接线图上标注的电源是否为交流以及电压等级等。

» 步骤 4　创建项目

双击"TIA Portal"图标打开软件，按如图 3-21 所示的步骤进行项目的创建。

» 步骤 5　硬件组态

（1）添加新设备并选择 CPU，如图 3-22 所示。

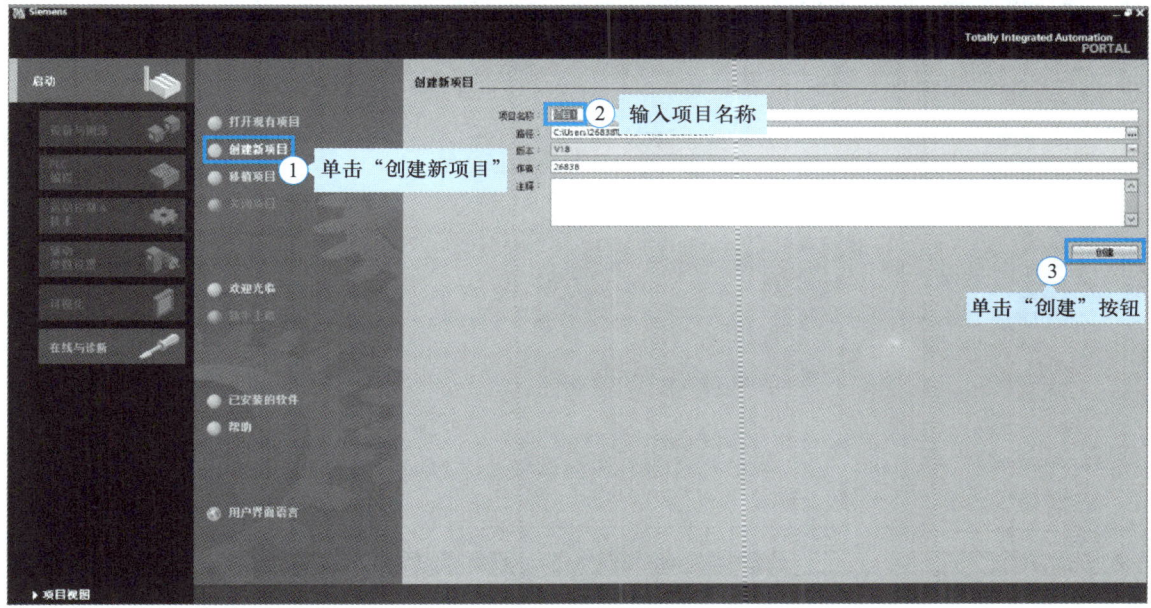

图 3-21　创建新项目

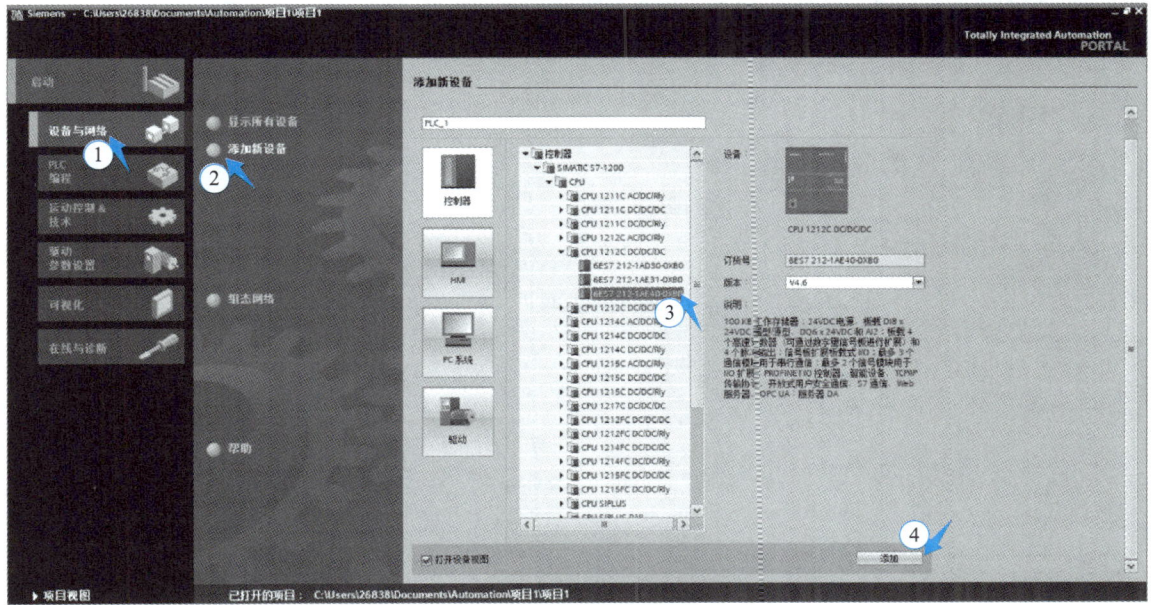

图 3-22　添加新设备并选择 CPU

（2）在设备视图界面添加 DI/DO 模块，如图 3-23 所示。

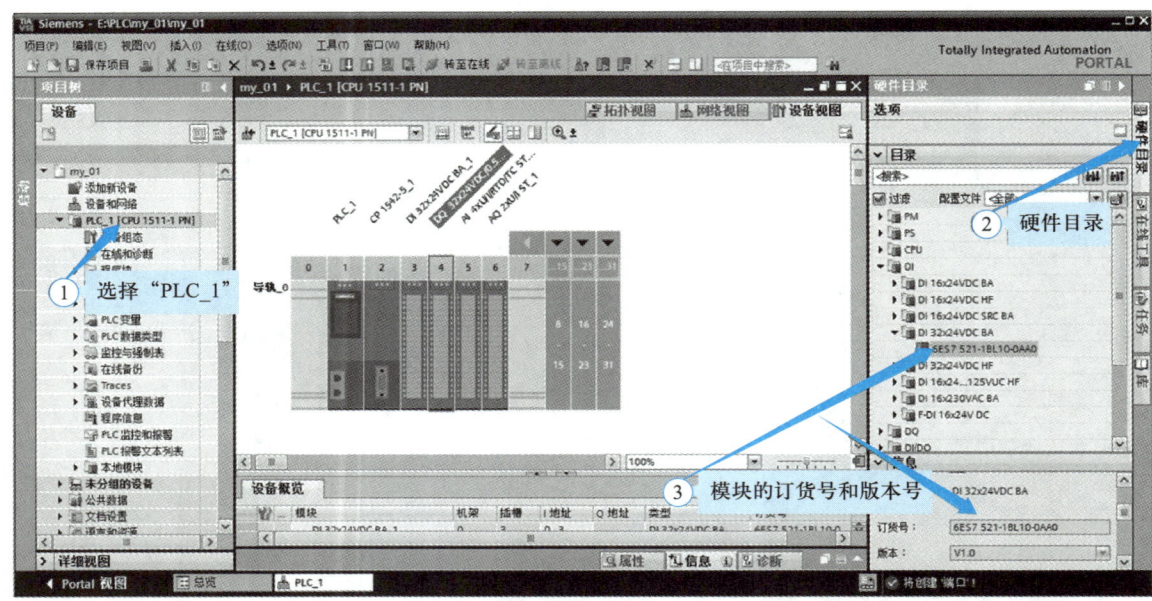

图 3-23　添加 DI/DO 模块

（3）在设备视图界面分配 CPU 地址（DP 或 IP），如图 3-24 所示。

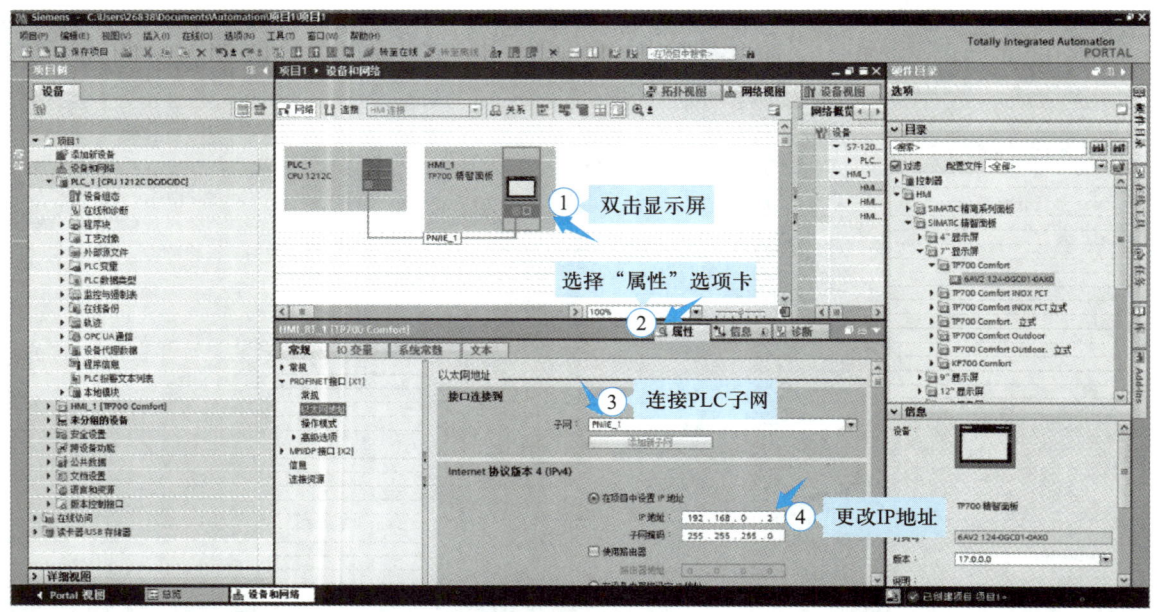

图 3-24　分配 CPU 地址

» 步骤 6　程序设计

打开 OB1，并对照搅拌电动机自动正反转控制电路在 OB1 中编写程序，如图 3-25 所示。

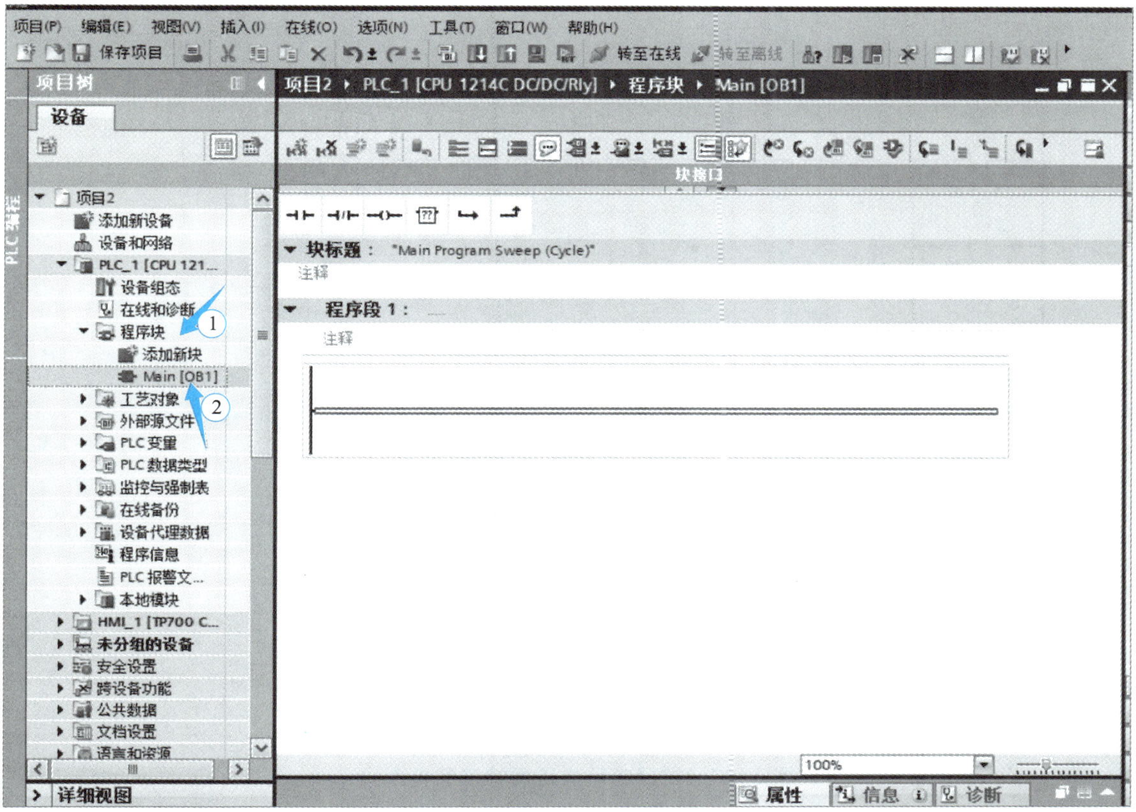

图 3-25　编写程序

微课

搅拌电动机自
动正反转控制

采用符号表编程如图 3-26 所示。

搅拌电动机正反转控制参考程序，如图 3-27 所示。

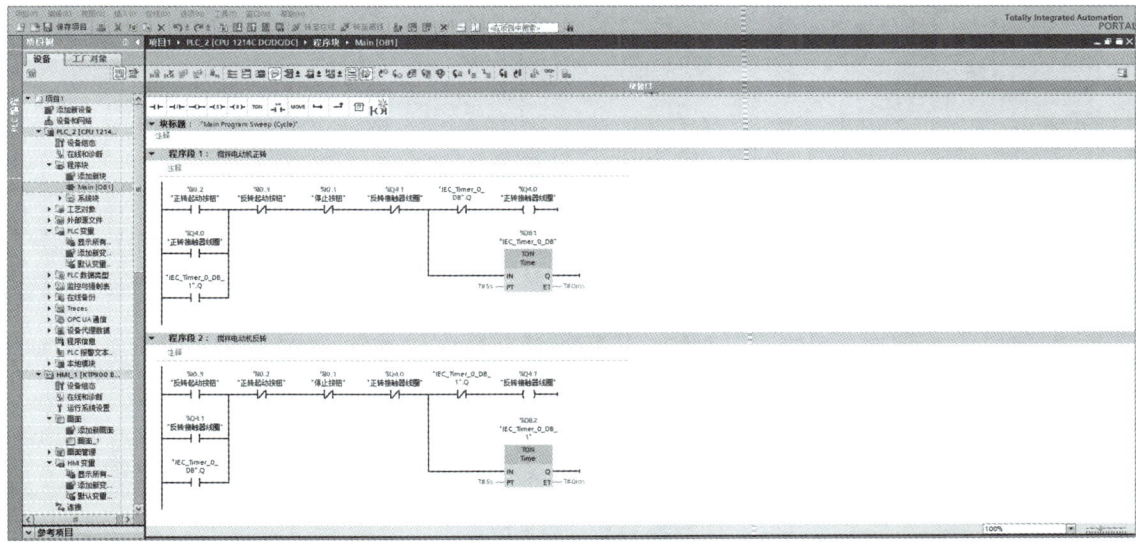

图 3-26　符号表编程

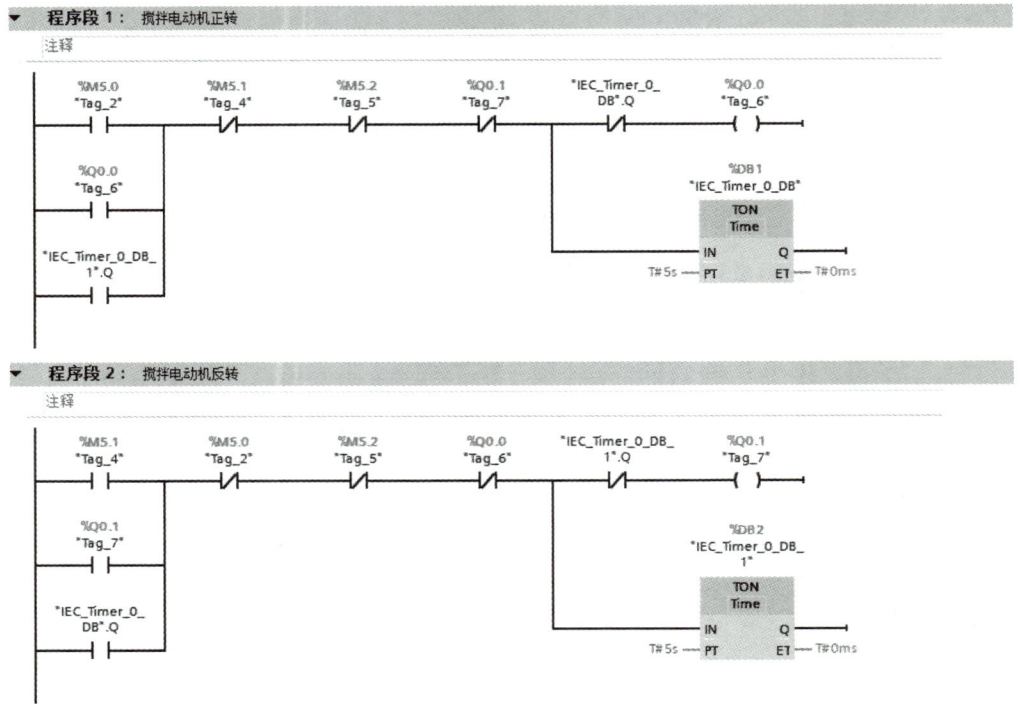

图 3-27　搅拌电动机正反转控制参考程序

》步骤 7　程序调试

在虚拟仿真软件上进行程序仿真和程序调试,方法如图 3-28 和图 3-29 所示。

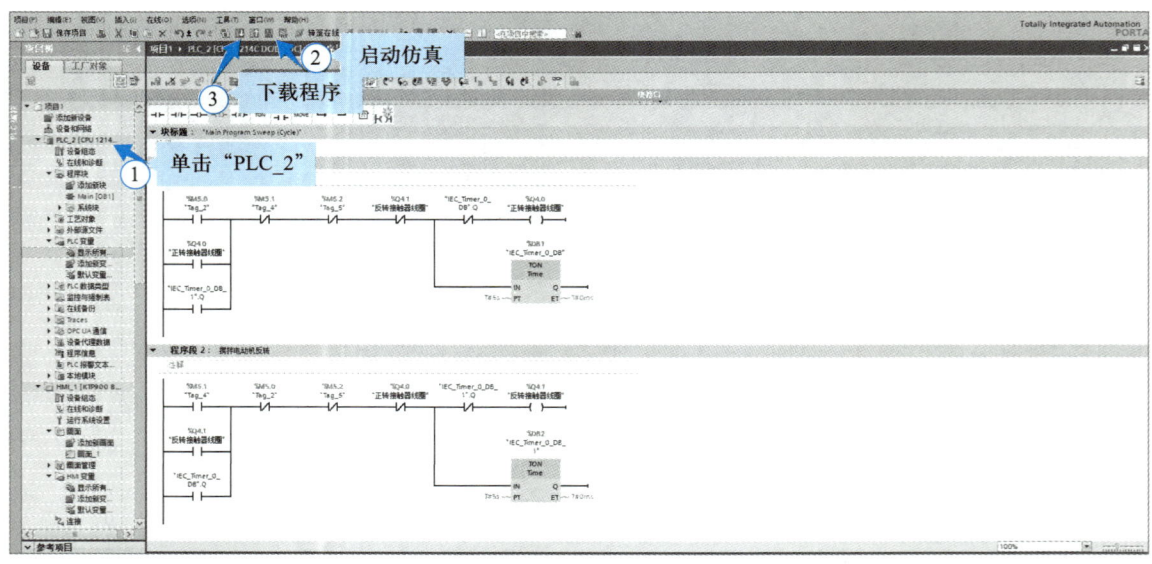

图 3-28　程序仿真

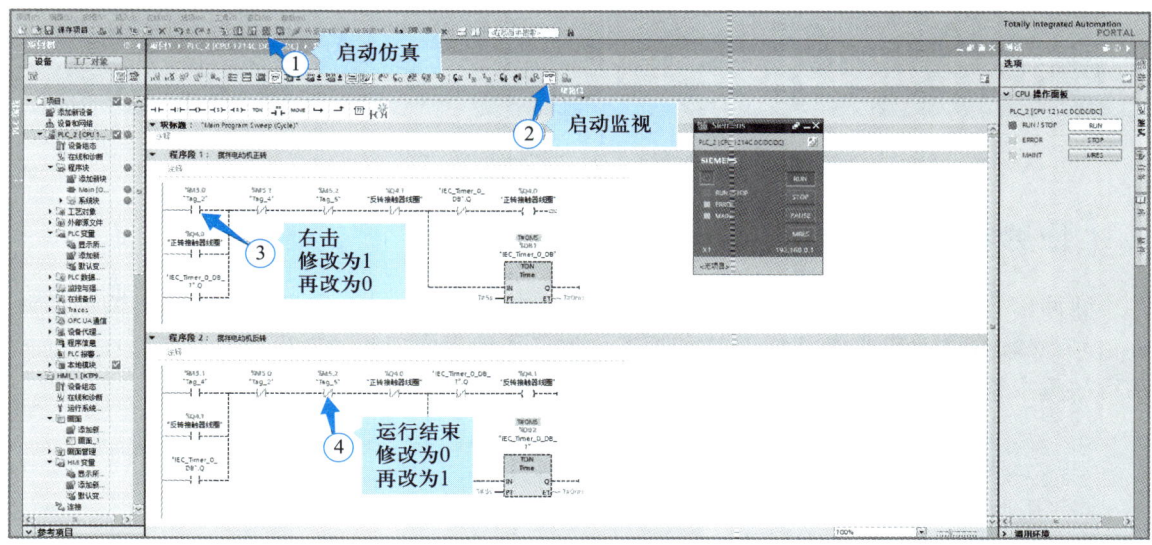

图 3-29　程序调试

拓展训练：设计电动机运行故障报警控制系统

【任务情景】

脉冲信号是工程实际中常用的控制信号，在 S7-300/400 PLC 中没有可以直接调用的脉冲信号，必须自己编程或通过 CPU 进行设置。本任务编程实现脉冲发生器并思考其在电动机运行故障报警控制系统中的应用。

1. 任务描述与引导问题

使用两个—(SD)—接通延时定时器线圈（T1、T2）。当开关 I0.0 闭合，脉冲发生器启动。设定输出端 Q4.0 输出周期为 1 s，占空比为 1 : 2，即输出端 Q4.0 的逻辑运算结果（RLO）为 1 的时间为 0.5 s，RLO 为 0 的时间也为 0.5 s，并不断循环。当开关 I0.0 断开，结束脉冲发生器的输出。

设计参考 1：输出端 Q4.0 的 RLO 为 1 → 0 → 1 → 0…的状态，先得电 0.5 s，再断电 0.5 s，周期为 1 s，如此循环，程序设计如图 3-30 所示。

设计参考 2：输出端 Q4.0 的 RLO 为 0 → 1 → 0 → 1…的状态，先断电 0.5 s，再得电 0.5 s，周期为 1 s，如此循环，程序设计如图 3-31 所示。

以上的脉冲发生器工作周期及占空比都可以随意调整。

电动机运行
故障报警控制

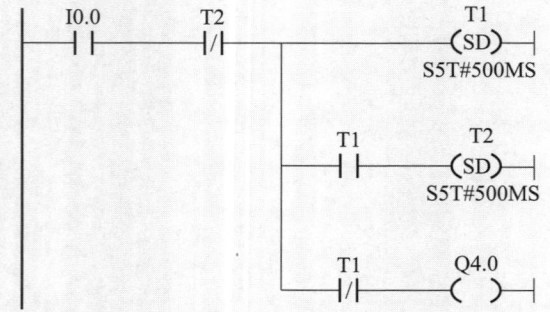

图 3-30　脉冲发生器程序设计 1

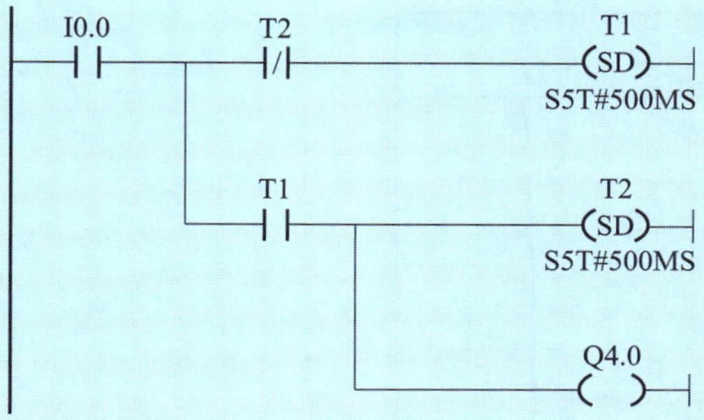

```
   I0.0        T2              T1
 ──┤├──────┤/├─────────────(SD)──┤
                              S5T#500MS

              T1              T2
            ──┤├─────────────(SD)──┤
                              S5T#500MS

                              Q4.0
                             ─( )──┤
```

图 3-31　脉冲发生器程序设计 2

📝 **引导问题 1**

结合学习任务 2 的搅拌电动机自动正反转控制,讨论如何实现电动机 M 的过载故障报警?

_____

_____

_____

_____

_____

📝 **引导问题 2**

在完成引导问题 1 后,试用 S7-1200 PLC 的定时器完成脉冲发生器报警。

_____

_____

_____

_____

_____

2. 制订计划

根据上述引导问题所提出的控制工艺要求,小组内互相讨论,制订工作计划,并派代表进行汇报展示。

<table>
<tr><th colspan="6">工作计划单</th></tr>
<tr><td colspan="6">小组基本资料</td></tr>
<tr><td>组别</td><td>关系</td><td colspan="2">姓名</td><td colspan="2">联系方式</td></tr>
<tr><td rowspan="5">第__组</td><td>组长</td><td colspan="2"></td><td colspan="2"></td></tr>
<tr><td rowspan="4">组员</td><td colspan="2"></td><td colspan="2"></td></tr>
<tr><td colspan="2"></td><td colspan="2"></td></tr>
<tr><td colspan="2"></td><td colspan="2"></td></tr>
<tr><td colspan="2"></td><td colspan="2"></td></tr>
<tr><td colspan="6">工作计划</td></tr>
<tr><td>序号</td><td>工作流程</td><td>预计用时</td><td>使用工具/材料/设备/软件</td><td>数量</td><td>负责人</td></tr>
<tr><td>1</td><td></td><td></td><td></td><td></td><td></td></tr>
<tr><td>2</td><td></td><td></td><td></td><td></td><td></td></tr>
<tr><td>3</td><td></td><td></td><td></td><td></td><td></td></tr>
<tr><td>4</td><td></td><td></td><td></td><td></td><td></td></tr>
<tr><td>5</td><td></td><td></td><td></td><td></td><td></td></tr>
<tr><td>其他说明</td><td colspan="5"></td></tr>
<tr><td>计划评价</td><td colspan="5">教师评语：

签字：
年 月 日</td></tr>
</table>

3. 实施步骤

» 步骤1 设计I/O地址分配表

学习笔记

I/O 设备名称	I/O 地址	说明

» 步骤 2　设计 I/O 接线示意图
» 步骤 3　硬件组态
» 步骤 4　程序设计
» 步骤 5　程序调试

4. 任务检查

实施检查单（工作过程中小组自查）				
序号	工作流程	实际用时	工作过程中遇到的问题及解决方法	负责人
1				
2				
3				
4				
5				

工作成果小组自查		
检查项目	检查结果	完成度
I/O 地址分配表		
I/O 接线示意图		
程序设计		
程序调试（按功能实现情况检查）		
教师检查	检查结论： 签字： 年　月　日	

5. 效果评估

训练完成后,综合个人、小组在完成任务过程中的表现和教师的评价,明确学习的重点和后期的改进方向。

评价指标	评价内容	评分	评价结果
获取与处理信息	能根据工作内容有效利用网络、学习平台自主学习	5	
	能在图书资源、工作手册等资料查找相关信息		
行为表现	仪态自然、大方	5	
	语言表达流畅、逻辑清晰		
	层次分明、准确		
团队精神	积极参与讨论,完成小组给定的软硬件设计任务,与老师和同学相处融洽	10	
	在讨论中提出自己的见解,并倾听同学的意见,适应小组工作方式		
	在小组工作中态度友好,富有创新性;能够代表本小组与其他小组同学交流和探讨		
学习方法	独立确定学习时间、方法,能解决调试过程中出现的问题	10	
	认识自己的缺陷并及时补救		
	能独立决定学习进度和制定设计方案,做到有效学习		
工作过程	遵守实验实训室管理规定,确保工作过程安全有效	50	
	工具、器件摆放有序,工作台面整洁		
	善于发现问题、分析问题、解决问题		
	能正确完成工作任务		
工匠精神	绘制的接线示意图整齐、美观	20	
	程序设计正确、严谨		
	硬件及外围接线整齐、可靠,无裸露及松动		
自评得分:		核定总分:	

【能力测试】

一、填空题

1. TOF 是_____定时器。

2. 定时器中变量 PT 的数据类型是_____。

3. 有记忆接通延时定时器 TONR 的使能输入电路_____时开始定时，使能输入电路断开时，当前值_____。使能输入电路再次接通时_____，必须用_____指令来复位 TONR。

4. 断开延时定时器 TOF 的使能输入电路接通时，定时器输出位立即变为_____，当前值被_____。使能输入电路断开时，当前值从 0 开始_____。当前值等于预设值时，输出位变为_____，梯形图中其动合触点_____，动断触点_____，当前值_____。

二、简答题

1. S7-300/400 PLC 有几种定时方式？

2. S7-1200 PLC 有几种类型的定时器？

3. 试用 STEP 7 的—(SD)—指令完成以下控制要求：I0.C 点动后延时 20 s 输出 Q4.0，复位按钮为 I0.1。

4. 使用接通延时定时器 TON 控制 Q0.0 输出，10 s 后自动停止。

项目 4

彩灯闪烁与循环控制

【项目情景】

随着生活水平的日益提升,生活环境的美化也逐渐成为社会关注的焦点,彩灯装饰作为一种极具创意和美感且控制简单的设备,被广泛应用于街道和城市建筑设计。本项目旨在通过 PLC 实现彩灯闪烁与循环控制,以展示 PLC 在灯光控制领域的应用。本项目以一个商场、节日庆典或展览会的灯光控制系统为背景,通过 PLC 控制喷泉灯光闪烁和跑马灯循环,以呈现丰富的视觉效果。拓展训练设计了十字路口交通灯信号控制系统。

【项目导学】

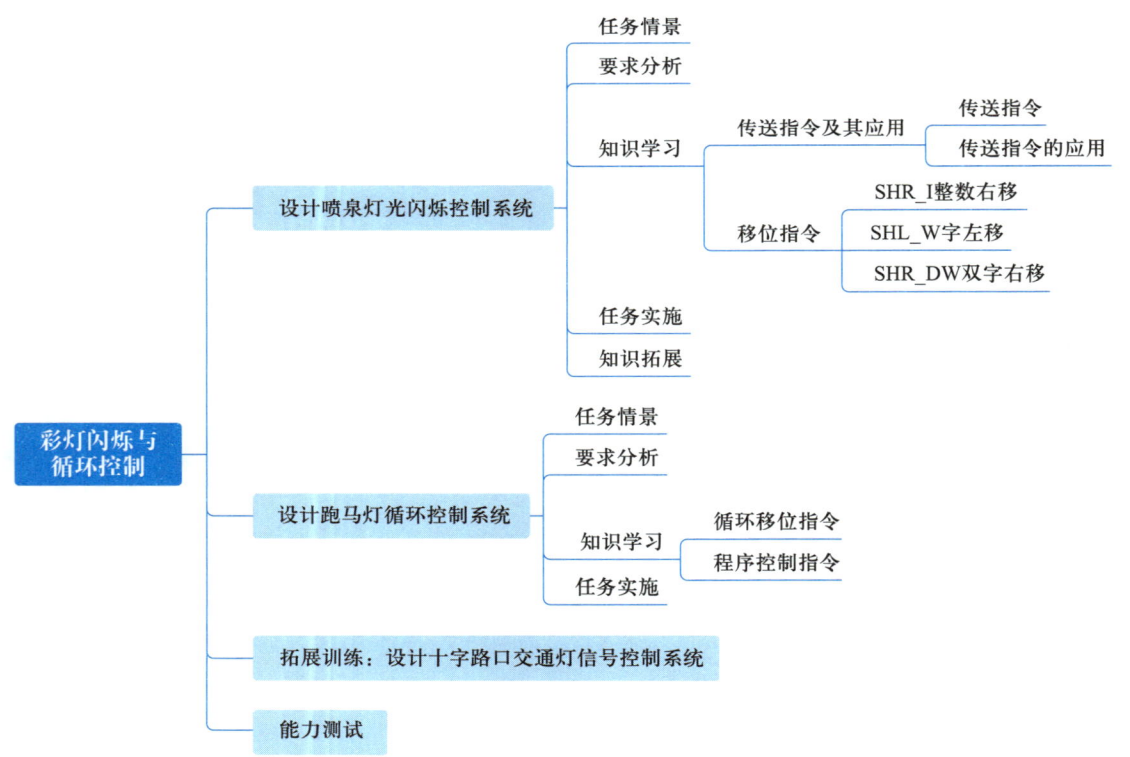

【学习目标】

知识目标

▷ 掌握灯光控制系统设计的方法和步骤；
▷ 使用编程软件，完成程序输入、下载和调试；
▷ 以 LAD 为主，掌握 STEP 7 指令系统中的传送指令和移位指令的功能及应用；
▷ 掌握 S7-1200 PLC 中常见指令的功能及应用。

能力目标

▷ 能进行基本的电路分析和设计；
▷ 掌握 S7 系列 PLC I/O 模块的接线；
▷ 熟悉常见 LAD 指令的含义；
▷ 应用 LAD 指令设计常见的 PLC 控制程序；
▷ 实现对喷泉灯光闪烁控制软硬件设计；
▷ 实现对跑马灯循环控制系统的软硬件设计。

素质目标

▷ 具有审美能力和创新意识；
▷ 具有规范意识和安全意识；
▷ 具有良好的团队合作意识；
▷ 具有较强的分析问题、解决问题和实践动手能力。

【学习指导】

重点

▷ 掌握传送指令、移位指令、循环移位指令和程序控制指令的功能及应用；
▷ 会根据控制要求用 STEP 7 和 TIA Portal 软件进行程序设计和调试；
▷ 能完成项目设备的安装与接线。

拓展材料

液晶显示行业的"赋能者"陈维涛

难点

▷ 项目设计思路的建立、设计方法的综合应用；
▷ 指令的灵活运用，软硬件设计的优化。

学习任务 1　设计喷泉灯光闪烁控制系统

1.1　任务情景

灯光闪烁控制广泛应用于日常生活,如霓虹灯(图 4-1)、舞台灯光、节日彩灯、广告彩灯和喷泉灯光等。通过控制灯光的闪烁,不仅可以呈现视觉盛宴,还可以传递特定的信息。

图 4-1　五彩斑斓的霓虹灯

1.2　要求分析

1.2.1　喷泉灯光闪烁控制任务要求

本任务将设计一个喷泉灯光闪烁控制系统,如图 4-2 所示,喷泉由 1 号 ~ 8 号 LED 指示灯模拟显示,要求从下至上依次逐个闪烁,并不断循环。

按下启动按钮,1 号 ~ 8 号 LED 指示灯按以下规律点亮:1 → 2 → 3 → 4 → 5 → 6 → 7 → 8,并不断循环。

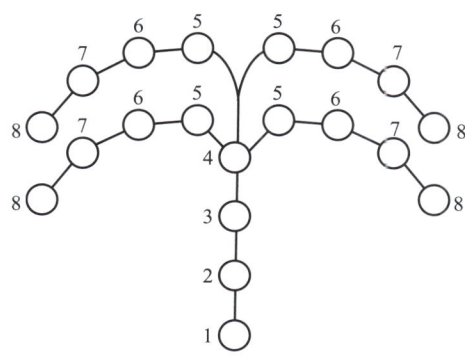

图 4-2　控制喷泉灯光闪烁

按下停止按钮,1 号 ~ 8 号 LED 指示灯立即熄灭。

每个 LED 指示灯闪烁切换时间均为 1 s。

1.2.2　PLC 控制要求与分析

本任务旨在通过 PLC 的传送指令、移位指令实现喷泉灯光的移位点亮,通过定时器指令实现喷泉灯光的点亮和熄灭,以产生闪烁的效果。

1.3　知识学习

1.3.1　传送指令及其应用

1. 传送指令

(1)梯形图(LAD)符号和参数说明(表 4-1)

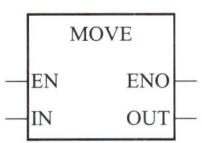

S7-300 PLC
传送指令

表 4-1　传送指令的参数说明

参数	数据类型	内存区域	说明
EN	BOOL	I、Q、M、L、D	启用输入
ENO	BOOL	I、Q、M、L、D	启用输出
IN	所有长度为 8、16 或 32 位的基本数据类型	I、Q、M、L、D 或常量	源值
OUT	所有长度为 8、16 或 32 位的基本数据类型	I、Q、M、L、D	目标地址

（2）说明

传送（MOVE）指令通过启用输入 EN 来激活，将源值 IN 所指定的值复制到目标地址 OUT 的对应位置。启用输出 ENO 与启用输入 EN 的逻辑状态相同。MOVE 指令只能复制 BYTE、WORD 或 DWORD 数据类型的值。

将某个值传送给长度不同的其他数据类型时，会根据需要截断或以 0 填充高位字节。

实例：DWORD	1111 1111	0000 1111	1111 0000	0101 0101
传送	结果			
到 DWORD：	1111 1111	0000 1111	1111 0000	0101 0101
到 BYTE：				0101 0101
到 WORD：			1111 0000	0101 0101

实例：BYTE				1111 0000
传送	结果			
到 BYTE：				1111 0000
到 WORD：			0000 0000	1111 0000
到 DWORD：	0000 0000	0000 0000	0000 0000	1111 0000

（3）举例

如图 4-3 所示，若 I0.0 的信号状态为 **1**，则执行 MOVE 指令，将 MW10 的内容复制到当前打开的 DBW12 中（数据类型为 WORD）。如果执行了 MOVE 指令，则 Q4.0 的信号状态为 **1**。

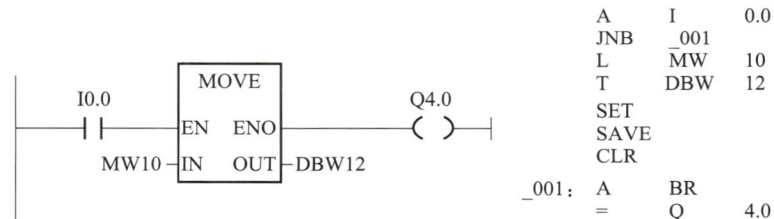

图 4-3　传送指令（LAD、STL）

2. 传送指令的应用

例：试用 MOVE 指令实现以下控制要求。

按钮 I0.0 按下，Q4.0 ~ Q4.7、Q5.0 ~ Q5.7 全部为 **1**；

按钮 I0.1 按下，Q4.0 ~ Q4.7、Q5.0 ~ Q5.7 的奇数位地址为 **1**，偶数位地址为 **0**；

按钮 I0.2 按下，Q4.0 ~ Q4.7、Q5.0 ~ Q5.7 全部为 **0**。

程序设计参考如图 4-4 所示。

1.3.2　移位指令

移位指令可以将累加器 1 的低字或整个累加器的内容进行左移或右移操作。参数 N 表示移位的个数。移出的空位根据不同的指令由 **0** 或符号位的状态填充。最后移出的位的状态会被装载到状态字的 CC 1 位，而 CC 0 和 OV 位被复位。

常用的移位指令如下。

SHR_I　　　　　　整数右移

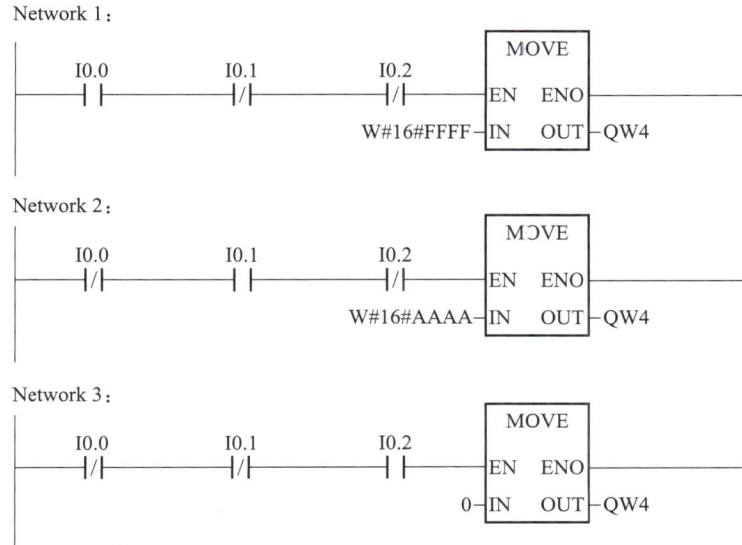

图 4-4　传送指令的应用

SHR_DI　　　　双整数右移
SHL_W　　　　字左移
SHR_W　　　　字右移
SHL_DW　　　双字左移
SHR_DW　　　双字右移
下面对部分移位指令进行说明。

S7-300 PLC
移位指令

1. SHR_I 整数右移

（1）梯形图（LAD）符号和参数说明（表 4-2）

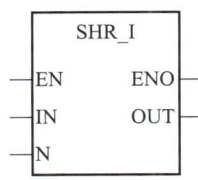

表 4-2　SHR_I 指令的参数说明

参数	数据类型	内存区域	说明
EN	BOOL	I、Q、M、L、D	使能输入
ENO	BOOL	I、Q、M、L、D	使能输出
IN	INT	I、Q、M、L、D	要移位的值
N	WORD	I、Q、M、L、D	要移动的位数
OUT	INT	I、Q、M、L、D	移位指令的结果

（2）说明

SHR_I（整数右移）指令通过使能输入 EN 位置上的逻辑 1 来激活。SHR_I 指令用于将要移位的值 IN 的 0~15 位逐位向右移动,而 16~31 位不受影响。输入 N 表示要移动的位数。如果 N 大于 16,将按照 N 等于 16 的情况执行。自左移入的、用于填补空出位的位置将被赋予位 15 的逻辑状态(整数的符号位);当该整数为正时,这些位将被赋值为 **0**;而当该整数为负时,则被赋值为 **1**。输出 OUT 表示移位指令的结果。如果 N 不等于 0,则 SHR_I 会将 CC 0 位和 OV 位赋值为 **0**。

(3)举例

SHR_I 整数右移如图 4-5 所示。

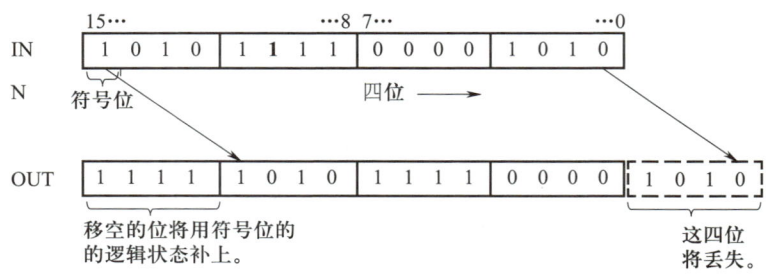

图 4-5　SHR_I 整数右移

2. SHL_W 字左移

(1)说明

SHL_W(字左移)指令通过使能输入 EN 位置上的逻辑 1 来激活。SHL_W 指令用于将要移位的值 IN 的 0~15 位逐位向左移动,而 16~31 位不受影响。输入 N 表示要移动的位数。若 N 大于 16,则此命令会在输出 OUT 位置上写入 **0**,并将状态字中的 CC 0 位和 OV 位赋值为 **0**。移空的位用 **0** 填补。输出 OUT 表示移位指令的结果。如果 N 不等于 0,则 SHL_W 会将 CC 0 位和 OV 位赋值为 **0**。

(2)举例

SHL_W 字左移如图 4-6 所示。

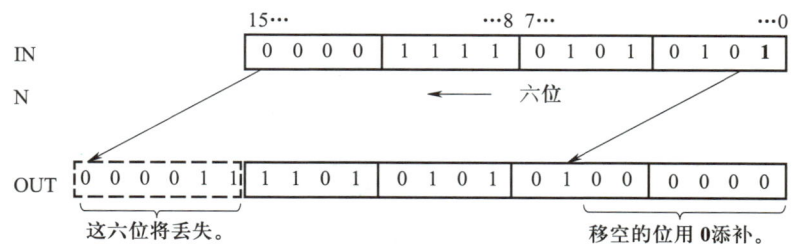

图 4-6　SHL_W 字左移

3. SHR_DW 双字右移

(1)说明

SHR_DW(双字右移)指令通过使能输入 EN 位置上的逻辑 1 来激活。SHR_DW 指令用于将要移位的值 IN 的 0~31 位逐位向右移动。输入 N 表示要移动的位数,若 N 大于 32,则此命令会在输出 OUT 位置上写入 **0** 并将状态字中的 CC 0 位和 OV 位赋值为 **0**。移空的位用 **0** 添补。输出 OUT 表示双字移位指令的结果。如果 N 不等于 0,则 SHR_DW 会将 CC 0 位和 OV 位赋值为 **0**。

（2）举例

SHR_DW 双字右移如图 4-7 所示。

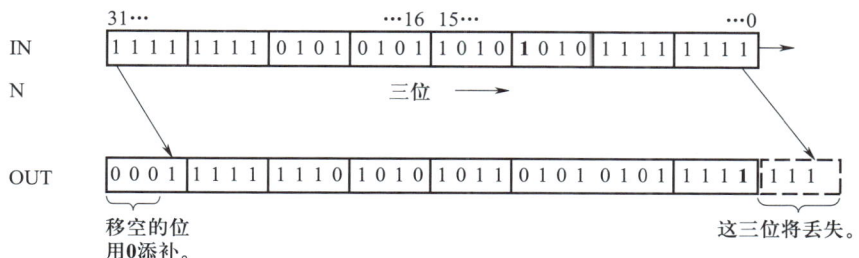

图 4-7　SHR_DW 双字右移

1.4　任务实施

任务要求：用 PLC 实现喷泉灯光闪烁控制。

》步骤 1　设计 I/O 地址分配表

I/O 地址分配见表 4-3。

表 4-3　喷泉灯光闪烁控制 I/O 地址分配表

I/O 设备名称	I/O 地址	说明
SD	I0.0	启动按钮（动合触点）
ST	I0.1	停止按钮（动断触点）
L1	Q4.0	1 号 LED 指示灯
L2	Q4.1	2 号 LED 指示灯
L3	Q4.2	3 号 LED 指示灯
L4	Q4.3	4 号 LED 指示灯
L5	Q4.4	5 号 LED 指示灯
L6	Q4.5	6 号 LED 指示灯
L7	Q4.6	7 号 LED 指示灯
L8	Q4.7	8 号 LED 指示灯

》步骤 2　设计 I/O 接线示意图

绘制 I/O 接线示意图，如图 4-8 所示。

》步骤 3　数字输入 / 输出（DI/DO）模块的安装与接线

根据 I/O 接线示意图进行接线，将各输入控制按钮、触点连接到 DI 模块的前连接器上，将 DO 模块的前连接器对应的输出点连接到对应数字的插线孔上，接线时注意接线示意图上标注的电源是交流还是直流，以及电压等级等。

》步骤 4　创建项目

在 TIA Portal 软件中进行项目创建。

》步骤 5　硬件组态

根据喷泉灯光闪烁控制的要求完成硬件组态。

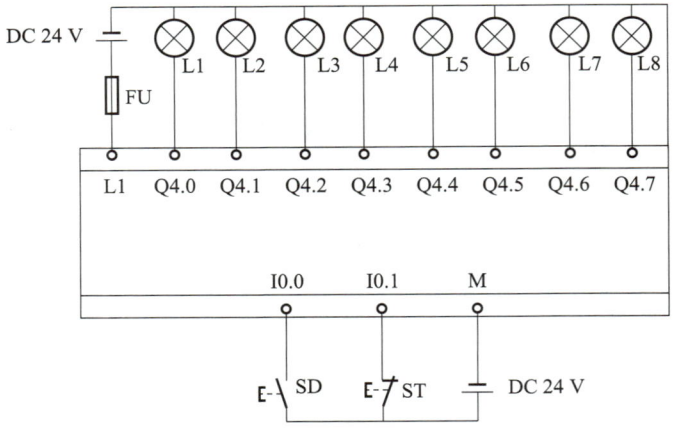

图 4-8　喷泉灯光闪烁控制 I/O 接线示意图

» **步骤 6**　程序设计

在 OB1 中编写喷泉灯光闪烁控制程序,参考程序如图 4-9。

OB1:" Main Program Sweep (Cycle)"

程序段 1：标题：

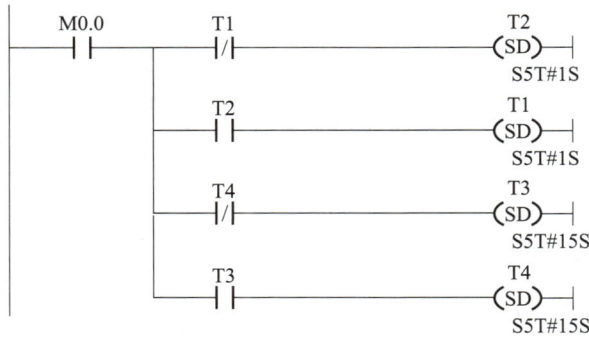

(a) 程序段1

程序段 2：标题：

(b) 程序段2

程序段 3：标题：

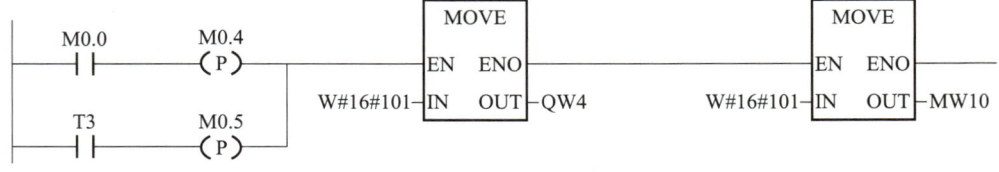

(c) 程序段3

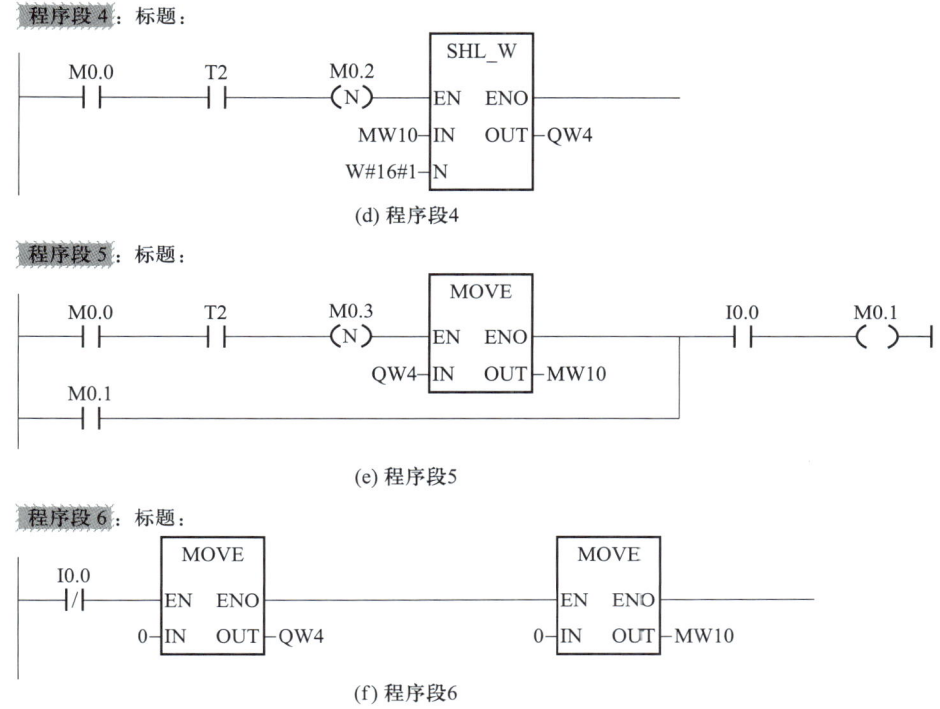

(d) 程序段4

(e) 程序段5

(f) 程序段6

图 4-9　喷泉灯光闪烁控制程序

》**步骤 7**　程序调试

在虚拟仿真软件上进行程序仿真和调试，如图 4-10 所示。

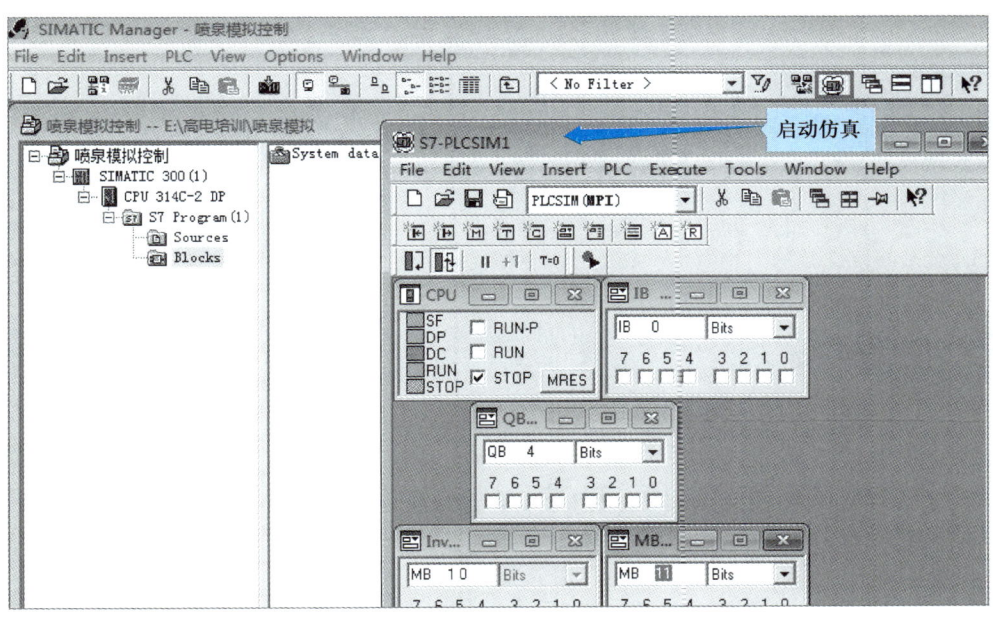

图 4-10　程序仿真与调试

1.5 知识拓展

　　西门子 S7-1200 PLC 是一种中小型的控制系统,实现了模块化和紧凑型设计,功能强大、可扩展性强、灵活度高,可实现最高标准工业通信的接口设计以及一整套强大的集成技术功能,使该控制器成为完整、全面的自动化解决方案的重要组成部分。

　　西门子 S7-1200 PLC 中移位指令包含 SHR 右移指令和 SHL 左移指令,其 LAD 符号如图 4-11 所示。

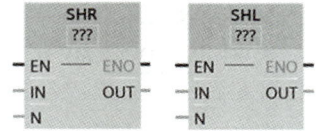

图 4-11　SHR 右移指令和 SHL 左移指令的 LAD 符号

　　输入 IN 中变量为要移位的值,可以为常量;输出 OUT 中变量保存移位指令的结果。IN 和 OUT 的数据类型为:位字符串(BYTE、WORD、DWORD)和整型(SINT、INT、DINT、USINT、UINT、UDINT)。输入 N 表示要移动的位数,数据类型为:USINT、UINT、UDINT 和常量。

　　使能输入 EN 为 1 时,执行移位指令;移位指令执行后,使能输出 ENO 保持为 1。

　　使用西门子 S7-1200 PLC 中的 SHL 左移指令设计喷泉灯光闪烁控制程序更为简单,只需设置 IN 和 OUT 的数据类型为 UINT 即可。

　　思考: 在喷泉灯光闪烁控制中,要求按下停止按钮,1 号～ 8 号 LED 指示灯不会立即熄灭,而要等到最后一次循环结束,8 号 LED 指示灯闪烁完成为止,应该如何实现?

学习任务 2

设计跑马灯循环控制系统

2.1 任务情景

　　跑马灯是一种常见的视觉灯光效果,通常用于显示滚动的文字、图像或颜色,如图 4-12 所示。跑马灯的控制系统通常包括 LED 指示灯、单片机或 PLC 等设备。本任务将介绍如何通过 PLC 实现跑马灯循环控制。

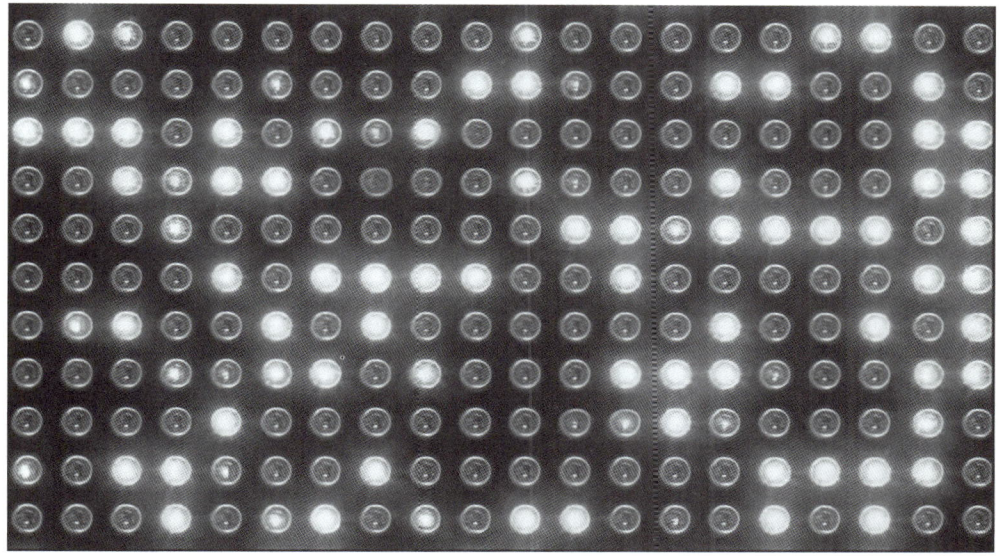

图 4-12　跑马灯效果图

2.2　要求分析

2.2.1　工艺及控制要求

跑马灯循环控制需要实现 32 位左移位，初始信号为 1011（在最右边），每隔 2 s 左移 2 位；启动信号为 I0.0，复位信号为 I0.1，输出 Q 起始字节为 QB4。

2.2.2　PLC 控制要求与分析

循环移位控制是一种典型的顺序控制设计，其过程包括左循环、右循环等多种状态，各个状态按照一定的规律循环转换。本任务通过学习循环右移指令、循环左移指令和程序控制指令，使用 S7-1200 PLC 进行跑马灯循环控制系统设计以及多种控制模式的切换。

2.3　知识学习

2.3.1　循环移位指令

循环移位指令包含 ROR 循环右移指令和 ROL 循环左移指令。

输入 IN 中变量为待循环移位的数据（可为常量），输出 OUT 中变量保存循环移位的结果。IN 和 OUT 的数据类型为：位字符串（BYTE、WORD、DWORD）。输入 N 表示循环移位的位数，数据类型为：USINT，UINT，UDINT 和常量。

循环左移（ROL）指令和循环右移（ROR）指令的 LAD 符号如图 4-13 和图 4-14 所示。

可以从指令框的"???"下拉列表中选择该指令的数据类型。表 4-4 列出了循环移位指令的参数。

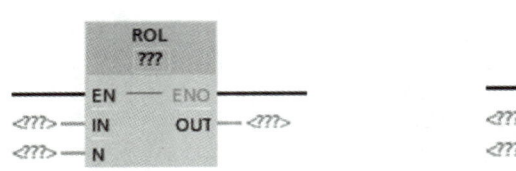

图 4-13　ROL 指令的 LAD 符号

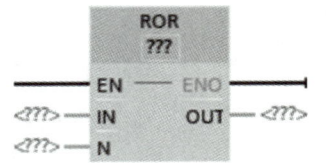

图 4-14　ROR 指令的 LAD 符号

S7-1200 PLC
循环移位指令

表 4-4　循环移指令的参数表

参数	数据类型	存储区	说明
EN	BOOL	I、Q、M、D、L 或常量	使能输入
ENO	BOOL	I、Q、M、D、L	使能输出
IN	位字符串、INT	I、Q、M、D、L 或常量	得循环移位的数据
N	USINT、UINT、UDINT	I、Q、M、D、L 或常量	循环移位的位数
OUT	位字符串、INT	I、Q、M、D、L	循环移位的结果

使能输入 EN 为 **1** 时,执行移位指令;移位指令执行后,使能输出 ENO 保持为 **1**。

循环移位指令将 IN 中的数据按位向左或向右循环移位,移位的位数由参数 N 指定。在移位过程中,移出的位会被用于填充移位操作空出的位置,最后将结果保存到 OUT 指定的变量中。如果参数 N 的值为 0,则将输入 IN 的值复制到输出 OUT 的操作数中。如果参数 N 的值大于可用位数,则输入 IN 中的操作数仍会循环移动指定的位数。图 4-15 演示了如何将 DWORD 数据类型的操作数向左循环移动三位。

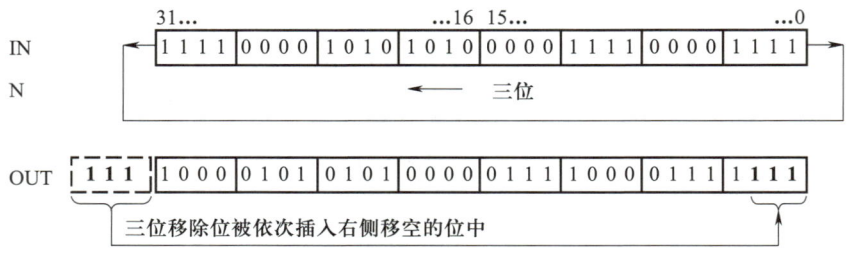

图 4-15　DWORD 数据类型的操作数向左循环移动三位示意图

2.3.2　程序控制指令

程序控制指令主要包括跳转类型指令、时间控制指令、循环控制指令和系统控制为指令等。跳转类型指令的 LAD 符号如图 4-16 到图 4-21 所示,主要包括标签指令(LABEL);若 RLO 为 1,则跳转指令(JMP);若 RLO 为 0,则跳转指令(JMPN);返回指令(RET);定义跳转列表指令(JMP_LIST)和跳转分支指令(SWITCH)。

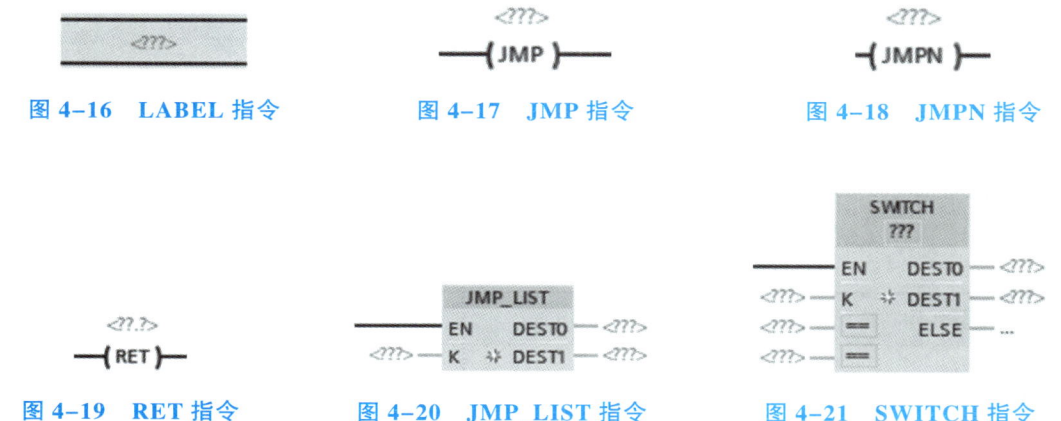

图 4-16　LABEL 指令　　　　图 4-17　JMP 指令　　　　图 4-18　JMPN 指令

图 4-19　RET 指令　　　　图 4-20　JMP_LIST 指令　　　　图 4-21　SWITCH 指令

LABEL 指令是配合跳转指令实现程序跳转的指令，用来标识一个目标程序段，当执行程序跳转时，程序跳转到跳转标签下方的程序段开始执行。

JMP 指令在满足该指令输入的条件（RLO 为 **1**）时可中断当前程序的顺序执行，而跳转到由跳转标签（LABEL）所标识的程序段开始执行；如果不满足该指令输入的条件（RLO 为 **0**），则程序将继续执行下一程序段。

JMPN 指令与 JMP 指令的跳转条件正好相反，当 RLC 为 **0** 时程序跳转到由跳转标签（LABEL）所标识的程序段开始执行，否则按顺序执行。

RET 指令可停止当前程序块的执行。如果返回指令输入端的 RLO 为 **1**，则将终止当前调用块中的程序执行，并在调用块（如 OB 中）调用函数之后，再继续执行。

以上的 LABEL、JMP、JMPN 和 RET 指令，指定的跳转标签（LABEL）与执行的跳转指令必须位于同一程序块中，指定的跳转标签名称在程序块中只能出现一次，且一个程序段中只能使用一条跳转指令（JMP、JMPN 和 RET）。S7-1200 PLC 最多可以声明 32 个跳转标签，而 S7-1500 PLC 最多可以声明 256 个跳转标签。

JMP_LIST 指令与 LABEL 指令配合使用，根据参数 K 实现跳转。在指令的输出中只能指定跳转标签，而不能指定指令或操作数。当使能输入 EN 的信号状态为 1 时，执行 JMP_LIST 指令，程序将跳转到由参数 K 指定的输出编号所对应的目标程序段开始执行。如果参数 K 大于可用的输出编号，则顺序执行程序。可在指令框中单击"*"来扩展输出的数量（S7-1200 PLC 最多可以声明 32 个输出，而 S7-1500 PLC 最多可以声明 99 个输出），输出编号从"0"开始，每增加一个新输出，都会按升序连续递增。

SWITCH 指令也与 LABEL 指令配合使用，根据比较结果，定义要执行的程序跳转。在指令框中指定每个输入的比较类型（==、<>、>=、<=、>、<，各比较类型的可用性取决于指令的数据类型）；在指令的输出中指定跳转标签（LABEL）；在参数 K 中指定要比较的值。将要比较的值依次与各个输入（编号按照从小到大的顺序）提供的值按照选择的比较类型进行比较，直至满足比较条件为止，选择满足条件的输入编号所对应的输出指定的跳转标签进行程序跳转。如果满足比较条件，将不考虑后续比较条件；如果不满足任意指定的比较条件，将执行输出 ELSE 处的跳转；如果输出 ELSE 处未定义程序跳转，程序将顺序执行。在指令框中单击"*"可增加输出的数量，输出编号从"0"开始，每增加一个新输出，都会按升序连续递增，同时会自动插入一个输入。

2.4　任务实施

任务要求：用 S7-1200 PLC 实现跑马灯循环控制程序设计。

》步骤 1　设计 I/O 地址分配表

跑马灯循环控制 I/O 地址分配见表 4-5。

表 4-5　跑马灯循环控制 I/O 地址分配表

I/O 设备名称	I/O 地址	说明
SD	I0.0	启动按钮（动合触点）
ST	I0.1	停止按钮（动断触点）
SX	I1.0	循环左移 / 右移选择开关
L1 ~ L32	Q4.0 ~ Q7.7	1 号 ~ 32 号 LED 指示灯

》步骤 2　设计 I/O 接线示意图

根据控制要求，绘制如图 4-22 所示的 I/O 接线示意图。

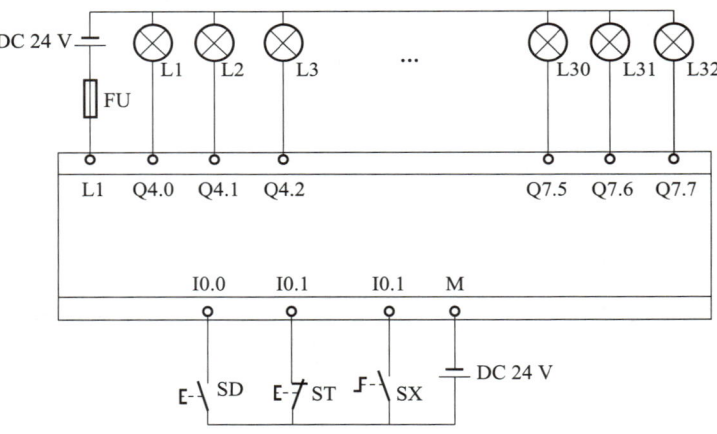

图 4-22　跑马灯循环控制 I/O 接线示意图

》步骤 3　数字输入 / 输出（DI/DO）模块的安装与接线

按照图 4-22 完成模块的安装与接线。

》步骤 4　创建项目

在 TIA Portal 软件中进行项目创建。

》步骤 5　硬件组态

根据跑马灯循环控制的要求完成硬件组态。

》步骤 6　程序设计

跑马灯循环控制程序设计如图 4-23 所示。

程序段 1：　……

注释

```
   %I0.0              %I0.1                                              %M100.0
  "Tag_1"            "Tag_3"                                            "Tag_4"
 ──┤ ├──────┬────────┤/├──────────────────────────────────────────────( )──

   %M100.0  │
  "Tag_4"   │
 ──┤ ├──────┘
```

(a) 程序段 1

程序段 2：　……

```
   %M100.0                                                              %DB1
  "Tag_4"            "T2".Q                                             "T1"
 ──┤ ├──────┬────────┤/├──────────────────────────────────────────────TON ──┤├──
            │                                                          Time
            │                                                          T#1S
            │
            │        "T1".Q                                            %DB2
            │                                                          "T2"
            └────────┤ ├──────────────────────────────────────────────TON ──┤├──
                                                                      Time
                                                                      T#1S
```

(b) 程序段 2

程序段 3：　……

```
   %I1.0                                                               ABC
  "Tag_2"                                                             (JMP)──
 ──┤ ├───────────────────────────────────────────────────────────────
```

(c) 程序段 3

程序段 4：　……

```
   %M100.0     %M100.1          MOVE                          MOVE
  "Tag_4"     "Tag_6"      ┌───────────┐             ┌───────────┐
 ──┤ ├────────┤/├──────────┤EN    ENO├──────────────┤EN    ENO├──
                           │           │             │           │
              DW#16#B ─────┤IN       │ DW#16#B ──────┤IN       │
                           │      OUT1├─ %QD4        │      OUT1├─ %MD10
                           └───────────┘  "Tag_7"    └───────────┘  "Tag_8"
```

(d) 程序段 4

程序段 5：　……

```
   %M100.0                      ROL
  "Tag_4"         "T1".Q       DWord
 ──┤ ├────────────┤ ├──────┌───────────┐
                           │EN    ENO  │
                   %MD10 ──┤IN         │
                  "Tag_8"  │        OUT├─ %QD4
                   W#16#2 ─┤N          │   "Tag_7"
                           └───────────┘
```

(e) 程序段 5

程序段 6：

```
        ABC
      %I1.0                                      ABCD
     "Tag_2"                                    ─(JMP)─┤
─────┤ / ├───────────────────────────────────
```

(f) 程序段 6

程序段 7：

```
  %M100.0      %M100.1           MOVE                              MOVE
  "Tag_4"      "Tag_6"     ┌───────────────┐                ┌───────────────┐
─────┤ ├─────────┤ / ├─────┤ EN      ENO   ├──            ──┤ EN      ENO   ├──
                           │               │                │               │
          DW#16#B000000    │          %QD4 │  DW#16#B000000 │          %MD10│
                    0 ─────┤ IN  ⚡ OUT1 ├─"Tag_7"        0─┤ IN  ⚡ OUT1 ├─"Tag_8"
                           └───────────────┘                └───────────────┘
```

(g) 程序段 7

程序段 8：

```
  %M100.0                          ROR
  "Tag_4"      "T1".Q             DWord
─────┤ ├─────────┤ ├────────┌───────────────┐
                            │ EN        ENO  ├──────────────────
                            │               │
                    %MD10   │               │  %QD4
                   "Tag_8" ─┤ IN        OUT ├─"Tag_7"
                            │               │
                   W#16#2 ──┤ N             │
                            └───────────────┘
```

(h) 程序段 8

程序段 9：

```
        ABCD
  %M100.0                          MOVE                    %Q0.1      %M100.1
  "Tag_4"      "T1".Q        ┌───────────────┐            "Tag_5"     "Tag_6"
─────┤ ├─────────┤ ├─────────┤ EN      ENO   ├──────┬──────┤ / ├───────( )───┤
                             │               │      │
                      %QD4   │          %MD10│      │
                    "Tag_7" ─┤ IN  ⚡ OUT1 ├─"Tag_8"│
                             └───────────────┘      │
  %M100.1                                           │
  "Tag_6"                                           │
─────┤ ├────────────────────────────────────────────┘
```

(i) 程序段 9

程序段 10：

```
  %Q0.1             MOVE                            MOVE
  "Tag_5"     ┌───────────────┐              ┌───────────────┐
─────┤ ├──────┤ EN      ENO   ├──          ──┤ EN      ENO   ├──
              │               │              │               │
          0 ──┤ IN  ⚡ OUT1 ├─ %QD4    0 ──┤ IN  ⚡ OUT1 ├─ %MD10
              │          "Tag_7"             │          "Tag_8"
              └───────────────┘              └───────────────┘
```

(j) 程序段 10

图 4-23　跑马灯循环控制程序

S7-1200 PLC
程序控制指令

》 **步骤 7**　程序调试

在虚拟仿真软件上进行程序的仿真和调试。

【任务情景】

十字路口交通灯信号控制（图4-24）是一种典型的循环控制案例,通过控制十字路口东西、南北方向交通信号灯的及时亮灭,保证交通系统的可靠性和稳定性,在安全方面意义巨大。

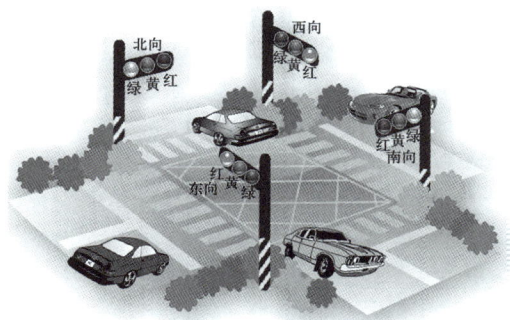
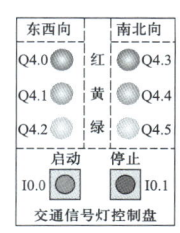

图4-24　十字路口交通灯信号控制示意图

1. 任务描述与引导问题

东西方向指示灯：

系统启动后,东西方向指示灯先是绿灯亮;20 s后,绿灯开始闪烁（频率为1 Hz）,3 s后熄灭;接着是东西方向黄灯亮,3 s后熄灭;最后是东西方向红灯亮,26 s后熄灭。至此完成东西方向"车辆直行"指示灯的一个周期,并不断循环。

南北方向指示灯：

系统启动后,南北方向指示灯先是红灯亮,26 s后熄灭;接着是南北方向绿灯亮,20 s后,绿灯开始闪烁（频率为1 Hz）,3 s后熄灭;最后是南北方向黄灯亮,3 s后熄灭。至此完成南北方向"车辆直行"指示灯的一个周期,并不断循环。

按下停止按钮,东西、南北方向指示灯熄灭。试对"十字路口交通灯信号控制"做PLC控制程序设计,完成HMI组态与调试运行。

✍ 引导问题1

结合学习任务1、2中的移位及循环控制,讨论如何实现十字路口交通灯信号控制？

_____

_____

_____

📖 **学习笔记**

📝 **引导问题 2**

在完成引导问题 1 后,思考:如何实现"十字路口交通灯信号控制"中的 PLC 与 HMI 通信,并完成 HMI 组态与调试运行?

_____

_____

_____

2. 制订计划

根据上述引导问题所提出的控制工艺要求,小组内互相讨论,制订工作计划,并派代表进行汇报展示。

工作计划单					
小组基本资料					
组别	关系	姓名		联系方式	
第 __ 组	组长				
	组员				
工作计划					
序号	工作流程	预计用时	使用工具 / 材料 / 设备 / 软件	数量	负责人
1					
2					
3					
4					
5					
其他说明					
计划评价	教师评语: 签字: 　年　　月　　日				

📖 **学习笔记**

3. 实施步骤

» 步骤 1   设计 I/O 地址分配表

I/O 设备名称	I/O 地址	说明

» 步骤 2   设计 I/O 接线示意图
» 步骤 3   硬件组态
» 步骤 4   程序设计
» 步骤 5   程序调试

4. 任务检查

实施检查单（工作过程中小组自查）				
序号	工作流程	实际用时	工作过程中遇到的问题及解决方法	负责人
1				
2				
3				
4				
5				

工作成果小组自查		
检查项目	检查结果	完成度
I/O 地址分配表		
I/O 接线示意图		
程序设计		
程序调试（按功能实现情况检查）		
教师检查	检查结论： 签字： 年　　月　　日	

5. 效果评估

训练完成后,综合个人、小组在完成任务过程中的表现和教师的评价,明确学习的重点和后期的改进方向。

评价指标	评价内容	评分	评价结果
获取与处理信息	能根据工作内容有效利用网络、学习平台自主学习	5	
	能依据图书资源、工作手册等资料查找相关信息		
行为表现	仪态自然、大方	5	
	语言表达流畅、逻辑清晰		
	层次分明、准确		
团队精神	积极参与讨论,完成小组给定的软硬件设计任务,与老师和同学相处融洽	10	
	在讨论中提出自己的见解,并倾听同学的意见,适应小组工作方式		
	在小组工作中态度友好,富有创新性;能够代表本小组与其他小组同学交流和探讨		
学习方法	独立确定学习时间、方法,能解决调试过程中出现的问题	10	
	认识自己的缺陷并及时补救		
	能独立决定学习进度和制定设计方案,做到有效学习		
工作过程	遵守实验实训室管理规定,确保工作过程安全有效	50	
	工具、器件摆放有序,工作台面整洁		
	善于发现问题、分析问题、解决问题		
	能正确完成工作任务		
工匠精神	绘制的接线示意图整齐、美观	20	
	程序设计正确、严谨		
	硬件及外围接线整齐、可靠,无裸露及松动		
自评得分:		核定总分:	

【能力测试】

一、填空题

1. 在 LAD 指令表中，MOVE 是_____指令，MOVE 只能复制_____、_____或_____数据对象。

2. 在 LAD 指令表中，SHR_I 是_____指令，SHR_DI 是_____指令，SHL_DW 是_____指令。

3. 在 S7-1200 PLC 中循环移位指令包含_____和_____指令。N 表示_____，数据类型为：_____和常量。

4. STEP 7 指令中，整数右移指令执行后，空出来的位填_____；字的右移指令执行后，空出来的位填_____。

二、简答题

1. STEP 7 指令中有哪几种移位指令？

2. 试分析几种移位指令的区别。

3. 试用 STEP 7 的 MOVE 指令完成以下控制要求：

I0.0 一旦点动，M10.0～M10.7 立即全部为 1；I0.1 一旦点动，Q10.0～Q13.7 立即全部为 0（外接输入点均为动合触点）。

项目 5

电子产品加工线机械手控制

PLC 是先进制造业自动化系统最核心的控制设备。本项目以电子产品加工线机械手为载体，以亚龙 YL-335B 型自动化生产线为项目情景。机械手在生产线上负责将原材料从仓库中取出，传送到指定位置进行加工，并将成品送至包装区，主要动作包括：取料、传送、加工和放料。本项目包括两个学习任务：设计机械手抓取控制系统和设计机械手分拣控制系统。此外，拓展训练将引导同学们设计机械手步进行走控制系统，进一步提高 PLC 控制设计的能力。通过学习项目 5，能掌握 PLC 在自动化生产系统中的使用原理和应用方法，提高对实际工程问题的分析和解决能力。

【项目导学】

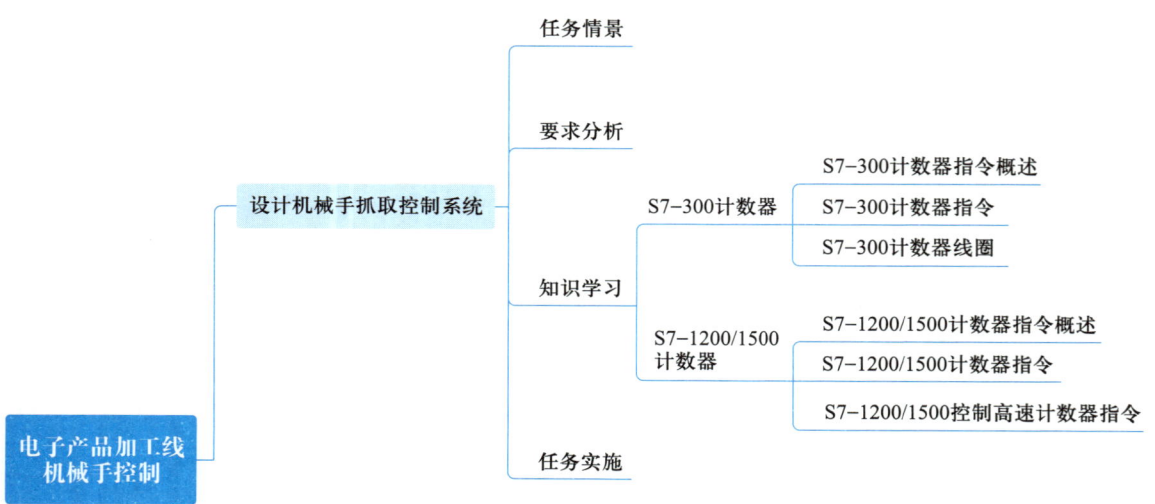

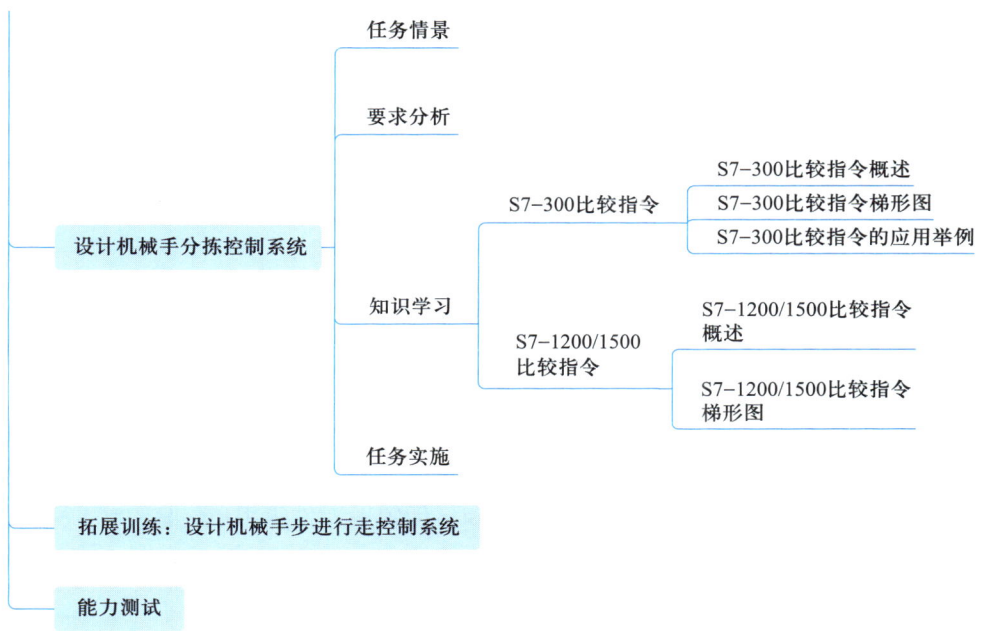

 【学习目标】

知识目标	▶ 理解机械手的控制流程与工作原理； ▶ 掌握 PLC 在机械手控制系统中的应用原理与方法； ▶ 掌握 PLC 计数器指令、比较指令在机械手控制系统中的应用方法； ▶ 掌握机械手控制程序的设计与调试方法。
能力目标	▶ 具备机械手控制系统的电路分析与设计能力； ▶ 熟练掌握传感器的应用及接线方法； ▶ 能够独立完成机械手的硬件接线与调试； ▶ 具备机械手控制程序的设计与调试能力。
素质目标	▶ 具有科学思维与探索精神； ▶ 具有爱岗敬业、踏实肯干的职业态度； ▶ 具有团队协作能力与沟通能力； ▶ 具有解决问题的能力与创新能力。

【学习指导】

重点

▶ 了解计数器指令和比较指令的功能及使用方法；

▷ 掌握传感器的应用及接线方法；

▷ 能正确完成 I/O 模块接线；

▷ 会根据控制要求用 LAD 指令进行程序设计和调试。

难点

▷ 设计思路的建立；

▷ 机械手控制程序的设计方法。

【资料补充】

1. 气压传动是一种以压缩空气为工作介质，进行能量传递和控制的传动方式。气动系统主要由气源装置、气动执行元件、气动控制元件和气动辅助元件等组成，如图 5-1 所示。

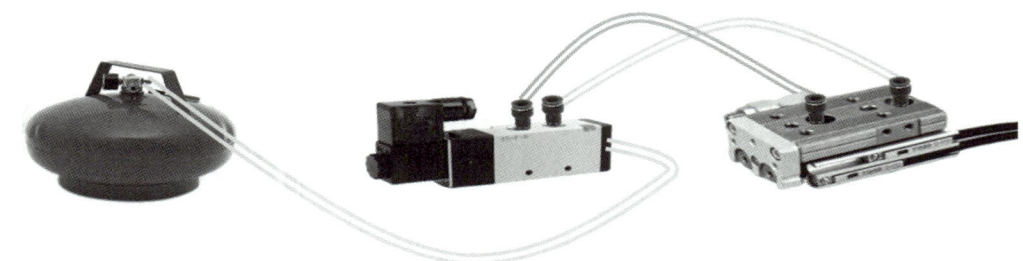

图 5-1　气动系统

"北京大工匠"
无线电装接工
刘芳

2. 气缸的工作原理

气罐装满压缩空气，电磁阀控制气源的接通和关断，将压缩气体送到气缸，控制气缸活塞的左右移动。缸筒外侧有磁性开关，可检测气缸活塞的位置。

磁性开关：气缸活塞上装有磁环，移动的磁环靠近开关时，舌簧开关的两根簧片被磁化而相互吸引，触点闭合；当磁环从开关移开后，簧片失磁；触点闭合（或断开）时发出电信号（或使电信号消失），控制相应电磁阀完成切换动作。

3. 气缸与磁性感应开关传感器（图 5-2）。

(a) 手指气缸

(b) 旋转气缸

(c) 标准气缸

(d) 气缸感应开关传感器

图 5-2　气缸与磁性感应开关传感器

学习任务 1　设计机械手抓取控制系统

1.1　任务情景

在汽车制造工厂的焊接车间,生产线上的机械手能将各种零件从仓库中取出,并将其精准地装配到汽车底盘上,因此需要一个高度精确的机械手抓取控制系统。例如,亚龙 YL-335B 自动化生产线中的机械手(图 5-3),能从装配单元抓取装配好的物料,将其放置在分拣单元传送带上,并对抓取的物料进行计数。

图 5-3　亚龙 YL-335B 自动化生产线中的机械手

1.2　要求分析

在亚龙 YL-335B 自动化生产线中,装配单元将装配完成的物料放置于取料处后,按下启动按钮,机械手先松开夹爪;夹爪松开到位后,再伸出手臂到达机械手的伸出限位并夹紧物料;机械手夹紧到位后,抬升台上升到达机械手的抬升上限,随后机械手向左旋转到达机械手的旋转左限;抬升台下降到达机械手的抬升下限,机械手夹爪松开物料后缩回;机械手向右旋转到达机械手的旋转右限,至此完成一个物料的运送工作,并记录机械手运送物料的个数。系统自动按以上流程循环,当按下停止按钮,系统停止运行。

1.3　知识学习

1.3.1　S7-300 计数器

1. S7-300 计数器指令概述

S7-300 计数器是一种由位和字组成的复合单元,计数器的状态(例如,是否达到设定值)通过位来表示,而实际的计数值则存储在字存储器中。在 CPU 的存储器中预留了计数器区域,该区域用于存储计数器的计数值。

每个计数器占用 2 个字节,称为计数字。在 S7-300 中,计数器区域共有 512 个字节,因此最多允许使用 256 个计数器。

计数器的第 0 位到第 11 位存放 BCD 码格式的计数值,BCD 码的表示范围是 0 ～ 999。第 12 位到第 15 位无用途。例如,为计数器预设计数值 127 表示为"C#127",图 5-4 显示了加载计数值 127 之后计数器的位组态情况。

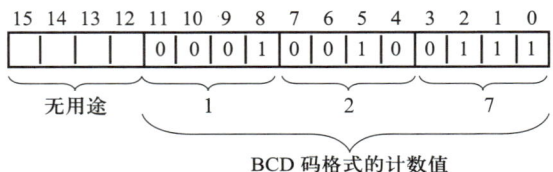

图 5-4　加载计数值 127 之后计数器的位组态情况

2. S7-300 计数器指令

(1)梯形图(LAD)符号和参数说明(表 5-1)

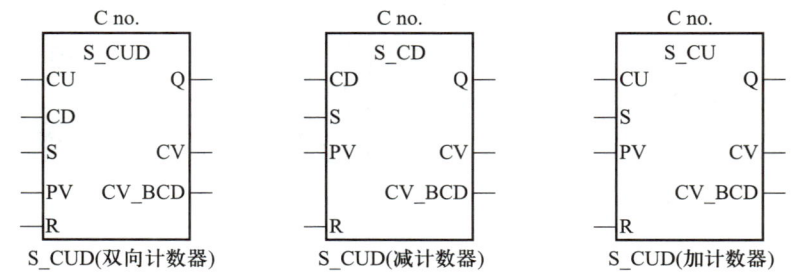

表 5-1　S7-300 计数器的参数说明表

参数	数据类型	内存区域	说明
Cno.	COUNTER	C	计数器标识号,其范围取决于 CPU
CU	BOOL	I、Q、M、L、D	升值计数输入
CD	BOOL	I、Q、M、L、D	降值计数输入
S	BOOL	I、Q、M、L、D	为预设计数器设置输入

续表

参数	数据类型	内存区域	说明
PV	WORD	I、Q、M、L、D 或常量	预设计数器的值，将计数值以 C#<值> 的格式输入（范围 0~999）
R	BOOL	I、Q、M、L、D	复位输入
CV	WORD	I、Q、M、L、D	当前计数值，十六进制数字
CV_BCD	WORD	I、Q、M、L、D	当前计数值，BCD 码
Q	BOOL	I、Q、M、L、D	计数器状态

（2）说明

以 S_CUD（双向计数器）为例。如果输入 S 有上升沿，S_CUD（双向计数器）预置为输入 PV 的值。如果输入 R 为 1，则计数器复位，并将计数值设置为 0。如果输入 CU 的信号状态从 0 切换为 1，并且计数值小于 999，则计数值增加 1。如果输入 CD 的信号状态从 0 切换为 1，并且计数值大于 0，则计数值减少 1。

如果输入 CU 和 CD 的信号状态同时从 0 切换为 1，则执行两条指令，且计数值保持不变。

如果已设置计数器（输入 S 有效），并且输入 CU/CD 的 RLO 为 1，则即使没有从上升沿到下降沿或下降沿到上升沿的切换，计数器也会在下一个扫描周期进行相应的计数。

如果计数值大于 0，则输出 Q 的信号状态为 1。

（3）举例

如图 5-5 所示，如果 I0.2 从 0 变为 1，则计数器 C10 预设为 MW10 的值。如果 I0.0 的信号状态从 0 改变为 1，则计数器 C10 的值将增加 1（当计数值等于 999 时除外）。如果 I0.1 从 0 切换为 1，则计数器 C10 减少 1（但当计数值为 0 时除外）。如果计数器 C10 的值不等于 0，则 Q4.0 为 1。

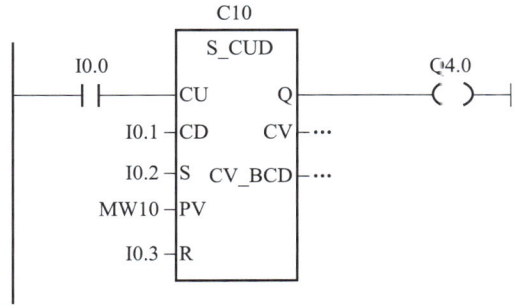

图 5-5 S7-300 计数器（S_CUD）应用举例

3. S7-300 计数器线圈

（1）梯形图（LAD）符号和参数说明（表 5-2）

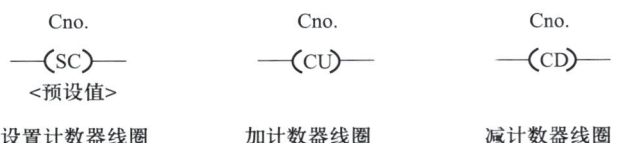

表 5-2　S7-300 计数器线圈的参数说明表

参数	数据类型	内存区域	说明
Cno.	COUNTER	C	计数器标识号
<预设值>	WORD	I、Q、M、L、D 或常量	预置 BCD 的值（范围 0 ~ 999）

（2）说明

如果在 RLO 中有上升沿时，—(SC)—才会执行，预设值被传送至指定的计数器。

如果在 RLO 中有上升沿，并且计数值小于 999，则—(CU)—将指定计数值加 1。如果 RLO 中没有上升沿，或者计数值已经是 999，则计数值不变。

如果在 RLO 中有上升沿，并且计数值大于 0，则—(CD)—将指定计数值减 1。如果 RLO 中没有上升沿，或者计数值已经是 0，则计数值不变。

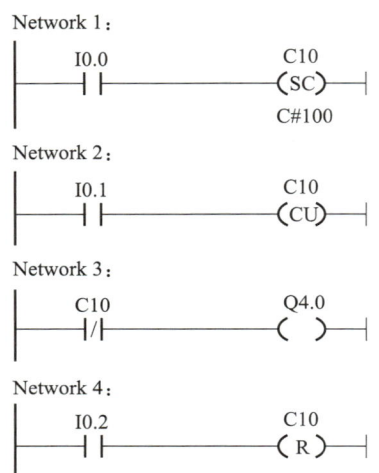

图 5-6　S7-300 计数器线圈应用举例

（3）举例

如图 5-6 所示，如果输入 I0.0 的信号状态从 **0** 转换为 **1**（RLO 中有上升沿），则将预设值"100"载入计数器 C10。如果输入 I0.1 的信号状态从 **0** 转换为 **1**（RLO 中有上升沿），则计数器 C10 的计数值将加 1，但当计数器 C10 的值等于 999 时除外。如果 RLO 中没有上升沿，则计数器 C10 的值保持不变。如果计数值等于 0，则接通 Q4.0。如果输入 I0.2 的信号状态为 **1**，则将计数器 C10 复位为 **0**。

1.3.2　S7-1200/1500 计数器

1. S7-1200/1500 计数器指令概述

S7-1200/1500 计数器采用 IEC（国际电工委员会）标准。每个计数器都使用数据块来保存数据，用户在调用计数器指令时，系统会生成保存计数器数据的背景数据块，如图 5-7 所示。计数器指令使用的是软件计数器，其计数的速率受 PLC 扫描周期控制。当需要记录速率变化很快的信号时，需要使用高速计数器。

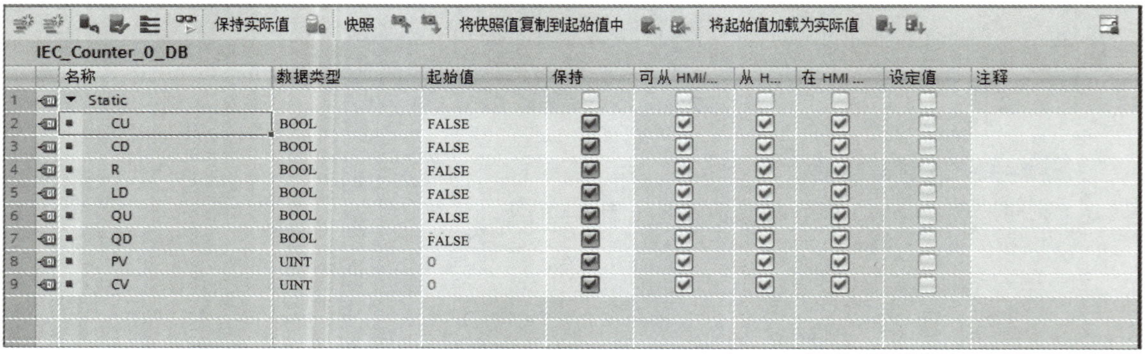

	名称	数据类型	起始值	保持	可从 HMI/…	从 H…	在 HMI …	设定值	注释
1	▼ Static								
2	CU	BOOL	FALSE	☑	☑	☑	☑	☐	
3	CD	BOOL	FALSE	☑	☑	☑	☑	☐	
4	R	BOOL	FALSE	☑	☑	☑	☑	☐	
5	LD	BOOL	FALSE	☑	☑	☑	☑	☐	
6	QU	BOOL	FALSE	☑	☑	☑	☑	☐	
7	QD	BOOL	FALSE	☑	☑	☑	☑	☐	
8	PV	UINT	0	☑	☑	☑	☑	☐	
9	CV	UINT	0	☑	☑	☑	☑	☐	

IEC_Counter_0_DB

保持实际值　快照　将快照值复制到起始值中　将起始值加载为实际值

图 5-7　S7-1200/1500 计数器的背景数据块结构

2. S7-1200/1500 计数器指令

（1）梯形图（LAD）符号和参数说明（表5-3）

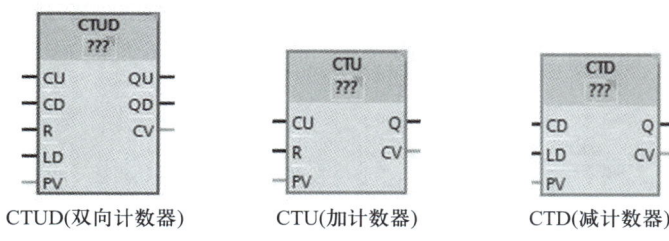

CTUD(双向计数器)　　　CTU(加计数器)　　　CTD(减计数器)

表 5-3　S7-1200/1500 计数器的参数说明表

参数	数据类型	说明
CU、CD	BOOL	加计数或减计数，按加1或减1计数
R（CTU、CTUD）	BOOL	将计数值重置为0
LD（CTD、CTUD）	BOOL	预设值的装载控制参数
PV	SINT、INT、DINT、USINT、UINT、UDINT	预设值
Q、QU	BOOL	CV ≥ PV 时为真
QD	BOOL	CV ≤ 0 时为真
CV	SINT、INT、DINT、USINT、UINT、UDINT	当前计数值

（2）说明

以 CTUD（双向计数器）为例，当输入 CU（加计数）或 CD（减计数）的值从 **0** 转换为 **1** 时，CTUD 会使当前计数值 CV 加 1 或减 1。

如果当前计数值 CV 大于或等于预设值 PV，则计数器输出参数 QU 为 **1**。如果当前计数值 CV 小于或等于 0，则计数器输出参数 QD 为 **1**。

如果预设值的装载控制参数 LD 的值从 **0** 转换为 **1**，则预设值 PV 将作为新的当前计数值 CV 被装载到计数器。

如果复位参数 R 的值从 **0** 转换为 **1**，则当前计数值 CV 复位为 0。

（3）举例

如图5-8所示，如果 I0.4 的信号状态从 **0** 转换为 **1**，则计数器 CTUD 的当前计数值 CV 将增加1，直到达到参数 CV 指定的数据类型的上限值（65 535）。如果 I0.5 的信号状态从 **0** 转换为 **1**，则计数器 CTUD 的当前计数值 CV 将减少1。如果 I0.7 从 **0** 转换为 **1**，则计数器预设值"4"将装载至"MW4"中作为新的当前计数值 CV。如果"MW4"中的值大于或等于预设值"4"时，Q0.2 为 **1**。如果"MW4"中的值小于或等于 0 时，Q0.3 为 **1**。如果 I0.6 从 **0** 转换为 **1**，则计数器 CTUD 的当前计数值复位为 0。

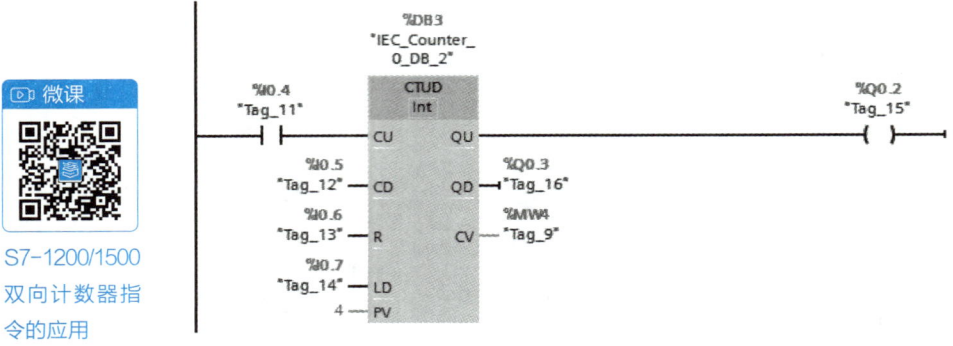

图 5-8　S7-1200/1500 计数器（CTUD）应用举例

3. S7-1200/1500 控制高速计数器指令

梯形图（LAD）符号和参数说明（表 5-4）。

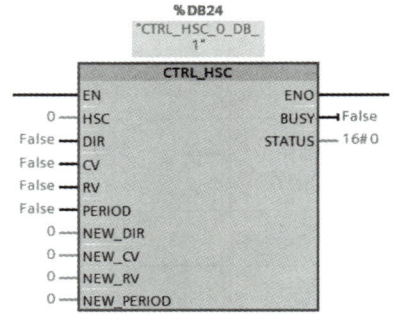

表 5-4　S7-1200/1500 控制高速计数器指令的参数说明表

参数	数据类型	说明
EN、ENO	BOOL	使能输入、使能输出
HSC	HW_HSC	高速计数器的硬件地址
DIR	BOOL	启用新的计数方向
CV	BOOL	启用新的计数值
RV	BOOL	启用新的参考值
PERIOD	BOOL	启用新的频率测量周期
NEW_DIR	INT	DIR 为 1 时装载的计数方向
NEW_CV	DINT	CV 为 1 时装载的计数值
NEW_RV	DINT	RV 为 1 时装载的参考值
NEW_PERIOD	INT	PERIOD 为 1 时装载的频率测量周期
BUSY	BOOL	处理状态
STATUS	WORD	运行状态

1.4　任务实施

任务要求：用 PLC 实现机械手抓取物料、松开物料的控制。

步骤 1　设计 I/O 地址分配表

I/O 地址分配见表 5-5。

表 5-5　机械手抓取控制 I/O 地址分配表

I/O 设备名称	I/O 地址	说明
SQ1	I0.3	机械手的抬升下限检测（动合触点）
SQ2	I0.4	机械手的抬升上限检测（动合触点）
SQ3	I0.5	机械手的旋转左限检测（动合触点）
SQ4	I0.6	机械手的旋转右限检测（动合触点）
SQ5	I0.7	机械手伸出检测（动合触点）
SQ6	I1.0	机械手缩回检测（动合触点）
SQ7	I1.1	机械手夹紧检测（动合触点）
SB2	I2.4	停止按钮（动合触点）
SB1	I2.5	启动按钮（动合触点）
YV1	Q0.3	抬升台上升电磁阀
YV2	Q0.4	回转气缸左旋电磁阀
YV3	Q0.5	回转气缸右旋电磁阀
YV4	Q0.6	手爪伸出电磁阀
YV5	Q0.7	手爪夹紧电磁阀
YV6	Q1.0	手爪放松电磁阀

》步骤 2　设计 I/O 接线示意图

根据控制要求及 I/O 地址分配表，绘制如图 5-9 所示的 I/O 接线示意图，机械手抓取控制电磁阀输出额定电压为 DC 24 V。

通过对该任务的分析，选用西门子 S7-1200 PLC 进行控制，硬件配置由 CPU 模块（1212C DC/DC/DC）和 DI 模块（SM1223 DI8 × DC 24V）构成。

》步骤 3　系统安装与接线

根据机械手抓取控制 I/O 接线示意图安装系统线路，并进行检查。

》步骤 4　创建项目

启动 TIA Portal 软件，创建项目，并确定项目名称和保存路径等信息。

》步骤 5　硬件组态

（1）组态硬件，添加新设备，选择对应的 CPU 模块。

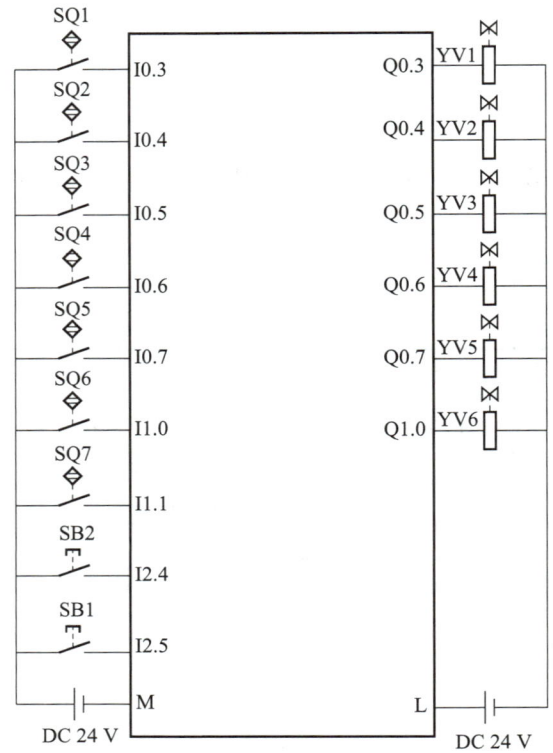

图 5-9　机械手抓取控制 I/O 接线示意图

（2）在设备视图界面添加对应的 DI 模块。

（3）在设备视图界面分配 CPU 地址。

（4）在设备视图界面分配变量（为 I/O 端子指定变量名称）。

» 步骤 6　程序设计

在项目树中选择"PLC →程序块→ Main（OB1）"，将设计好的程序输入，参考程序如图 5-10 所示。

» 步骤 7　程序监控与调试

（1）在快捷菜单上编译并下载程序，打开下载界面，选择接口类型和在线设备。

（2）在快捷菜单上选择在线，在窗口中找到眼镜图标并单击激活，启动监控和调试程序。

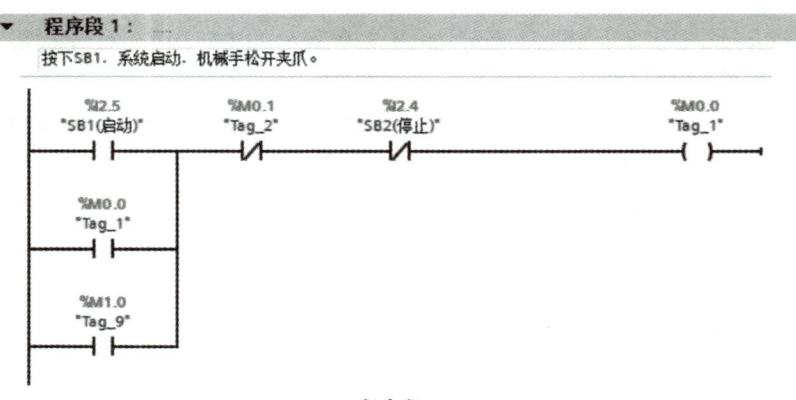

(a) 程序段1

▼　**程序段 2：**

机械手夹爪松开到位，机械手伸出。

```
   %M0.0          %I1.1          %M0.2          %I2.4          %M0.1
  "Tag_1"        "SQ7(         "Tag_3"       "SB2(停止)"      "Tag_2"
  ──┤├──      机械手夹紧检测)"    ──┤/├──        ──┤/├──        ──( )──
                 ──┤/├──

   %M0.1
  "Tag_2"
  ──┤├──
```

(b) 程序段2

▼　**程序段 3：**

机械手伸出到位，机械手夹紧物料。

```
   %M0.1          %I0.7          %M0.3          %I2.4          %M0.2
  "Tag_2"        "SQ5(         "Tag_4"       "SB2(停止)"      "Tag_3"
  ──┤├──      机械手伸出检测)"    ──┤/├──        ──┤/├──        ──( )──
                 ──┤├──

   %M0.2
  "Tag_3"
  ──┤├──
```

(c) 程序段3

▼　**程序段 4：**

机械手夹紧到位，抬升台上升。

```
   %M0.2          %I1.1          %M0.4          %I2.4          %M0.3
  "Tag_3"        "SQ7(         "Tag_5"       "SB2(停止)"      "Tag_4"
  ──┤├──      机械手夹紧检测)"    ──┤/├──        ──┤/├──        ──( )──
                 ──┤/├──

   %M0.3
  "Tag_4"
  ──┤├──
```

(d) 程序段4

▼　**程序段 5：**

抬升台上升到达上限位，机械手向左旋转。

```
   %M0.3          %I0.4          %M0.5          %I2.4          %M0.4
  "Tag_4"        "SQ2(         "Tag_6"       "SB2(停止)"      "Tag_5"
  ──┤├──      机械手抬升上限检      ──┤/├──        ──┤/├──        ──( )──
                  测)"
                 ──┤├──

   %M0.4
  "Tag_5"
  ──┤├──
```

(e) 程序段 5

(f) 程序段 6

(g) 程序段 7

(h) 程序段 8

(i) 程序段 9

程序段 10：

机械手向右旋转到右限位，完成一个物料的运送工作，并进行循环。

```
  %M1.0      %Q0.6        %M2.4        %M0.0        %M1.1
  "Tag_9"    "SQ4(        "SB2(停止)"  "Tag_1"      "Tag_13"
             机械手抬升右限检
             测)"
  ┤├─────────┤├──────┬────┤/├─────────┤/├─────────( )─┤

  %M1.1
  "Tag_13"
  ┤├───────────────┘
```

(j) 程序段 10

程序段 11：

抬升台上升电磁阀动作。

```
                                                   %Q0.3
  %M0.3                                           "YV1（抬升台上升
  "Tag_4"                                           电磁阀）"
  ┤├──────┬──────────────────────────────────────( )─┤

  %M0.4
  "Tag_5"
  ┤├──────┘
```

(k) 程序段 11

程序段 12：

回旋气缸左转电磁阀动作。

```
                                                   %Q0.4
  %M0.4                                           "YV2（回旋气缸左
  "Tag_5"                                           转电磁阀）"
  ┤├─────────────────────────────────────────────( )─┤
```

(l) 程序段 12

程序段 13：

回旋气缸右转电磁阀动作。

```
                                                   %Q0.5
  %M1.0                                           "YV3（回旋气缸右
  "Tag_9"                                           转电磁阀）"
  ┤├─────────────────────────────────────────────( )─┤
```

(m) 程序段 13

程序段 14:

手爪伸出电磁阀动作。

(n) 程序段 14

程序段 15:

手爪夹紧电磁阀动作。

(o) 程序段 15

程序段 16：

手爪松开电磁阀动作。

```
%M0.0
"Tag_1"
  ┤├─────┐                                                    %Q1.0
                                                       "YV6（手抓松开电
%M0.1                                                        磁阀）"
"Tag_2"  │                                                   ──( )──
  ┤├─────┤
%M0.6    │
"Tag_7"  │
  ┤├─────┤
%M0.7    │
"Tag_8"  │
  ┤├─────┤
%M1.0    │
"Tag_9"  │
  ┤├─────┤
%M1.1    │
"Tag_13" │
  ┤├─────┘
```

(p) 程序段 16

程序段 17：

对运送的物料进行计数，MD500 为物料运送的个数。

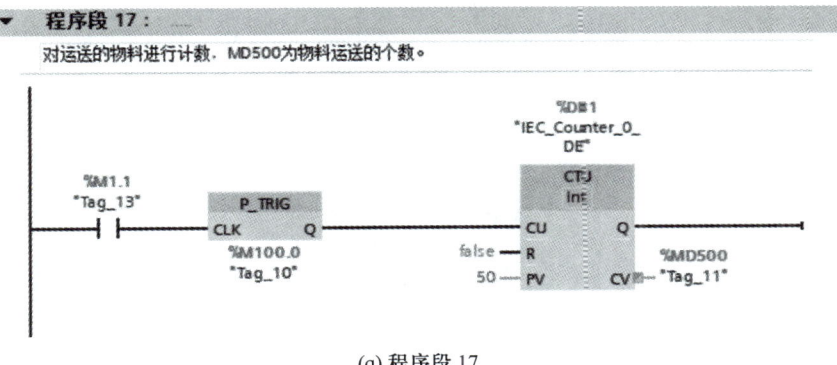

(q) 程序段 17

图 5-10 机械手抓取控制程序

微课

机械手抓取
控制

》**步骤 8** 设备运行

可扫描二维码查看机械手抓取控制系统运行状态。

学习任务 2 设计机械手分拣控制系统

2.1 任务情景

在自动化仓储物流中心,大量货物需要在短时间内进行分拣、打包和运输。通过使用机械手分拣控制系统,自动化仓储物流中心可以实现高效、准确的货物分拣,大大提高了生产效率并降低了人工成本。例如,亚龙 YL-335B 自动化生产线中的机械手(图 5-11),在将物料放置于传送带后,传送带可启动运行。物料可分为白色、黑色、金属三类,当不同类别的物料经过传感器时,传感器会对其进行检测并发出相应的指令;气缸接收到信号后,将物料推进至相应的物料槽中,从而完成物料的分拣工作。

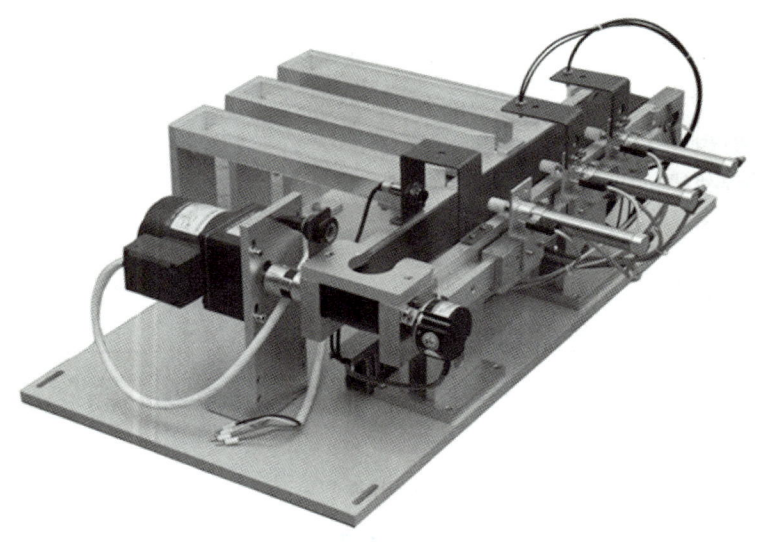

图 5-11 亚龙 YL-335B 自动化生产线中的机械手

2.2 要求分析

当按下启动按钮,系统启动,物料被入料口的漫射式光电传感器检测到时,会将信号传输给 PLC。PLC 启动电动机,驱动传送带工作,将工件带入分拣区。如果进入分拣区的物料为白色,则检测白色物料的传感器动作,并作为 1 号槽推料气缸启动信号,将白色物料推入 1 号槽里；如果进入分拣区的物料为黑色，则检测黑色物料的传感器动作，并作为 2 号槽推料气缸启动信号，将黑色物料推入 2 号槽里；如果进入分拣区的物料为金属，则检测金属物料的传感器动作，并作为 3 号槽推料气缸启动信号，将金属物料推入 3 号槽里，自动生产线的加工流程结束。

2.3 知识学习

2.3.1 S7–300 比较指令

1. S7–300 比较指令概述

比较指令用于比较 IN1 与 IN2 中的数据大小，比较时应确保数据类型相同。比较指令按数据类型分为三类，按比较类型分为六类。

（1）按数据类型分类

整数比较：CMP_I（Compare Integer）

双整数比较：CMP_DI（Compare Double Integer）

浮点数（实数）比较：CMP_R（Compare Real）

（2）按比较类型分类

==　　IN1 是否等于 IN2

<>　　IN1 是否不等于 IN2

>　　　IN1 是否大于 IN2

<　　　IN1 是否小于 IN2

>=　　IN1 是否大于或等于 IN2

<=　　IN1 是否小于或等于 IN2

如果比较结果为真，则功能块的 RLO 为 **1**。如果以串联方式使用比较单元，则使用**与**运算将其连接至梯级程序段的 RLO。如果以并联方式使用该框，则使用**或**运算将其连接至梯级程序段的 RLO。

2. S7–300 比较指令梯形图

（1）CMP_I 整数比较指令

梯形图（LAD）符号和参数说明（表 5–6）。

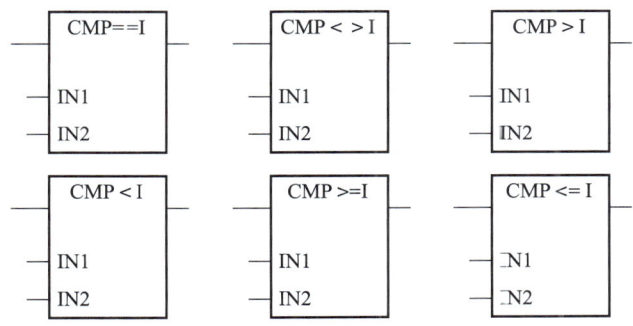

表 5-6　整数比较指令的参数说明

参数	数据类型	内存区域	说明
输入框	BOOL	I、Q、M、L、D	上一逻辑运算结果（RLO）
输出框	BOOL	I、Q、M、L、D	比较的结果,仅在输入框的 RLO 为 **1** 时,才进一步处理
IN1	INT	I、Q、M、L、D 或常量	要比较的第一个值
IN2	INT	I、Q、M、L、D 或常量	要比较的第二个值

（2）CMP_DI 双整数比较指令

梯形图（LAD）符号和参数说明（表 5-7）。

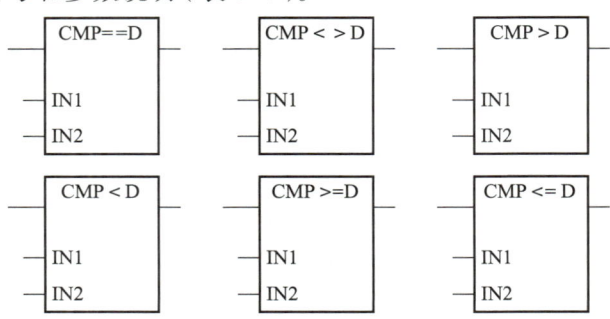

表 5-7　双整数比较指令的参数说明

参数	数据类型	内存区域	说明
输入框	BOOL	I、Q、M、L、D	上一逻辑运算结果（RLO）
输出框	BOOL	I、Q、M、L、D	比较的结果,仅在输入框的 RLO 为 **1** 时,才进一步处理
IN1	DINT	I、Q、M、L、D 或常量	要比较的第一个值
IN2	DINT	I、Q、M、L、D 或常量	要比较的第二个值

（3）CMP_R 实数比较指令

梯形图（LAD）符号和参数说明（表 5-8）。

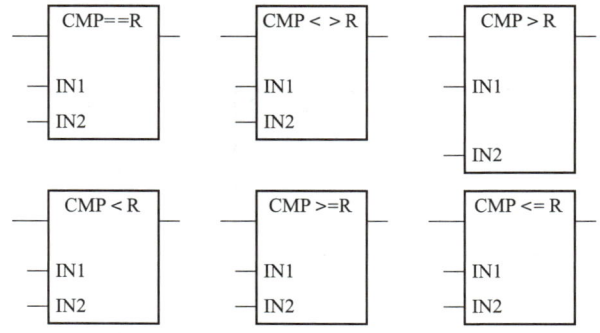

3. S7-300 比较指令的应用举例

使用计数指令和比较指令进行程序设计,如图 5-12 所示。按钮 I0.0 闭合 10 次之后,输出 Q4.0;按钮 I0.0 闭合 20 次之后,输出 Q4.1;按钮 I0.0 闭合 30 次之后,计数器及所有输出自动复位。手动复位按钮为 I0.1。

表 5-8　实数比较指令的参数说明

参数	数据类型	内存区域	说明
输入框	BOOL	I、Q、M、L、D	上一逻辑运算结果（RLO）
输出框	BOOL	I、Q、M、L、D	比较结果,仅在输入框的RLO为1时才进一步处理
IN1	REAL	I、Q、M、L、D 或常量	要比较的第一个值
IN2	REAL	I、Q、M、L、D 或常量	要比较的第二个值

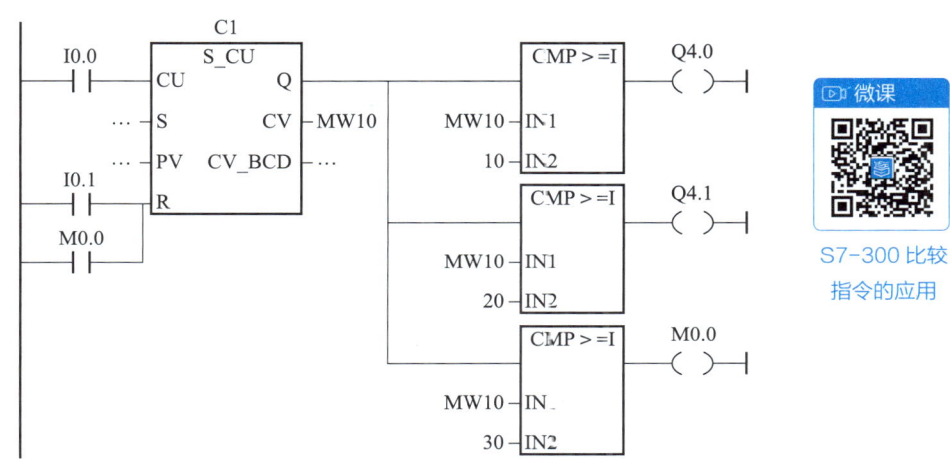

图 5-12　S7-300 比较指令的应用举例

2.3.2　S7-1200/1500 比较指令

1. S7-1200/1500 比较指令概述

S7-1200/1500 比较指令的比较类型与 S7-300 相同,包括等于（==）、大于（>）、小于（<）、大于等于（>=）、小于等于（<=）和不等于（<>）六种类型。支持的数据类型包括整数（INT）、双整数（DINT）、无符号整数（USINT、UINT、UCINT）、实数（REAL）、字符串（STRING）及时间（TIME）等类型。若启用了 IEC 检查,则待比较操作数须属于同一数据类型;若未启用 IEC 检查,则操作数宽度一致即可。

2. S7-1200/1500 比较指令梯形图

梯形图（LAD）符号和参数说明（表 5-9）。

在指令上方的操作数是占位符中指定第一个比较值（<操作数 1>）,在指令下方的操作数是占位符中指定第二个比较值（<操作数 2>）。

表 5-9　实数比较指令的参数说明

参数	数据类型	内存区域	说明
<操作数 1>	INT、DINT、USINT、UINT、UDINT、REAL、LREAL、STRING、CHAR、TIME、DATE	I、Q、M、D、L、P 或常量	第一个比较值
<操作数 2>	INT、DINT、USINT、UINT、UDINT、REAL、LREAL、STRING、CHAR、TIME、DATE	I、Q、M、D、L、P 或常量	第二个比较值

2.4　任务实施

任务要求：用 PLC 实现机械手分拣控制。

》步骤 1　设计 I/O 地址分配表

根据机械手分拣项目需求，I/O 地址分配见表 5-10。

表 5-10　机械手分拣控制 I/O 地址分配表

I/O 设备名称	I/O 地址	说明
SQ1	I0.3	进料口工件检测
SQ2	I0.4	电感式传感器（检测金属物料）
SQ3	I0.5	光纤传感器 1（检测白色物料）
SQ4	I0.6	光纤传感器 2（检测黑色物料）
SQ5	I0.7	推杆 1 推出到位
SQ6	I1.0	推杆 2 推出到位
SQ7	I1.1	推杆 3 推出到位
SB1	I1.2	启动按钮
SB2	I1.3	停止按钮
变频器启动信号	Q0.0	电动机启动
YV1	Q0.2	推杆 1 电磁阀
YV2	Q0.3	推杆 2 电磁阀
YV3	Q0.4	推杆 3 电磁阀

》步骤 2　设计 I/O 接线示意图

根据控制要求及 I/O 地址分配表，绘制如图 5-13 所示的 I/O 接线示意图，机械手分拣控制电磁阀的输出额定电压为 DC 24 V。

通过对该任务的分析，选用西门子 S7-1200 PLC 进行控制，硬件配置由一个 CPU 模块（1214C AC/DC/RLY），一个 DI 模块（SM1221 DI8×DC 24V）和一个 AQ 模块（SM1232 AQ2×14 BIT）构成。

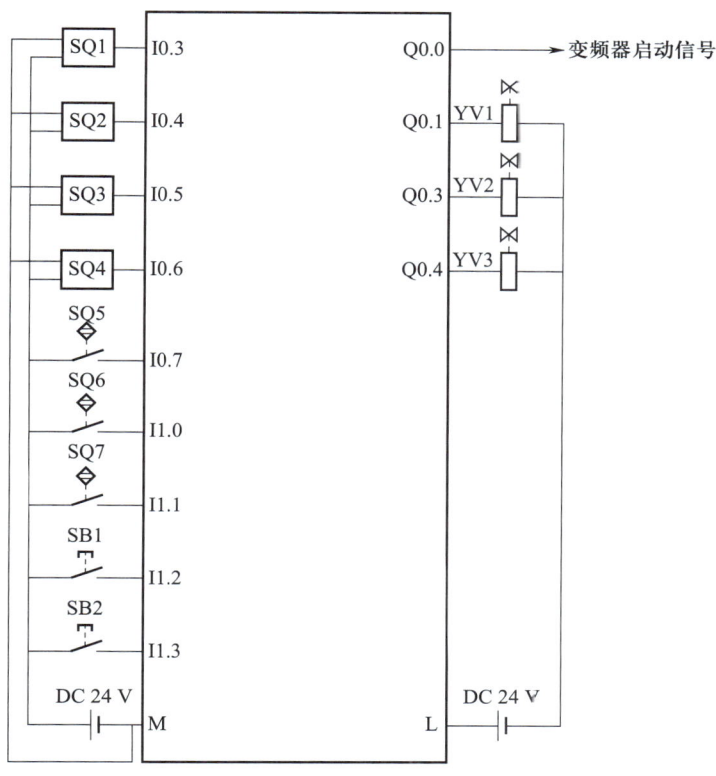

图 5-13　机械手分拣控制 I/O 接线示意图

» 步骤 3　系统的安装与接线

根据机械手分拣控制 I/O 接线示意图安装系统线路,并进行检查。

» 步骤 4　创建项目

启动 TIA Portal 软件,创建项目,并确定项目名称和保存路径等信息。

» 步骤 5　硬件组态

(1)组态硬件,添加新设备,选择对应的 CPU 模块。

(2)在设备视图界面添加对应的 DI 模块。

(3)在设备视图界面添加对应的 AQ 模块。

(4)在设备视图界面分配 CPU 地址。

(5)在设备视图界面分配变量(为 I/O 端子指定变量名称)。

» 步骤 6　程序设计

在项目树中选择"PLC→程序块→Main(OB1)",将设计好的程序输入,参考程序如图 5-14 所示(注意:参考程序中定时器 T0、T1、T2 的时间和变频器频率有关,在不同频率下,时间可能不同,需自行调整)。

▼　程序段 1：　___

按下SB1启动按钮，系统启动。

```
      %I1.2           %M10.4                                      %M10.0
    "启动SB1"          "Tag_1"                                     "Tag_2"
    ——| |——————————————|/|—————————————————————————————————————————( S )——
```

(a) 程序段 1

▼　程序段 2：　___

按下SB2停止按钮，系统停止。

```
      %I1.3           %M10.0                                      %M10.0
    "停止SB2"          "Tag_2"                                     "Tag_2"
    ——| |——————————————| |——————————————————————————————————————————( R )——
```

(b) 程序段 2

▼　程序段 3：　___

进料口检测到物料，启用高速计数器指令。

(c) 程序段 3

程序段 4：

高速计数器启动后，电动机启动。

(d) 程序段 4

程序段 5：

▼光纤传感器 SQ3 检测到白色物料时，且高速计数器的计数值在 330 到 370 之间，则置位 M20.0。电感传感器 SQ4 检测到金属物料，则置位 M20.1。高速计数器的计数值大于等于 500，则置位 M10.3 并复位 M10.2。

(e) 程序段 5

▼ 程序段 6：

▸ 若M20.0为ON，M20.1为OFF且高速计数器的计数值大于等于600，则推杆1推出并将白色物料推入料槽1中。若M20.1为ON且高速计数器的计数值大于等于1000，则推杆2推出并将金属物料推入料槽2中。若M20.0为OFF且高速计数器的计数值大于等于1350，则推杆3推出并将黑色物料推入料槽3中。

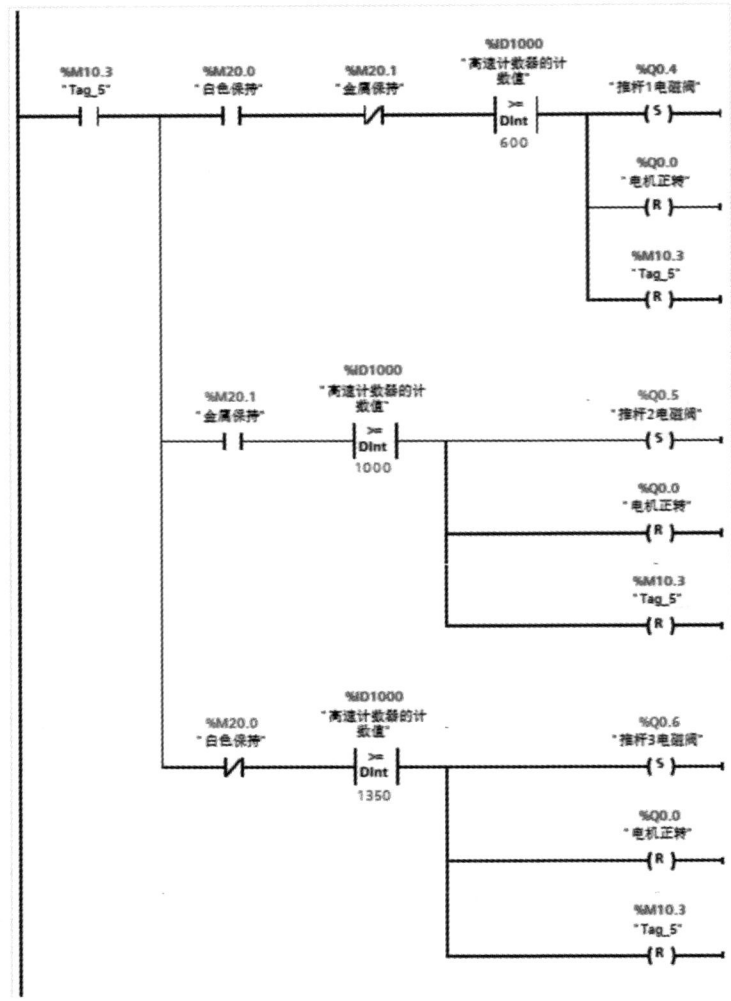

(f) 程序段 6

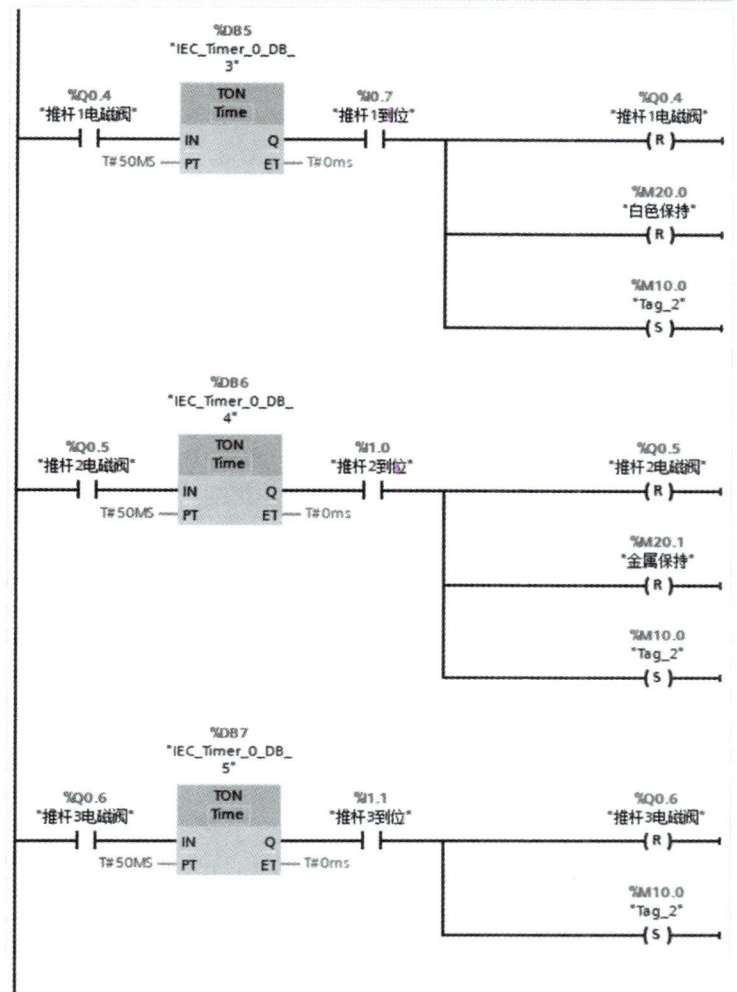

(g) 程序段 7

图 5-14　机械手分拣控制参考程序

» 步骤 7　程序监控与调试

（1）在快捷菜单上编译并下载程序，进入下载界面，选择接口类型和在线设备。

（2）在快捷菜单上选择在线，在窗口中找到眼镜图标并单击激活，启动监控和调试程序。

» 步骤 8　设备运行

可扫描二维码查看机械手分拣控制系统运行状态。

微课

机械手分拣
控制

【任务情景】

在自动化工厂中，一台先进的机械手能够完成各种复杂的生产任务，然而由于工厂内部环境复杂，需要提高机械手在复杂环境中的稳定性和安全性。工厂决定开发一套机械手步进行走控制系统，使其能够按照预定的路径和速度移动到指定位置。如图 5-15 所示的输送单元可采用机械手抓取物料，将其运送到自动化生产线上的任意一个模块，完成加工工作。

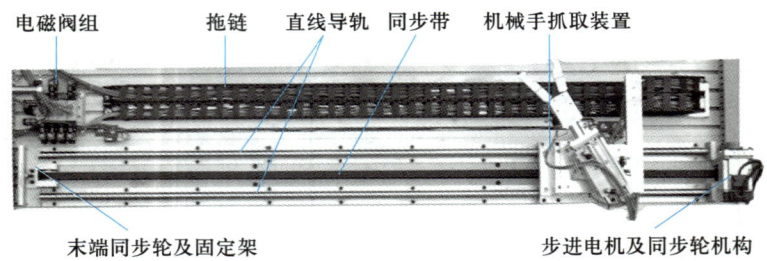

电磁阀组　　　拖链　　直线导轨　同步带　　机械手抓取装置

末端同步轮及固定架　　　　步进电机及同步轮机构

图 5-15　输送单元

1. 任务描述与引导问题

设计一个机械手步进行走控制系统。当按下启动按钮 SB1 时，输送台自动向右运行。当到达右限位时，输送台自动向左运行；当到达左限位时，输送台再向右运行，如此循环。当按下停止按钮 SB2 时，系统停止。

📝 引导问题 1

结合学习任务 1，讨论如何让输送台运行到指定位置？

_____

_____

_____

📝 引导问题 2

在完成引导问题 1 后，思考：如何实现自动化生产线上各个单元的运输？

_____

_____

📖 学习笔记

....

....

....

....

....

....

....

....

....

2. 制订计划

根据上述引导问题所提出的控制工艺要求，小组内互相讨论，制订工作计划，并派代表进行汇报展示。

工作计划单					
小组基本资料					
组别	关系	姓名	联系方式		
第__组	组长				
	组员				
工作计划					
序号	工作流程	预计用时	使用工具/材料/设备/软件	数量	负责人
1					
2					
3					
4					
5					
其他说明					
计划评价	教师评语： 签字： 年　　月　　日				

3. 实施步骤

》**步骤 1**　设计 I/O 地址分配表

I/O 设备名称	I/O 地址	说明

》**步骤 2**　设计 I/O 接线示意图
》**步骤 3**　硬件组态
》**步骤 4**　程序设计
》**步骤 5**　程序调试

4. 任务检查

实施检查单（工作过程中小组自查）				
序号	工作流程	实际用时	工作过程中遇到的问题及解决方法	负责人
1				
2				
3				
4				
5				

工作成果小组自查		
检查项目	检查结果	完成度
I/O 地址分配表		
I/O 接线示意图		
程序设计		
程序调试（按功能实现情况检查）		
教师检查	检查结论： 签字： 年　　月　　日	

5. 效果评估

训练完成后,综合个人、小组在完成任务过程中的表现和教师的评价,明确学习的重点和后期的改进方向。

评价指标	评价内容	评分	评价结果
获取与处理信息	能根据工作内容有效利用网络、学习平台自主学习	5	
	能依据图书资源、工作手册等资料查找相关信息		
行为表现	仪态自然、大方	5	
	语言表达流畅、逻辑清晰		
	层次分明、准确		
团队精神	积极参与讨论,完成小组给定的软硬件设计任务,与老师和同学相处融洽	10	
	在讨论中提出自己的见解,并倾听同学的意见,适应小组工作方式		
	在小组工作中态度友好,富有创新性;能够代表本小组与其他小组同学交流和探讨		
学习方法	独立确定学习时间、方法,能解决调试过程中出现的问题	10	
	认识自己的缺陷并及时补救		
	能独立决定学习进度和制定设计方案,有效学习		
工作过程	遵守实验实训室管理规定,确保工作过程安全有效	50	
	工具、器件摆放有序,工作台面整洁		
	善于发现问题、分析问题、解决问题		
	能正确完成工作任务		
工匠精神	绘制的接线示意图整齐、美观	20	
	程序设计正确、严谨		
	硬件及外围接线整齐、可靠,无裸露及松动		
自评得分:		核定总分:	

【能力测试】

堆垛机码垛控制

某堆垛机有 3 层,每层均有一个红色指示灯和计数显示器,每层最多可摆放工件 6 个,机械手会将加工后的工件按照从低到高的方式进行码垛摆放。

控制要求:当每层的工件数达到 6 个时,红色指示灯 HL1 亮,否则显示余下的空位。请列出 I/O 地址分配表并编写梯形图程序。

锂电池隔膜生产线烘箱温度控制

 【项目情景】

交通能源动力系统的发展历经两次重大变革,每一次变革都深刻地改变了人类的生产和生活方式。第一次变革发生在18世纪60年代,以蒸汽机的诞生为标志。当时,煤和蒸汽机的结合使人类社会生产力获得极大提升,开启了工业经济与工业文明的新纪元。19世纪70年代第二次变革拉开帷幕,石油和内燃机取代了煤和蒸汽机,将人类带入了以石油为基础的经济体系,带来了物质的极大繁荣。如今,我们正见证第三次变革的浪潮,电力和动力电池(包括燃料电池)正在逐步替代石油和内燃机,引领人类迈向清洁能源的新时代。电动汽车不仅有利于节约能源、减少二氧化碳排放量,其研究和应用也已成为汽车工业的焦点。在能源与环保的双重压力下,新能源汽车无疑是未来汽车工业的发展方向。

锂电池作为电动汽车的关键动力源之一,是电动汽车不可或缺的重要组成部分。锂电池隔膜则是一种位于正极和负极之间的薄膜,其主要作用是隔离正负极,防止短路,同时避免电解液中的离子直接接触。锂电池隔膜生产线由涂布机、烘箱、拉伸机、切割机和包装机等设备构成。其中,烘箱是生产线上的核心设备之一。隔膜经过烘箱加热后,再通过拉伸机进行横向拉伸,拉伸比例可达1~6倍,从而使锂电池隔膜达到所需的厚度和宽度,满足不同类型的锂电池对隔膜尺寸的多样化需求。

【项目导学】

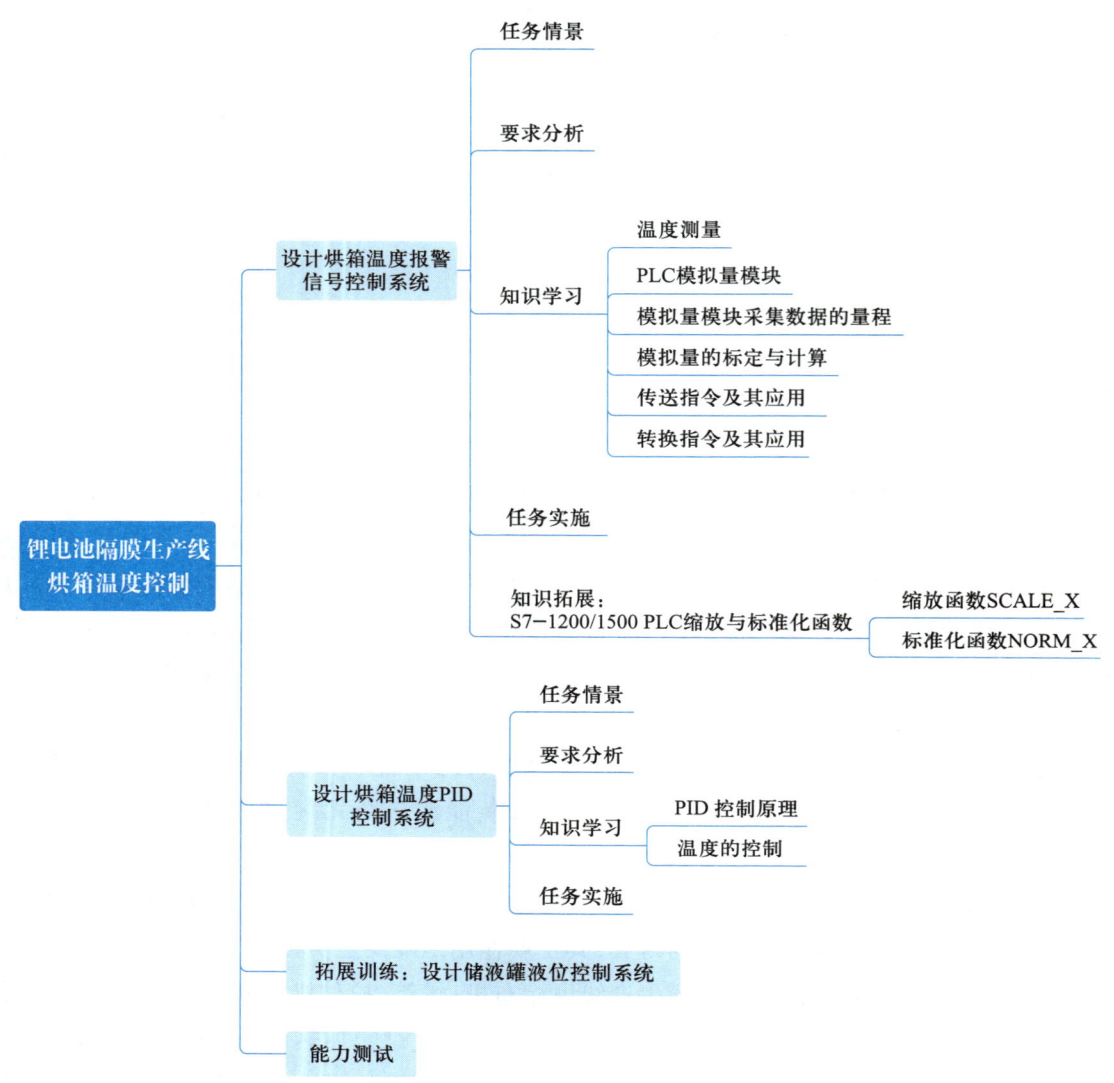

【学习目标】

知识目标

▸ 掌握 S7 系列 PLC 模拟量信号的使用方法及基本编程原则；

▸ 会用合适的指令对模拟量数据进行运算与转换；

▸ 以梯形图（LAD）为主要编程语言，学会模拟量的处理与报警。

<table>
<tr><td rowspan="1">能力目标</td><td>
▶ 会进行基本的电路分析和设计；
▶ 会 S7 系列 PLC 的 I/O 模块接线；
▶ 会对模拟量信号进行缩放与标定；
▶ 实施对烘箱温度的精准控制；
▶ 对烘箱温度控制系统进行程序设计和调试。
</td></tr>
</table>

▶ 会进行基本的电路分析和设计；
▶ 会 S7 系列 PLC 的 I/O 模块接线；
▶ 会对模拟量信号进行缩放与标定；
▶ 实施对烘箱温度的精准控制；
▶ 对烘箱温度控制系统进行程序设计和调试。

素质目标

▶ 具有科学思维和严谨的工作态度；
▶ 具有团队合作能力和良好的沟通能力；
▶ 具有环保意识和节能理念；
▶ 具备安全意识和规范的操作习惯。

【学习指导】

重点

▶ 了解烘箱温度报警信号的工作原理；
▶ 掌握烘箱恒温控制的方法和策略；
▶ 能正确完成 I/O 模块接线；
▶ 会使用合适的 PID 函数对烘箱温度进行精准控制；
▶ 会根据控制要求用 STEP 7 或 TIA Portal 软件进行程序设计和调试。

▶ 拓展材料

碳达峰、碳中和

难点

▶ 设计思路的建立；
▶ PID 函数的运用与调试。

学习任务 1　设计烘箱温度报警信号控制系统

1.1　任务情景

锂电池隔膜生产线烘箱通常由烤箱室、加热器和风机组成，如图 6-1 所示。加热器产生热量,将热空气送入烤箱室,风机则将热空气均匀地吹到隔膜上,使其快速烘干。烘箱的关键技术包括烘干温度控制、烘干时间控制和烘干质量控制等。当烘箱温度异常时,系统应产生报警。

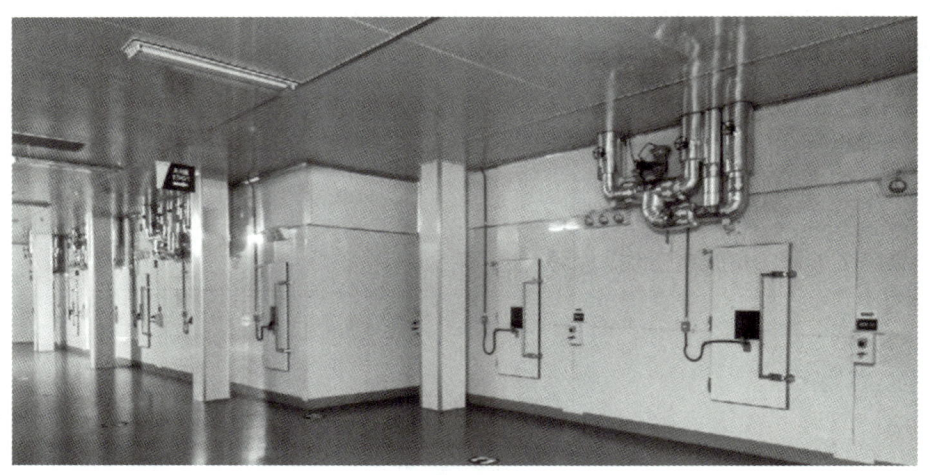

图 6-1　锂电池隔膜生产线烘箱

1.2　要求分析

锂电池隔膜生产过程中的烘箱温度控制尤为关键,一般要求控制温度为 130 ℃,精度为 ±0.5 ℃,当实际温度超过控制温度的 ±0.5 ℃时就报警。现对烘箱温度报警信号控制系统进行 PLC 程序设计,实际温度由温度传感器测量并反馈至 PLC 的控制模块,要求正常温度范围为绿色指示灯(HL1)亮,低于正常温度下限黄色指示灯(HL2)亮,超过正常温度上限黄色指示灯(HL3)亮。本任务涉及传送指令、比较指令以及模拟量相关知识。

1.3　知识学习

烘箱温度报警信号控制系统在生产过程中实时监测烘箱内部温度的变化,并根据预设的温度范围来控制烤箱的加热或制冷。当烘箱内部温度超出预设的温度范围时,温度报警信号控制系统会发出警报并停止烤箱的工作,以保护烘箱和烤箱内部物品的安全。

若对温度进行监控,首先需要采集温度信号,并对采集的信号进行处理和转换。常用的模拟量信号模板是 SM331,用于模拟量采集,其传感器常用热电偶或热电阻进行温度监测。

1.3.1　温度测量

使用热电偶或热电阻来测量烘箱温度,可通过温度变送器产生 4～20 mA 电流直接连接模拟量模块,热电偶、热电阻及温度变送器见表 6-1。

表 6-1　热电偶、热电阻及温度变送器

热电阻	热电偶	温度变送器	一体式温度变送器
PT100型	K/E型	Signal:'pt100 Rank:0.2%F/S. Voltage:24VDC Out:4-20mA Range: 0-100℃	
一般 2 ~ 4 根线	一般 2 根线		

热电阻是中低温区最常用的一种温度测量元件,是基于金属导体的电阻值随温度的增加而增加这一特性来进行温度测量的。当电阻值变化时,二次仪表便显示出电阻值所对应的温度值。它的主要特点是测量精度高,其中铂热电阻的测量精度是最高的,且性能稳定。

铂热电阻根据使用场合与使用温度的不同,包含云母、陶瓷、薄膜等元件。作为测温元件,它具有良好的传感输出特性,通常和显示仪、记录仪、调节仪以及其他智能模块或仪表配套使用,为其提供精确的输入值。若制成一体式温度变送器,可输出 4 ~ 20 mA 标准电流信号或 0 ~ 10 V 标准电压信号,使用起来更为方便。

热电偶将两种不同成分的导体两端焊接形成回路。直接测量端叫工作端(热端),接线端子端叫冷端,当热端和冷端存在温差时,就会在回路里产生电流,这种现象称为热电效应。若接上显示仪表,仪表上就会显示所产生的热电动势对应的温差,而电动势随温差变大而变大。热电动势的大小只和热电偶的材质以及两端的温差有关,与热电偶的长短、粗细无关。

1.3.2　PLC 模拟量模块

模拟量模块包括模拟量输入模块 SM331、模拟量输出模块 SM332 和模拟量输入/输出混合模块 SM334。对于模拟量输入模块 SM331,可选择的输入信号类型有电压型、电流型、电阻型、热电阻型和热电偶型。

由于模拟量输入或输出模块提供有不止一种类型信号的输入或输出,且每种信号的测量范围又有多种选择,因此必须对模块信号类型和测量范围进行设定。一般使用量程卡设定和 TIA Portal 软件设定两种方法。

微课

模拟量
SM331 模块

(1)配有量程卡(图 6-2a)的模拟量模块在供货时量程卡已插入模块一侧,如果需要更改量程,必须重新调整量程卡,以更改测量信号类型和测量范围。

量程卡可以设定至"A""B""C""D"四个位置,各种测量信号类型和测量范围的设定在模拟量模块上有相应的标记指示,可以根据需要进行设定和调整。

量程卡安装在模拟量输入模块的侧面,每两个通道为一组,共用一个量程卡。量程卡插入输入模块后,如果量程卡上的标记 C 与输入模块上的标记相对应,则量程卡被设置在 C 位置。

对模块组态时,可以确定所选量程的量程卡的位置。设置量程卡时先用螺钉旋具将量程卡从模拟量输入模块中取出,再按要求将量程卡插入模拟量输入模块中。模拟量输入模块 SM331 的内部结构及接线如图 6-2b 所示,应正确地放置量程卡,否则可能损坏模拟量输入模块。

(a) 量程卡

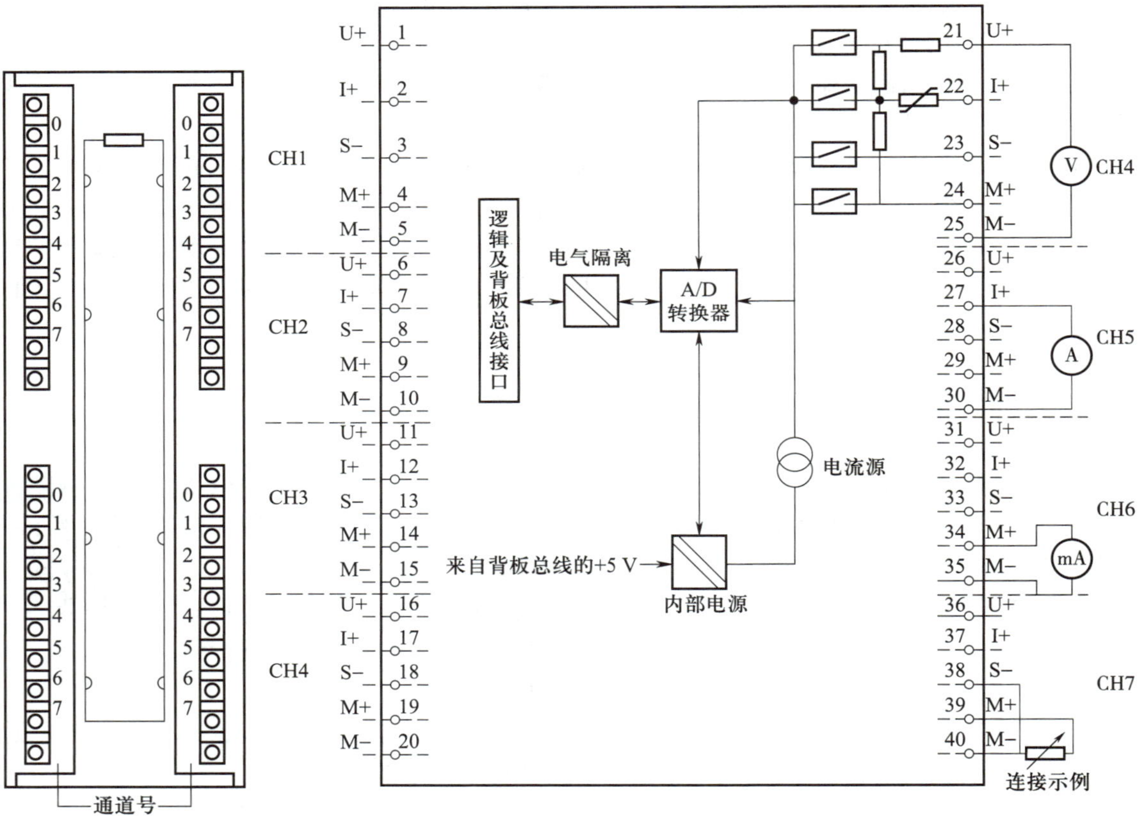

(b) 内部结构及接线

图 6-2　模拟量输入模块 SM331 的内部结构及接线

（2）以 CPU 314C-2 DP 模块为例，使用 TIA Portal 软件设置信号类型和测量范围。如图 6-3 所示，CPU 314C-2 DP 不仅是 CPU 模块，而且提供了功能丰富的输入 / 输出信号，其中模拟量输入第 0 ~ 3 通道为电压 / 电流信号输入通道，第 4 通道为电阻 / 铂电阻输入通道，具体信息如下。

第 0 ~ 3 通道测量类型：电流、电压。

第 0 ~ 3 通道测量范围：电压有 0 ~ 10 V、± 0 ~ 10 V；电流有 0 ~ 20 mA、± 0 ~ 20 mA、4 ~ 20 mA。

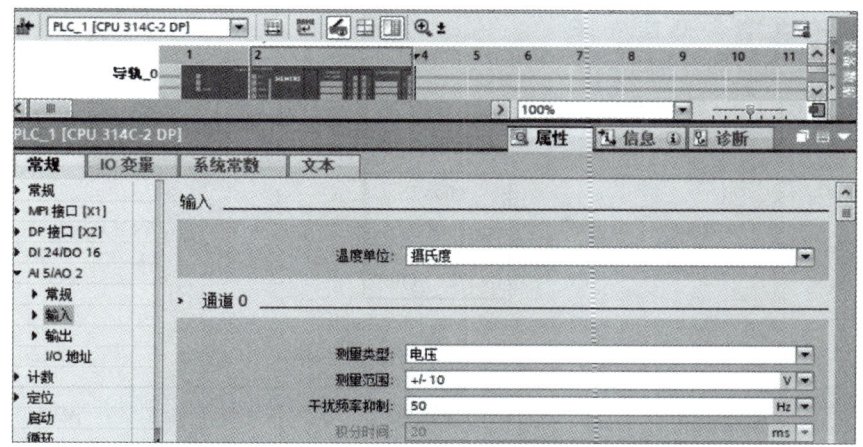

图 6-3 模拟量输入通道

第 0 ~ 3 通道干扰频率抑制：50 Hz、60 Hz、400 Hz。

第 4 通道测量类型和范围：电阻（600 Ω）和热敏电阻（Pt100 标准型范围），模拟量输入配置如图 6-4 所示。

图 6-4 第 4 通道模拟量输入配置

1.3.3 模拟量模块采集数据的量程

双极性：即输入的整型数量程为 –27 648 到 27 648；

单极性：即输入的整型数量程为 0 到 27 648。

量程的数值和模块的精度无关。

1.3.4 模拟量的标定与计算

1. 模拟量的标定

举例：一个测量范围为 0 ~ 10 kN 的称重传感器，在进行测量时其模拟量标定值范围为：0 ~ 27 648。

2. 模拟量的计算

首先将采集到的输入模拟量过程值由整型数据（INT）转换为双整型数据（DINT），再将双整型数据转换为浮点数（REAL），然后进行必要的加减乘除（ADD、SUB、MUL、DIV）运算，最后根据模拟量标定值范围，折算成模拟量实际值。

1.3.5　传送指令及其应用

（1）梯形图（LAD）符号和参数说明（表6-2）

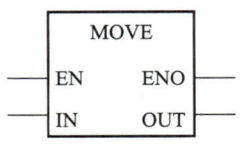

表 6-2　传送指令的参数说明

参数	数据类型	内存区域	说明
EN	BOOL	I、Q、M、L、D	启用输入
ENO	BOOL	I、Q、M、L、D	启用输出
IN	所有长度为8、16或32位的基本数据类型	I、Q、M、L、D 或常量	源值
OUT	所有长度为8、16或32位的基本数据类型	I、Q、M、L、D	目标地址

（2）说明

MOVE 指令通过启用输入 EN 来激活。将源值 IN 复制到输出 OUT 处指定的目标地址。启用输出 ENO 与启用输入 EN 的逻辑状态相同。MOVE 指令只能复制 BYTE、WORD 或 DWORD 数据类型的数据。

当将某个值传送给长度不同的其他数据类型时，会根据需要截断或以 **0** 填充高位字节。

实例：双字	**1111 1111**	**0000 1111**	**1111 0000**	**0101 0101**
传送	结果			
到双字：	1111 1111	0000 1111	1111 0000	0101 0101
到字节：				0101 0101
到字：			1111 0000	0101 0101

实例：字节				**1111 0000**
传送	结果			
到字节：				1111 0000
到字：			0000 0000	1111 0000
到双字：	0000 0000	0000 0000	0000 0000	1111 0000

（3）举例

如图 6-5 所示，若 I0.0 的信号状态为 **1**，则执行 MOVE 指令，将 MW10 的内容复制到地址 DBW12 中。如果执行了该 MOVE 指令，则 Q4.0 的信号状态为 **1**。

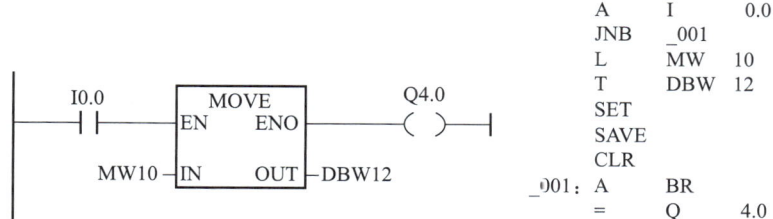

图 6-5　传送指令（LAD、STL）

（4）传送指令的应用

控制要求：

按下按钮 I0.0，Q4.0 ~ Q4.7、Q5.0 ~ Q5.7 全部为 **1**；

按下按钮 I0.1，Q4.0 ~ Q4.7、Q5.0 ~ Q5.7 的奇数位地址为 **1**，偶数位地址为 **0**；

按下按钮 I0.2，Q4.0 ~ Q4.7、Q5.0 ~ Q5.7 全部为 **0**；

程序设计参考如图 6-6 所示。

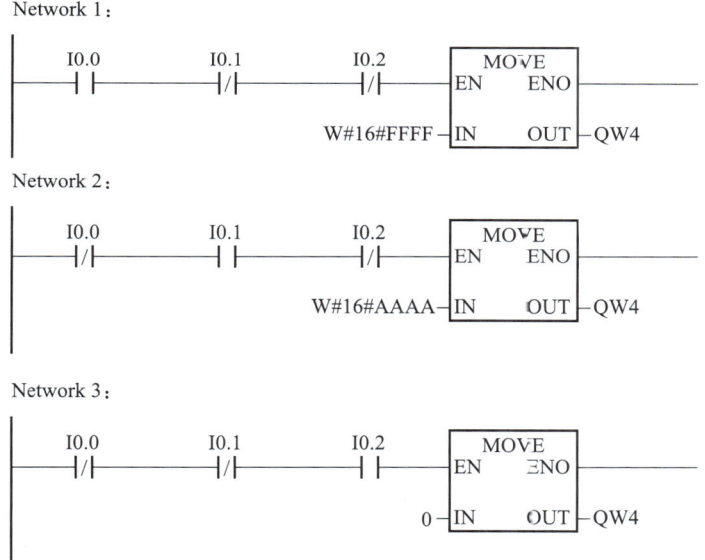

图 6-6　传送指令程序设计参考

1.3.6　转换指令及其应用

（1）CONVERT 转换值指令（S7-1200）

梯形图（LAD）符号：

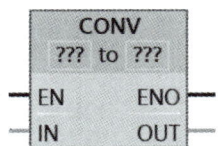

转换值指令将读取被转换值 IN 的内容,并根据指令框中选择的数据类型对其进行转换,最后将转换值存储在输出 OUT 中,参数说明见表 6-3。

表 6-3　转换值指令参数说明

参数	数据类型	内存区域	说明
??? to ???	INT、DINT、REAL	I、Q、M、L、D、P	整型、双整型、浮点型
IN	INT、REAL、BCD16、BCD32 或常量	I、Q、M、L、D、P	被转换值
OUT	INT、REAL、BCD16、BCD32	I、Q、M、L、D、P	转换值

（2）FC105 工程转换函数

在实际工程应用中,传感器都是标准化的,故常采用 FC105（SCALE）函数进行工程数值换算。FC105（SCALE）函数当输入一个整型值（INT）,会将其转换为以工程单位表示的介于下限和上限（LO_LIM 和 HI_LIM）之间的浮点型,如图 6-7 所示,工程转换函数参数说明见表 6-4。

FC105 工程转换函数

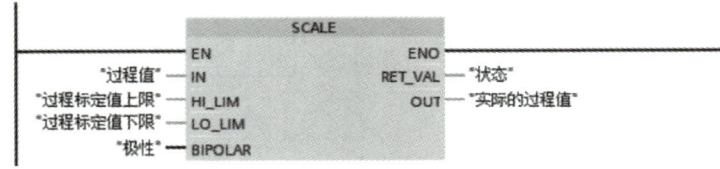

图 6-7　工程转换函数

表 6-4　工程转换函数参数说明

参数	数据类型	内存区域	说明
IN	INT	I、Q、M、D、L、P、常量	输入值
HI_LIM	REAL	I、Q、M、D、L、P、常量	以工程单位表示的上限值
LO_LIM	REAL	I、Q、M、D、L、P、常量	以工程单位表示的下限值
BIPOLAR	BOOL	I、Q、M、D、L	1 表示输入值为双极性;0 表示输入值为单极性
OUT	REAL	I、Q、M、D、L、P	转换的结果
RET_VAL	WORD	I、Q、M、D、L、P	如果该指令的执行没有错误,则返回值为 0

（3）举例

用第 0～3 通道检测温度,接温度变送器,测量范围为 4～20 mA,量程为 0～400 ℃,通道 0 配置如图 6-8 所示。

编写程序块 Main（OB1）并启用在线监视,其温度标定与检测如图 6-9 所示。其中输入值 IN（温度检测）为 16 380,传感器量程 0～400 ℃,单极性,工程转换后的结果为 236.979 2 ℃。

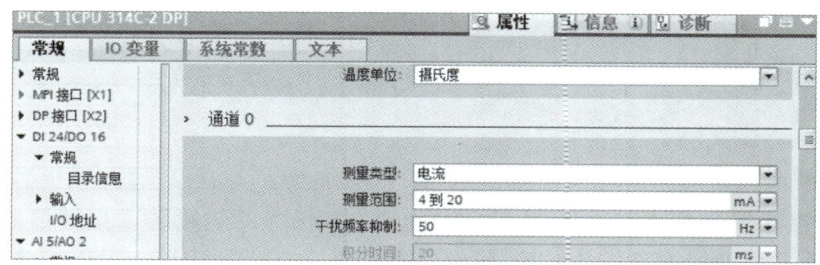

图 6-8   通道 0 配置

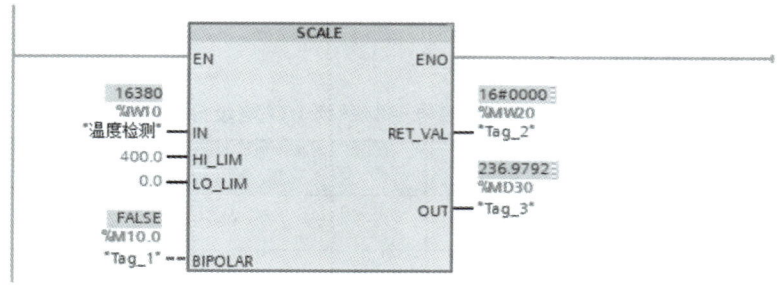

图 6-9   温度标定与检测

第 4 通道测量热电偶、热电阻信号,该信号实际值是通道整数值的 1/10,通道 4 配置如图 6-10 所示。

图 6-10   通道 4 配置

编写程序块 Main(OB1)并启用在线监视,检测通道 4 热敏电阻转换值,如图 6-11 所示。温度过程值为 3 004.0,实际值为 300.4 ℃

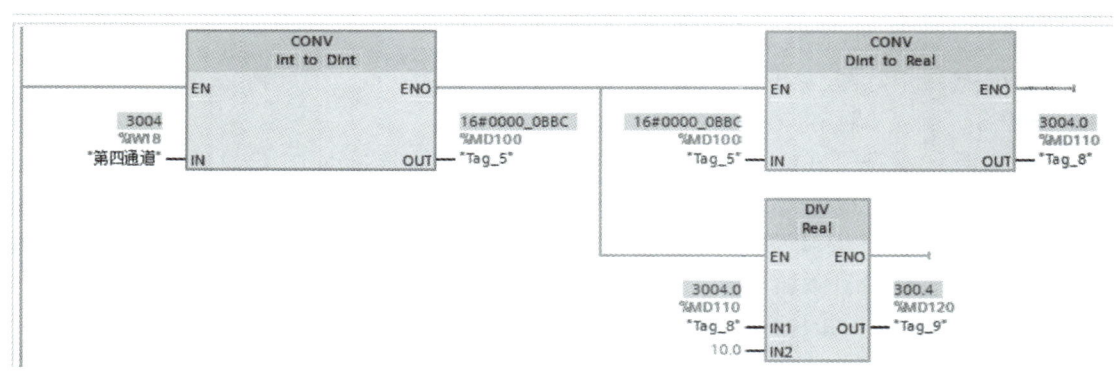

图 6-11   检测通道 4 热敏电阻转换值

1.4　任务实施

烘箱恒温鼓风热处理系统主要由电加热器（两组加热管）、温控系统、风机、风对流循环风道、进风风道、出风风道和出口大小调节装置组成。本任务的烘箱温度报警信号控制要求如下：当炉温高于系统设定温度的 5% 时，输出报警灯以 2 Hz 频率闪烁，A 组加热管间歇工作；炉温处于正常范围时，两组（A 组、B 组）加热管交替工作；当炉温低于系统设定温度的 5% 时，输出报警灯以 1 Hz 频率闪烁，两组加热管一起工作，确保炉度可控。

》**步骤 1**　设计 I/O 地址分配表

根据任务要求列 I/O 地址分配表，详见表 6–5。

表 6–5　烘箱温度报警信号控制系统 I/O 地址分配表

I/O 设备名称	I/O 地址	说明
SB1	I124.0	停止按钮（动断触点）
SB2	I124.1	正转启动按钮（动合触点）
KM1–1	I124.2	接触器 1（动合）辅助触点
KM2–1	I124.3	接触器 2（动合）辅助触点
HT	PIW752	温度传感器
KM1	Q124.0	A 组加热管
KM2	Q124.1	B 组加热管
HL1	Q125.0	A 组加热管运行指示
HL2	Q125.1	B 组加热管运行指示
HL3	Q125.2	温度超限指示
SET_T	MD50	炉温设定值
TRAN_T	MD30	炉温瞬时值

》**步骤 2**　设计 I/O 接线示意图

绘制 I/O 接线示意图，见图 6–12。

》**步骤 3**　输入 / 输出（DI/DO）模块的安装与接线

根据 I/O 接线示意图进行接线，将各输入控制按钮、触点连接到 DI 模块的前连接器上，将 DO 模块的前连接器对应的输出点连接到两个交流接触器的线圈上，接线时注意接线图上标注的电源是交流还是直流，以及电压等级等。

》**步骤 4**　创建项目添加设备

（1）双击 TIA Portal 图标打开软件，参照图 6–13 进行项目的创建，并组态设备。

（2）选择 CPU 类型，依次单击"控制器→SIMATIC S7–300→CPU→CPU 314C–2 DP"，如图 6–14 所示。

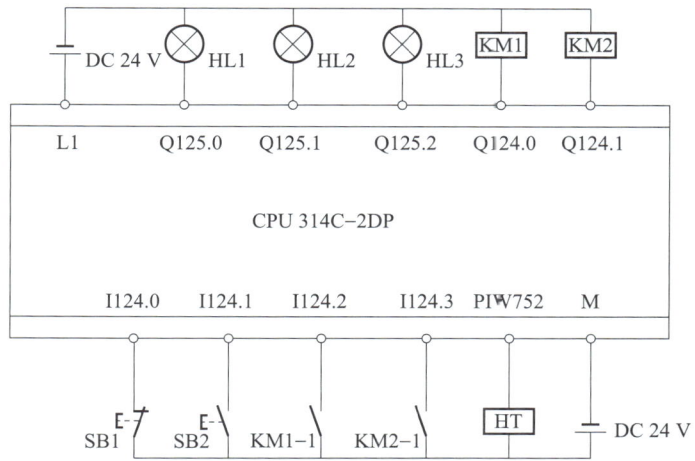

图 6-12　烘箱温度报警信号控制系统 I/O 接线示意图

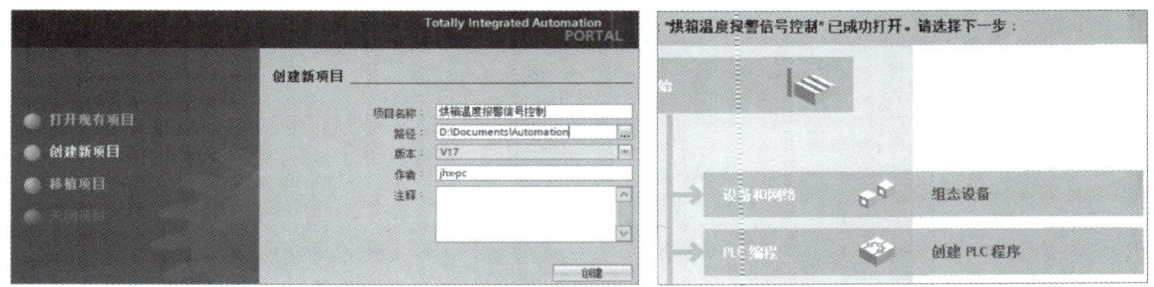

图 6-13　创建 PLC 项目

图 6-14　选择 CPU 类型

（3）在设备视图中完成地址分配和组态下载，如图 6-15 和图 6-16 所示。

（4）创建 PLC 变量表，如图 6-17 所示。

（5）启用 PLC 在线工具（图 6-18），对错误点进行诊断、查找和排查。

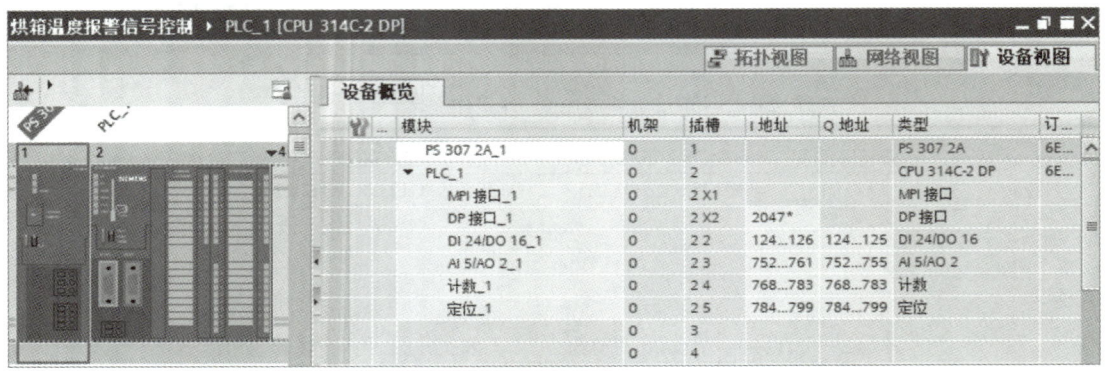

图 6-15　分配并查看 PLC 的 I/O 端子地址

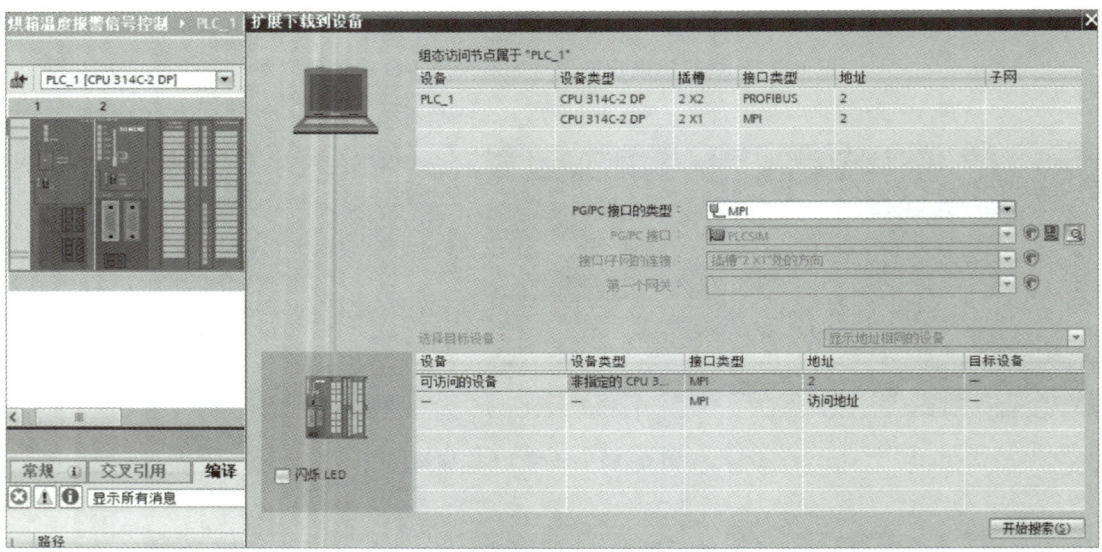

图 6-16　将 PLC 组态下载到设备中

图 6-17　创建 PLC 变量表

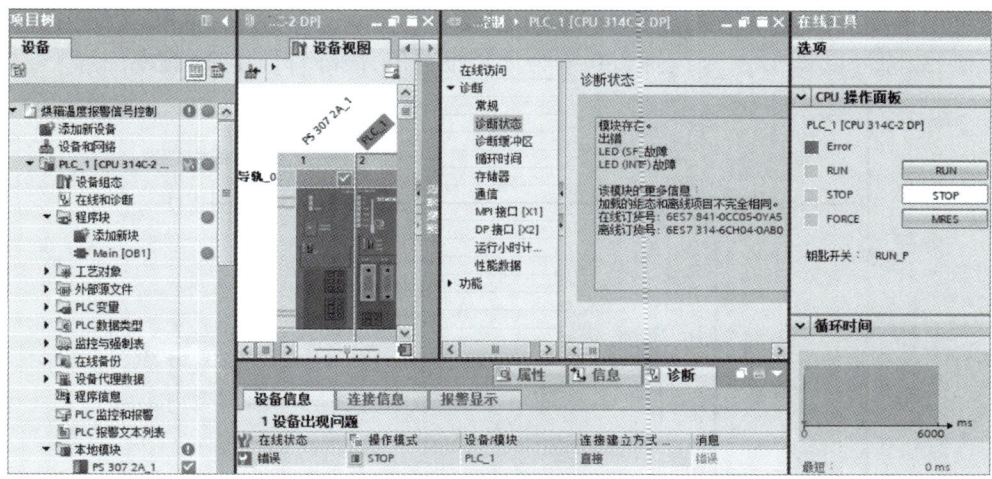

图 6-18　启用 PLC 在线工具

》步骤 5　编写程序

烘箱温度报警信号控制系统参考程序如下。

（1）启停控制与温度采集

OB1 主程序如图 6-19 所示。

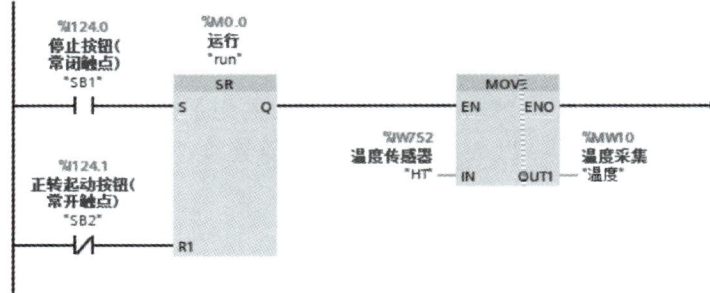

图 6-19　OB1 主程序

（2）温度传感器采集数据的标准化转换程序如图 6-20 所示，温度传感器的量程为 0 ~ 400 ℃，因此数据处理的公式为：

实际温度 = 采集的模拟量数值 × 400（量程）÷ 27 648（模拟量最大数值）。

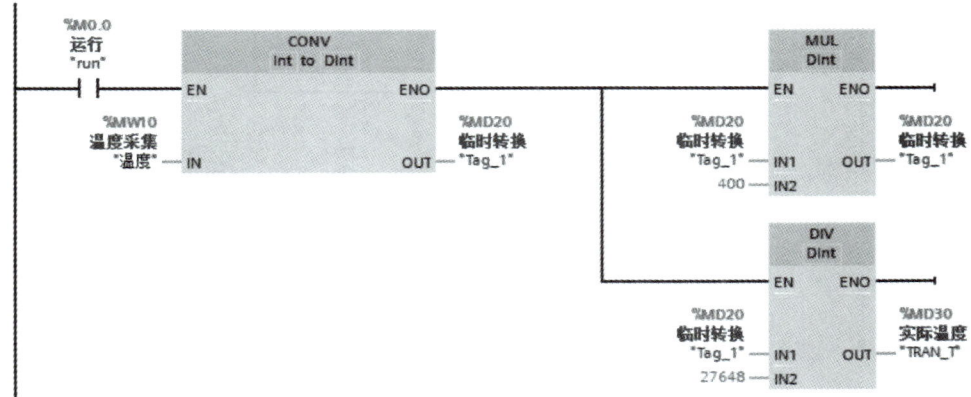

图 6-20　温度传感器采集数据的标准化转换程序

155

（3）温度超限报警程序如图 6-21 所示，炉温一般为 95 ℃，超限 ± 5%。因此 100 ℃为高限报警值，故障灯以 2 Hz 频率闪烁，80 ℃为低限报警值，故障灯以 1 Hz 频率闪烁。

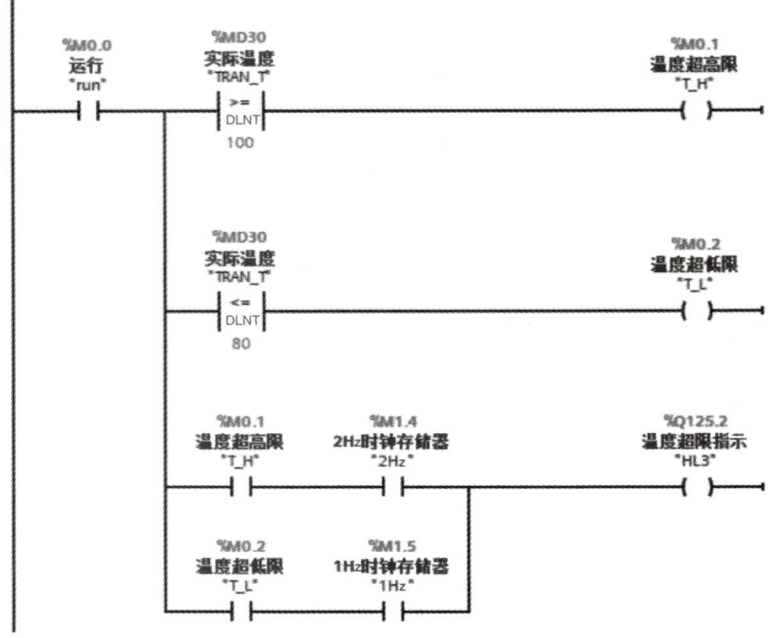

图 6-21　温度超限报警程序

（4）加热管控制程序如图 6-22 所示，温度正常时两组加热管交替工作；温度超高时 A 组加热管间歇工作；温度超低时两组（A 组、B 组）加热管连续工作。

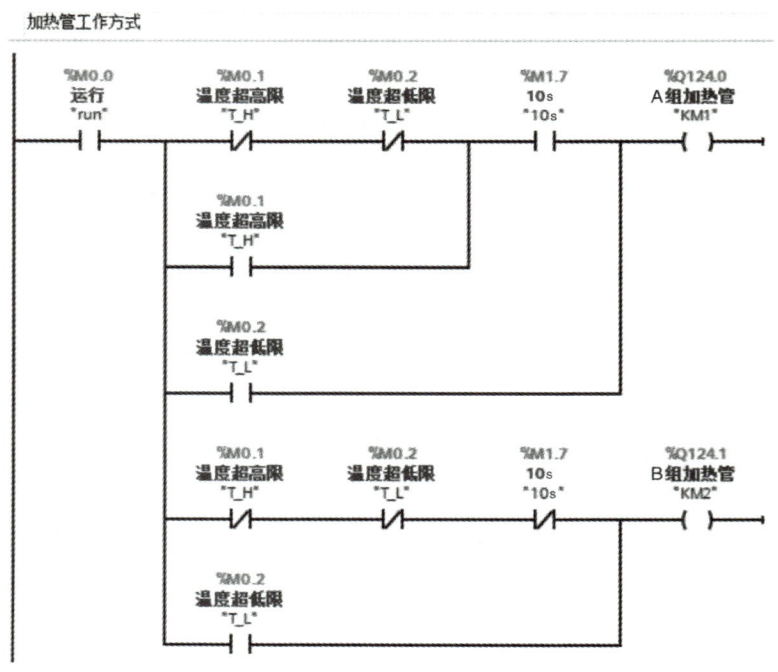

图 6-22　加热管控制程序

1.5　知识拓展：S7-1200/1500 PLC 缩放与标准化函数

（1）缩放函数 SCALE_X

通过将输入值 VALUE 映射到指定的值范围内，对该值进行缩放。输入值 VALUE 的浮点型会缩放到由参数 MIN 和 MAX 定义的值范围内，缩放结果为整型，存储在输出值 OUT 中。

（2）标准化函数 NORM_X

通过将输入值 VALUE 映射到线性标尺对其进行标准化。参数 MIN 和 MAX 定义输入值范围的上下限，输出值 OUT 经过计算并存储为浮点型。

缩放函数和标准化函数的相关信息见表 6-6。

表 6-6　缩放函数与标准化函数

缩放函数 SCALE_X	标准化函数 NORM_X

思考题：用 S7-1200 PLC 完成烘箱温度报警信号控制，将温度传感器采集到的数据转换为实际温度，试采用 SCALE_X 函数和 NORM_X 函数对温度进行变换。

学习任务 2　设计烘箱温度 PID 控制系统

2.1　任务情景

工业烘箱是一种重要的工艺干燥设备,采用热风循环的送风方式干燥工件和物品。其工作原理是通过电动机带动送风风轮,使风吹过电热管形成热风,再经由风道送入工业烘箱的工作室;使用后的热风会被重新吸入至风道,作为风源再次循环加热。工业烘箱在汽车烤漆、锂电池隔膜加工等需要干燥的工序中被广泛应用。

2.2　要求分析

工业烘箱通过数显仪表与温度传感器的连接来控制温度。由于工艺需求对温度恒定性和精度要求较高,因此需要对加热设备的各个环节进行精准控制。西门子 S7–1200/1500 PLC 集成的 PID 控制功能,可为不同控制设备提供多样化的 PID 控制方案,在烘箱温度控制系统中应用广泛。

2.3　知识学习

2.3.1　PID 控制原理

根据生产工艺要求,烘箱在工作时的温度必须恒定在某一值。若实际温度与设定温度存在偏差,控制系统将通过接通或断开热源能量供应,或改变热源能量大小,使温度稳定在设定范围内,满足热处理工艺需求。

常用的控制策略包括比例(P)、积分(I)和微分(D)控制。

比例控制(P):比例调节器的输出信号与偏差输入成正比,且输入与输出间存在一一对应的比例关系,可使炉温变化达到平衡。但炉温无法完全达到设定值,存在偏差。

比例积分控制(PI):为消除偏差,在比例调节中加入积分调节。调节器输出随偏差时间积累增强,直至偏差消除。

比例积分微分控制(PID):为解决 PI 控制导致的调节过程延长和温度波动增大问题,引入微分调节。微分调节器输出与偏差变化速率成正比,能在温度变化初期快速响应(变化越快,输出越强),从而加快调节速度,减小温度波动。

为实现精确的炉温控制,常采用由 PID 调节器组成的烘箱温度 PID 控制系统。

2.3.2 温度的控制

TCONY_S 函数:具有积分功能的 PID 调节函数,其执行器输出为二进制调节值,可用于控制热源,以实现对温度的精确控制,输入参数与输出参数见表 6-7 和表 6-8。

表 6-7 TCONY_S 函数输入参数表

参数	地址	数据类型	默认值	说明
CYCLE	0.0	REAL	0.1 s	控制器采样周期,需满足 CYCLE ≥ 0.001 s
SP_INT	4.0	REAL	0.0	内部设定值(SetPoint),用于与过程变量比较
PV_IN	8.0	REAL	0.0	过程变量输入,支持直接赋值浮点型或连接外部浮点型过程值(如传感器信号)
PV_PER	12.0	INT	0	外部过程值的原始 I/O 信号(如模拟量输入模块的整型),需通过标定转换为工程单位
DISV	14.0	REAL	0.0	扰动变量输入,用于前馈控制补偿外部干扰(如温度、压力波动)
LMNR_HS	18.0	BOOL	FALSE	阀门上端限位信号,TRUE 表示阀门已到达机械上限位置,需停止继续增大输出
LMNR_LS	18.1	BOOL	FALSE	阀门下端限位信号,TRUE 表示阀门已到达机械下限位置,需停止继续减小输出
LMNS_ON	18.2	BOOL	TRUE	手动模式使能开关,TRUE 时切换为手动操作模式,允许通过 LMNUP/LMNDN 调节输出
LMNUP	18.3	BOOL	FALSE	手动模式下,控制输出信号上升(如增大阀门开度),需配合输出参数 QLMNUP 使用
LMNDN	18.4	BOOL	FALSE	手动模式下,控制输出信号下降(如减小阀门开度),需配合输出参数 QLMNDN 使用

表 6-8 TCONY_S 函数输出参数表

参数	地址	数据类型	默认值	说明
QLMNUP	20.0	BOOL	FALSE	手动模式下,输出"调节值信号上升"标志位。当置位时,控制阀开度增大(需与输入参数 LMNUP 联动)
QLMNDN	20.1	BOOL	FALSE	手动模式下,输出"调节值信号下降"标志位。当置位时,控制阀开度减小(需与输入参数 LMNDN 联动)

续表

参数	地址	数据类型	默认值	说明
PV	22.0	REAL	0.0	最终生效的过程变量值输出,可能来自 PV_IN 直接输入或 PV_PER 标定后的工程单位值
ER	26.0	REAL	0.0	系统实时偏差值,计算公式为 ER=SP_INT−PV,用于反馈控制算法输入

2.4　任务实施

2.4.1　控制要求描述

在锂电池隔膜生产中,拉伸设备烘箱至关重要,可将隔膜横向拉伸 1~6 倍。烘箱温度控制极为关键,通常需精准维持在 130 ℃,精度为 ±0.5 ℃,超出此范围则触发报警。本任务针对烘箱温度 PID 控制系统进行 PLC 程序设计:由温度传感器实时测量实际温度,并将数据反馈至 PLC 模块。使用绿色指示灯(HL1)表示温度正常,黄色指示灯(HL2)表示温度低于下限,黄色指示灯(HL3)表示温度超过上限。

烘箱温度控制流程如图 6-23 所示。

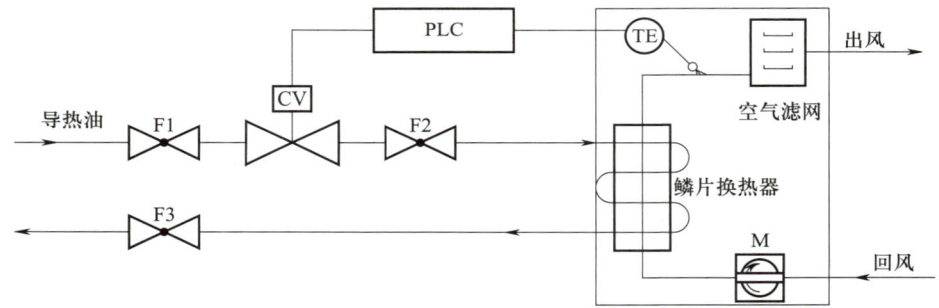

图 6-23　烘箱温度控制流程图

2.4.2　硬件配置及 PLC 接线

1. 配置

(1)采样:采用热电阻检测温度,经变送器转换后传输至 PLC。

(2)数据的处理:PLC 通过 PID 调节器输出模拟信号控制调节阀。

(3)温度调节:调节阀通过调整导热油流速控制鳞片换热器的温度变化。

(4)风机:将符合标准的热风经空气滤网输送至烘箱,对隔膜进行烘干。

2. 选型

(1)采样设备:选用量程 0~200 ℃、输出电流 4~20 mA 的温度变送器。

(2)CPU 选择:选择自带模拟量 I/O 通道的 CPU 1512C-1 PN 以满足设计需求。

(3)调节阀选择:选用支持 4~20 mA 输入电流控制的调节阀,用于控制导热油流速。

3. I/O 接线示意图

烘箱温度 PID 控制 I/O 接线示意图,如图 6-24 所示。

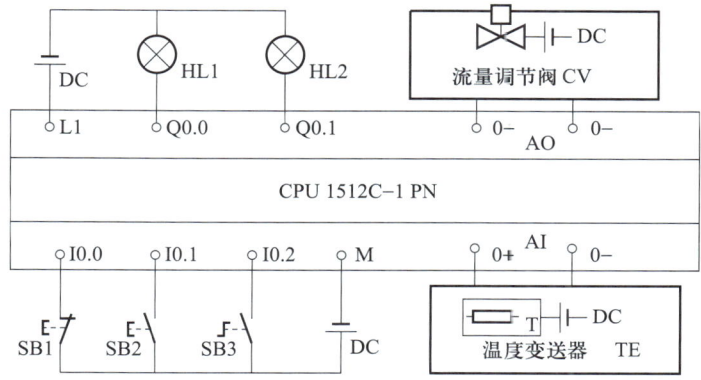

图 6-24　烘箱温度 PID 控制 I/O 接线示意图

4. I/O 地址分配表

根据任务要求列 I/O 地址分配表,详见表 6-9。

表 6-9　I/O 地址分配表

符号	地址	说明
SB1	I0.0	停止按钮
SB2	I0.1	启动按钮
SB3	I0.2	手动、自动转化控制
HL1	Q0.0	系统运行灯
HL2	Q0.1	超标超限指示灯
CV	PQW0	流量调节阀
TE	PIW0	温度变送器

2.4.3　硬件组态

1. 依次选择"创建项目→添加设备→选择 CPU 1512C-1 PN →选择硬件属性",选择如图 6-25 所示的 CPU 类型。

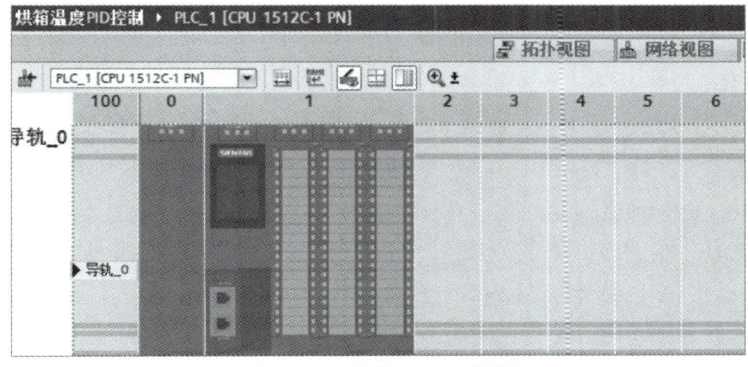

图 6-25　选择 CPU 类型

2. 在"常规"选项卡中选中输入通道 0,修改"测量类型"为"电流(4 线制变送器)","测量范围"设置为"4 ~ 20 mA";在"常规"选项卡中选中输出通道 0,修改"输出类型"为"电流","输出范围"设置为"4 ~ 20 mA",如图 6-26 和图 6-27 所示。

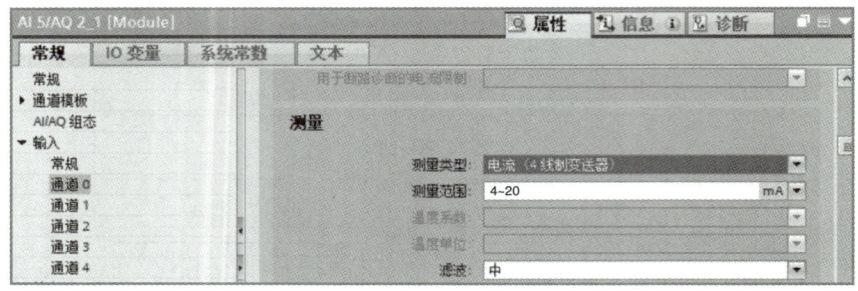

图 6-26　输入通道 0 属性设置

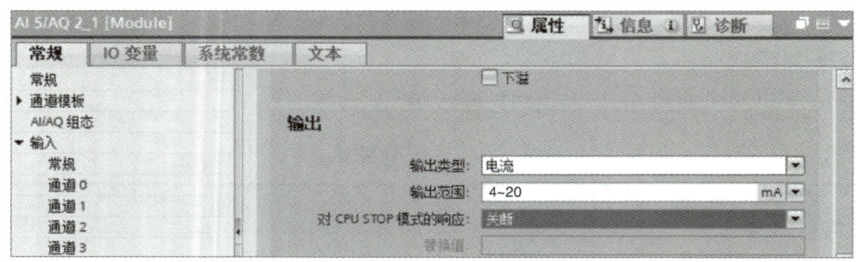

图 6-27　输出通道 0 属性设置

3. 添加工艺对象

依次选择"工艺对象→新增对象→ PID → PID 控制→ PID_Compact",添加如图 6-28 所示的工艺对象。

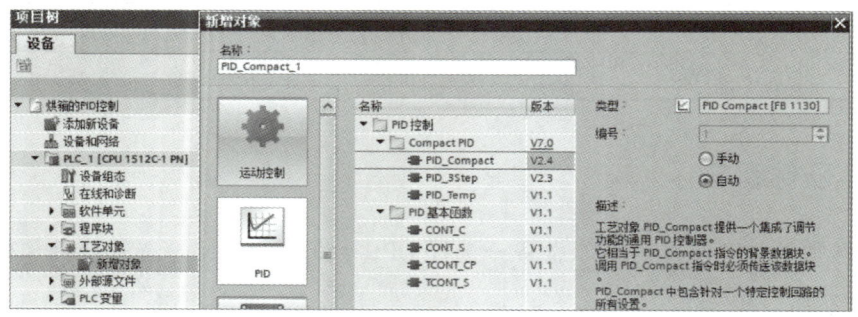

图 6-28　添加工艺对象

4. 组态 PID 控制器

依次选择"组态→功能视野→基本设置→控制器类型",将"控制器类型"设置为"温度",采用"自动模式"。在"Input/Output 参数"界面,将"Input"下拉列表选为"Input_PER(模拟量)",将"Output"下拉列表选为"OutPut_PER(模拟量)",如图 6-29 和图 6-30 所示。

在"过程值限值"界面,根据生产线要求进行标定,允许 ±0.5% 误差,故"过程值上限"为"130.65 ℃","过程值下限"为"129.35 ℃",如图 6-31 所示。

根据温度变送器量程,在"过程值标定"界面,选择"标定的过程值上限"为"400 ℃",下限为"0 ℃",如图 6-32 所示。

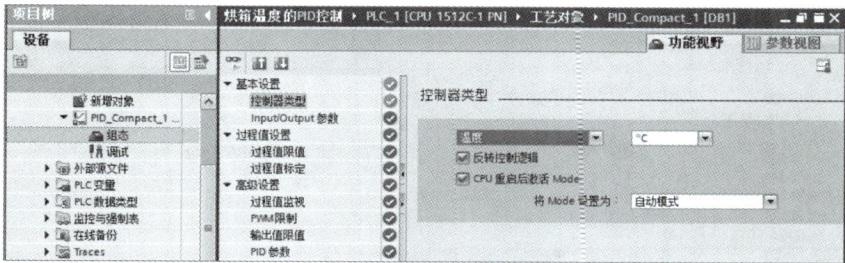

图 6-29　"控制器类型"界面

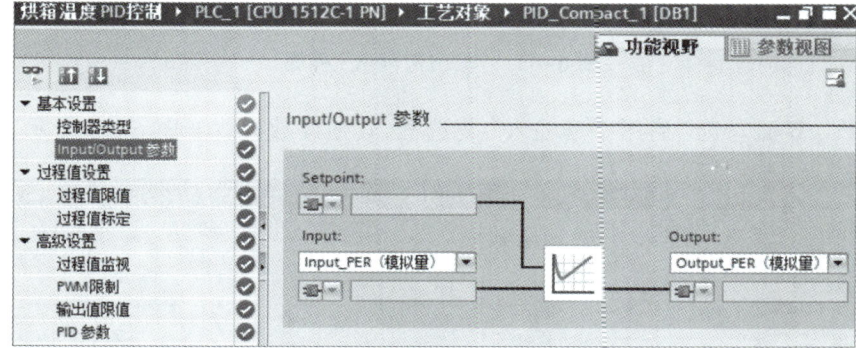

图 6-30　"Input/Output 参数"界面

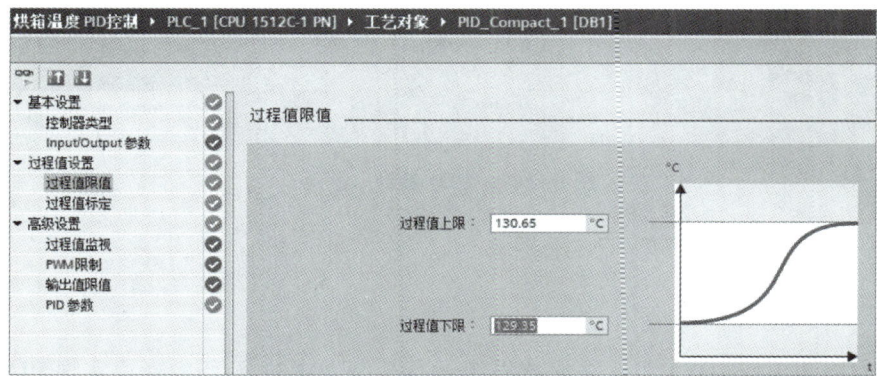

图 6-31　"过程值限值"界面

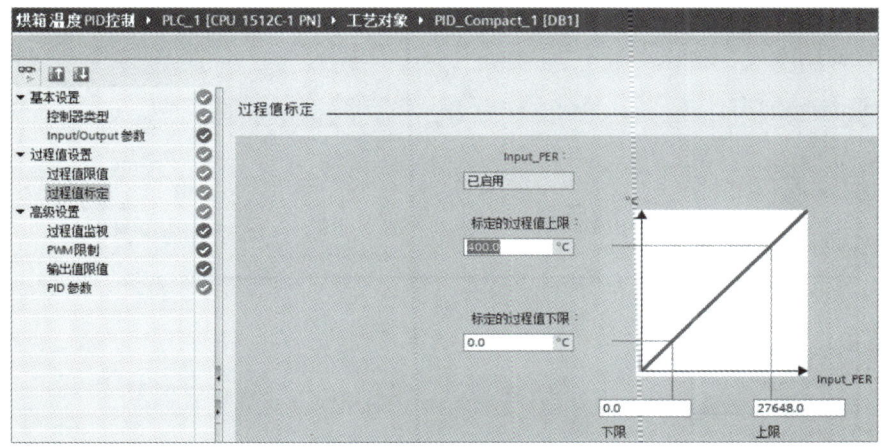

图 6-32　"过程值标定"界面

同理完成输出值的上限和下限设置,如图 6-33 所示。

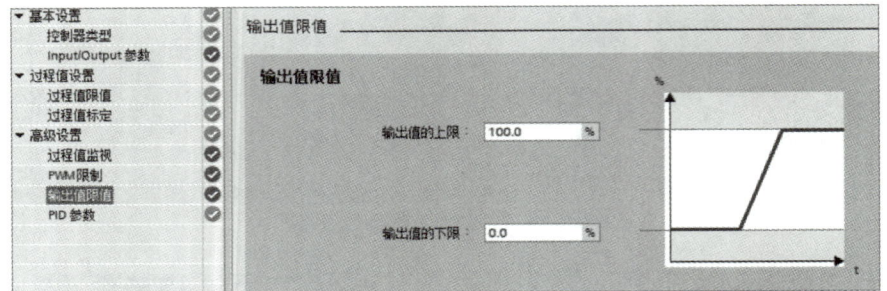

图 6-33　"输出值限值"界面

"PID 参数"界面勾选"启用手动输入"复选框,其他参数设置如图 6-34 所示。

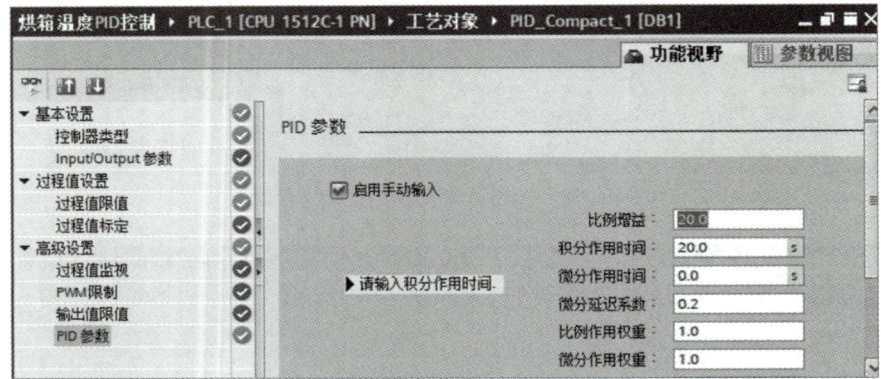

图 6-34　"PID 参数"界面

2.4.4　编程思路

本程序需要两个块,OB1 组织块完成系统运行控制,OB31 循环中断块实现 PID 控制的定时采集数据。

OB1 组织块:

运行控制如图 6-35 所示。

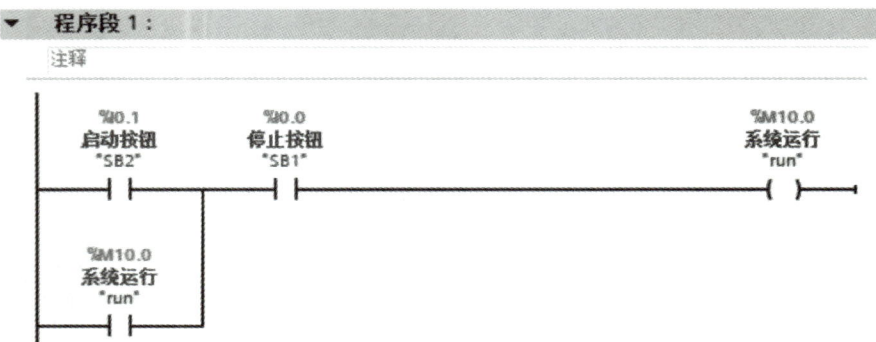

图 6-35　运行控制参考程序

温度状态显示如图 6-36 所示。

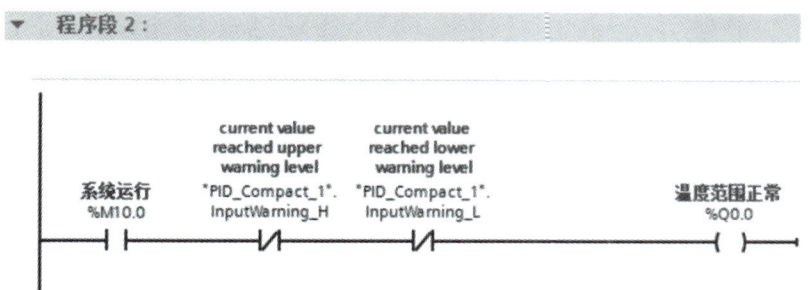

图 6-36　温度状态显示程序

OB31 循环中断块：

进行 PID 控制，循环时间为 100 000 μs，如图 6-37 所示。

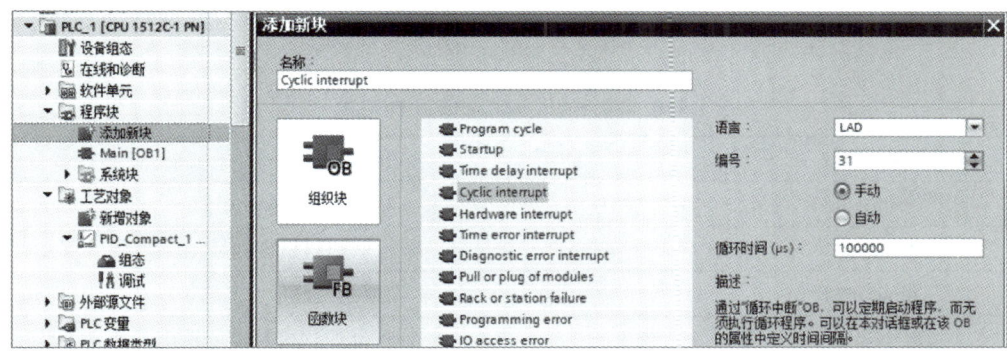

图 6-37　添加 OB31 循环中断块

打开 OB31 循环中断块，依次选择 "PID_Compact → PID_Compact_1"，如图 6-38 所示，在 OB31 中插入工艺指令。

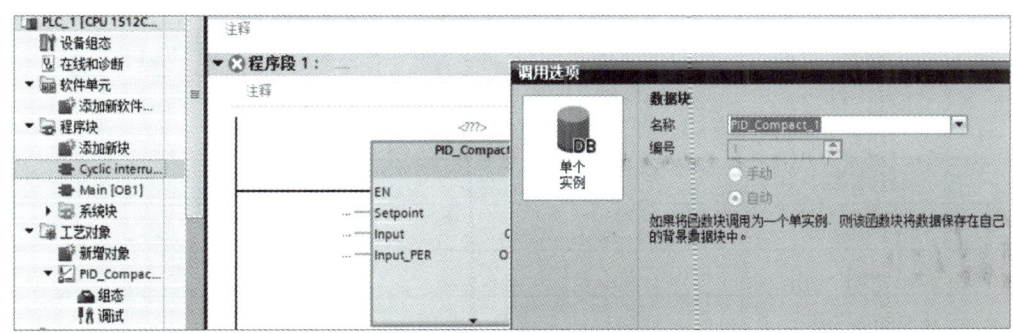

图 6-38　在 OB31 中插入工艺指令

PID_Compact_1 具体参数配置如图 6-39 所示，可以实现在手动模式下阀的开度为 50%，在自动模式下温度控制为 130 ℃。

PID_Compact 输入参数和输出参数说明，见表 6-10 和表 6-11。

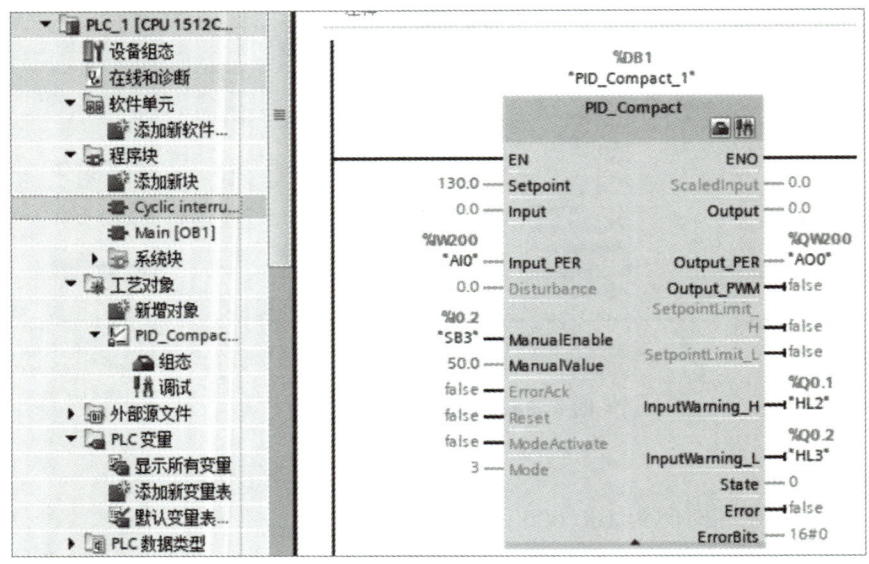

图 6-39　PID_Compact_1 具体参数配置

表 6-10　PID_Compact 输入参数表

输入参数	说明
Setpoint	自动模式下的设定值
Input	反馈值
Input_PER	模拟量反馈值（可选）
Disturbance	添加扰动值到控制器的输出
ManualEnable	使能/取消手动模式
ManualValue	在手动模式下设置输出
ErrorAck	确认错误
Reset	重启控制器
ModeActivate	上升沿修改模式
Mode	通过"ModeActivate"上升沿激活的模式

表 6-11　PID_Compact 输出参数表

输出参数	说明
ScaledInput	线性化输入
Output	输出
Output_PER	模拟量输出
Output_PWM	脉宽调制输出
Set pointLimit_H	到达设定上限
Set pointLimit_L	到达设定下限
Input Warning_H	到达输入上限

续表

输出参数	说明
Input Warning_L	到达输入下限
State	控制器当前操作模式
Error	错误
Error Bits	错误信息

2.4.5　调试

下装组态和 PLC 程序,并进行程序调试,如图 6-40 所示。

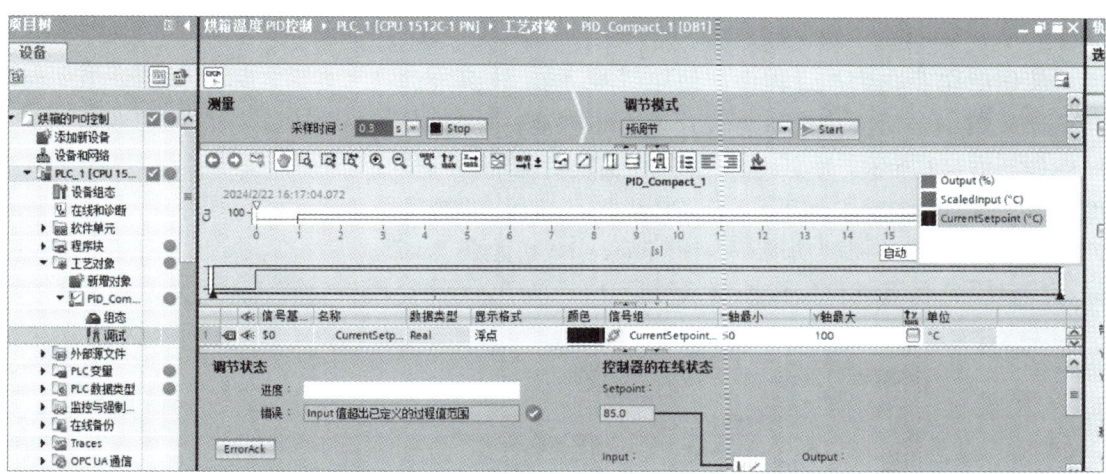

图 6-40　程序调试

根据运行曲线修改 DB 块参数,如图 6-41 所示。进行 PID 参数预调节,直至达到预期的控制目标。

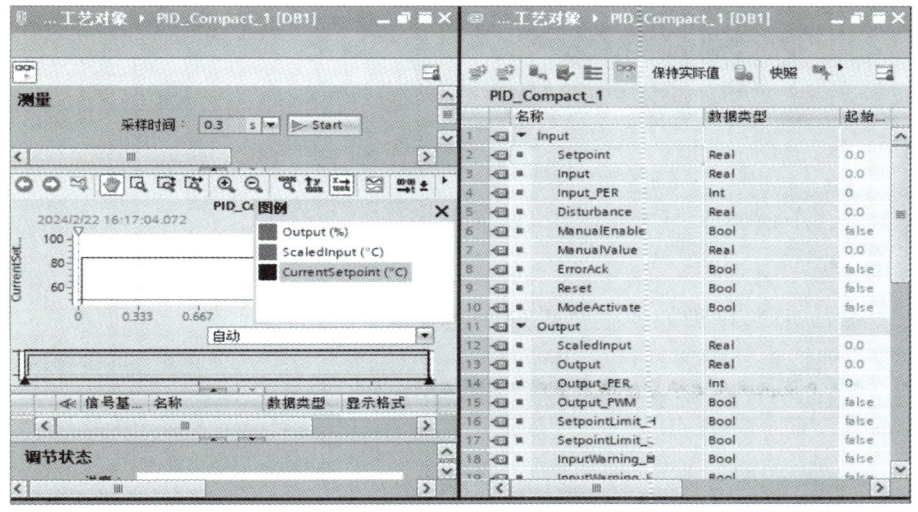

图 6-41　修改 DB 块参数

拓展训练：设计储液罐液位控制系统

【任务情景】

　　储液罐是一种用于储存工业液体的重要设备，其液位控制对于保证液体的质量和使用效率至关重要。通过 PLC 对储液罐液位进行恒定控制，是工业自动化领域中典型的控制工程案例。

📖 学习笔记

1. 任务描述与引导问题

　　某化工企业在生产过程中需使用一种溶液，该溶液储存于储液罐中。储液罐配备出液管道阀和进液调整阀，其结构如图 6-42 所示。本任务通过 PLC 实现对储液罐液位的精准控制，具体要求如下：采用 FC 块进行编程；实现储液罐的手动与自动控制功能；采用 Factory IO 搭建仿真场景，并基于 S7 仿真软件完成控制系统设计。

图 6-42　储液罐结构图

📝 引导问题 1

　　结合学习任务 1，讨论如何使用 TRACE（追踪）方式观测液位变化曲线？

_____

_____

_____

学习笔记

引导问题 2

思考：如何实现液位的工作状态指示？

____

____

____

2. 制订计划

根据上述引导问题所提出的控制工艺要求，小组内互相讨论，制订工作计划，并派代表进行汇报展示。

工作计划单					
小组基本资料					
组别	关系	姓名	联系方式		
第__组	组长				
	组员				
工作计划					
序号	工作流程	预计用时	使用工具/材料/设备/软件	数量	负责人
1					
2					
3					
4					
5					
其他说明					
计划评价	教师评语： 签字： 年　月　日				

3. 实施步骤

》步骤 1　设计 I/O 地址分配表

I/O 设备名称	I/O 地址	说明

》步骤 2　设计 I/O 接线示意图

》步骤 3　硬件组态

》步骤 4　程序设计

》步骤 5　程序调试

4. 任务检查

实施检查单（工作过程中小组自查）				
序号	工作流程	实际用时	工作过程中遇到的问题及解决方法	负责人
1				
2				
3				
4				
5				

工作成果小组自查		
检查项目	检查结果	完成度
I/O 地址分配表		
I/O 接线示意图		
程序设计		
程序调试（按功能实现情况检查）		
教师检查	检查结论： 签字： 年　　月　　日	

5. 效果评估

训练完成后，综合个人、小组在完成任务过程中的表现和教师的评价，明确学习的重点和后期的改进方向。

评价指标	评价内容	评分	评价结果
获取与处理信息	能根据工作内容有效利用网络、学习平台自主学习	5	
	能依据图书资源、工作手册等资料查找相关信息		
行为表现	仪态自然、大方	5	
	语言表达流畅、逻辑清晰		
	层次分明、准确		
团队精神	积极参与讨论，完成小组给定的软硬件设计任务，与老师和同学相处融洽	10	
	在讨论中提出自己的见解，并倾听同学的意见，适应小组工作方式		
	在小组工作中态度友好，富有创新性；能够代表本小组与其他小组同学交流和探讨		
学习方法	独立确定学习时间、方法，能解决调试过程中出现的问题	10	
	认识自己的缺陷并及时补救		
	能独立决定学习进度和制定设计方案，有效学习		
工作过程	遵守实验实训室管理规定，确保工作过程安全有效	50	
	工具、器件摆放有序，工作台面整洁		
	善于发现问题、分析问题、解决问题		
	能正确完成工作任务		
工匠精神	绘制的接线示意图整齐、美观	20	
	程序设计正确、严谨		
	硬件及外围接线整齐、可靠，无裸露及松动		
自评得分：		核定总分：	

171

【能力测试】

1. 什么是 PID,包含哪三个参数,各有什么控制作用?

2. 分析下面两条温度变化曲线(图 6-43),在稳态下哪个采用了开关控制方式? 哪个采用了模拟量控制方式?

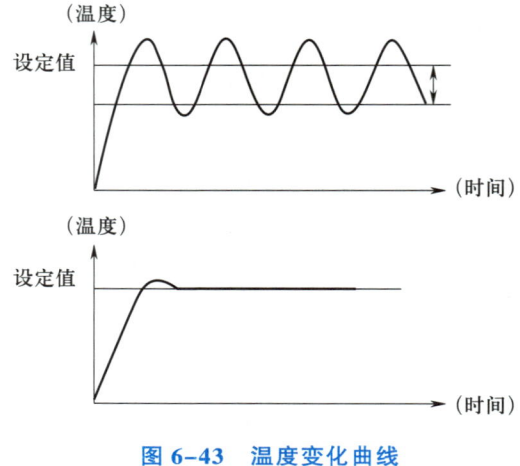

图 6-43　温度变化曲线

高速钢轨生产线 PLC 与
从站、变频器通信控制

 【项目情景】

　　钢轨是铁路轨道的核心构成要素,肩负着引导和支撑列车沿预定轨迹行驶的重任,其质量的高低直接影响铁路运输的效能与安全性。如图 7-1 所示,钢轨生产线是一个复杂的工业生产系统。在生产过程中,需要对众多工艺参数进行高精度的调控,如温度、压力、速度等。PLC系统在此发挥着重要作用,它能够对这些参数实现快速且精准的控制,不但有助于提升生产效率、削减成本,而且能确保钢轨生产线安全、稳定地运行。

　　本项目以西门子 PLC 为载体,以高铁钢轨生产企业的典型轨道轧线为场景,提炼应用 PLC 在高速钢轨生产线进行通信控制的主要案例,旨在学习 PLC 基本通信知识和技能。本项目主要涉及两种通信方式:PROFIBUS 通信和 PROFINET 通信。此外,本项目还引入了基于 PROFIBUS-DP 和 MODBUS RTU 通信控制的拓展训练,丰富通信理论知识,锻炼实际操作能力。

图 7-1　钢轨生产线

【项目导学】

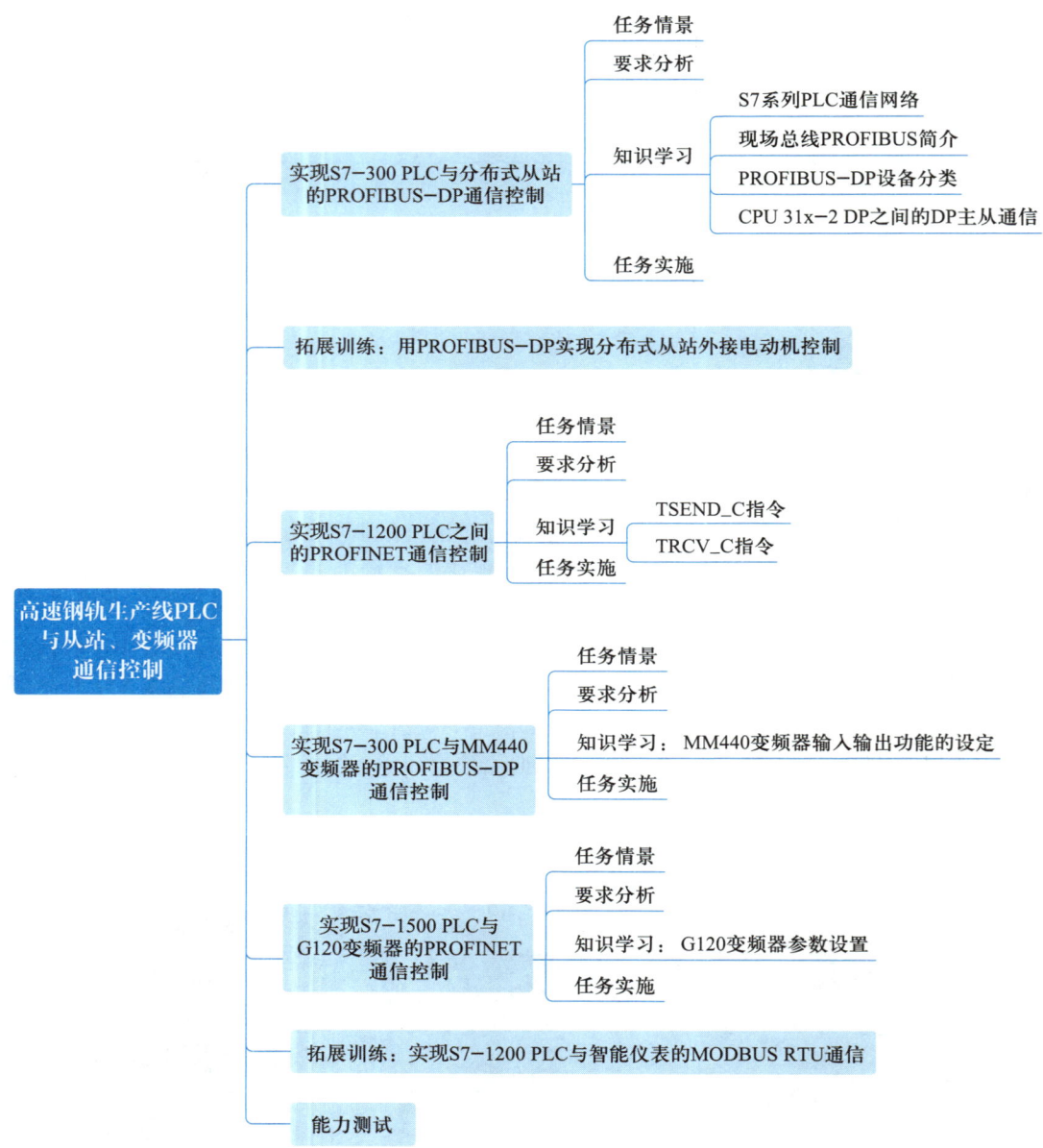

【学习目标】

知识目标	▸ 了解 PLC 通信的基本概念及方式； ▸ 熟悉工厂自动化系统网络结构； ▸ 熟悉 PROFIBUS-DP 组成、协议结构、传输技术及总线连接器的结构； ▸ 熟悉 PROFINET 组成、协议结构、传输技术及总线连接器的结构。
能力目标	▸ 会 RS-485 网络接线； ▸ 会 PROFIBUS-DP 网络组态，实现通信连接； ▸ 会 PROFINET 网络组态，实现通信连接； ▸ 会应用 LAD 指令设计通信控制系统。
素质目标	▸ 具有系统思维和全局观念； ▸ 具有安全操作意识和团队合作精神； ▸ 具有团队领导能力和协调能力。

【学习指导】

1. 调试工业通信网络的一般方法

工业通信网络的调试工作主要涵盖硬件和软件两个层面，旨在全面检查并解决可能出现的问题。

（1）物理层检查

确保通信线路连接准确无误，逐一检查电缆是否存在损不或松动的情况。对于采用串行通信的场景，更要着重检验电缆质量，确认其符合相关质量标准要求，因为电缆的任何瑕疵都可能导致信号传输的不稳定甚至中断。

（2）网络设置检查

核实网络设置的准确性，包括 IP 地址、子网掩码、网关等关键参数是否配置正确。同时，对网络设备（如交换机、路由器）进行检查，确保它们能够支持所需的通信协议和传输速率，避免因设备配置不当引发的通信障碍。

（3）协议分析工具

借助协议分析工具对通信数据包进行实时监视和深入分析，这一步骤对于识别通信问题至关重要，如错误的数据格式、丢失的数据包等。例如，在以太网通信中，可以使用 Wireshark 等专业网络分析工具；在串行通信中，可以使用串口调试器来辅助分析，通过解析数据包的具体内容，精准定位问题所在。

（4）信号质量检查

对于无线通信，确保信号质量良好，排除干扰或阻塞问题。

（5）软件调试工具

利用专业的调试工具对软件层面的问题进行全面检查，涵盖程序错误和通信协议实现错误等。以 MODBUS 通信为例,可使用 MODBUS 调试工具模拟主站或从站,实时监视通信过程中的数据交互情况,及时发现并解决软件层面可能导致的通信异常,确保整个通信系统的高效运行。

2. PLC 网络系统中常用的名词、术语

（1）站（Station）：在 PLC 网络系统中,站是指能够进行数据通信并连接外部 I/O 设备的物理实体。例如,在由 PLC 构成的网络系统中,每一台 PLC 都可以作为一个独立的"站"。

（2）主站（Master Station）：在 PLC 网络系统中,主站是负责控制整个网络数据连接的中心站,它通常负责设置和管理整个网络的通信参数。在一个网络系统中,主站的数量是唯一的,其站号被固定为"0",是 PLC 在网络系统中的唯一地址标识。

（3）从站（Slave Station）：在 PLC 网络系统中,除了主站之外的其他站点统称为从站。从站按照主站的指令进行工作,与主站配合完成网络通信任务。

（4）远程设备站（Remote Device Station）：在 PLC 网络系统中,远程设备站是指那些能够同时处理二进制位数据和字数据的从站,可用于扩展网络的数据处理能力和范围。

（5）本地站（Local Station）：在 PLC 网络系统中,本地站是指那些配备有 CPU 模块,并且能够与主站以及其他本地站进行循环数据传输的站点。本地站通常具有较高的数据处理能力和自主性。

（6）现场总线（Fieldbus）：根据国际电工委员会（IEC）的定义,现场总线是一种用于生产现场的通信网络,它实现了现场设备之间以及现场设备和控制装置之间的双向、串行、多节点数字通信。这种通信方式在工业自动化领域应用广泛,能够有效提高生产过程的控制精度和效率。

（7）单工、双工与半双工

单工（Simplex）是一种数据只能单向传输的通信方式,通常用于只需要输出数据的场景,不支持数据的双向传输。

全双工（Full Duplex）也称为双工,指数据可以在两个方向上同时传输,即在同一个时刻,设备既可以发送数据,也可以接收数据。这种方式通常需要两对双绞线进行连接,虽然通信线路成本较高,但能提供更高的通信效率。例如,RS-422 就是一种全双工通信方式。

半双工（Half Duplex）是指数据可以在两个方向上传输,但在同一时刻只能进行一个方向的数据传输,即：要么发送数据,要么接收数据。这种方式通常只需要一对双绞线进行连接,故相比全双工,其通信线路成本较低。例如,当 RS-485 使用一对双绞线时,它就是一种半双工通信方式。

全国五一劳动奖章获得者陈建林

3. RS-485 接口

RS-485 接口是在 RS-422 接口基础上发展起来的一种 EIA 标准串行接口,采用"平衡差分驱动"方式。它不仅完全满足 RS-422 接口的所有技术规范,还能实现多点通信,适用于更广泛的工业控制场景。RS-485 接口通常配备 9 针连接器,这种设计使得连接更加稳固和可靠。RS-485 接口的引脚功能详见表 7-1。

表 7-1　RS-485 接口的引脚功能

PLC 侧引脚	信号代号	信号功能
1	SG 或 GND	机壳接地
2	+24 V 返回	逻辑地
3	RXD+ 或 TXD+	RS-485 接口的 B,数据发送 / 接收端

PLC 侧引脚	信号代号	信号功能
4	+5 V 返回	逻辑地
5	+5 V	+5 V
6	+24 V	+24 V
7	RXD- 或 TXD-	RS-485 接口的 A,数据发送 / 接收端
8	不适用	10 位协议选择（输入）

学习任务 1

实现 S7-300 PLC 与分布式从站的 PROFIBUS-DP 通信控制

1.1　任务情景

在现代工业自动化领域,通信技术是实现设备协同工作的关键。当任意两台设备之间需要交换信息时,通信便随之产生。PLC 通信涵盖了 PLC 与 PLC、PLC 与计算机、PLC 与现场设备或远程 I/O 设备之间的信息交互。其核心任务是将分布在不同地理位置的 PLC、计算机、各类现场设备等通过通信介质连接起来,依据既定的通信协议,以特定的通信方式高效地完成数据的传输、交换与处理。在中小型自动化控制系统中,采用 S7-300 PLC 作为主站,通过 PROFIBUS-DP 现场总线与分布式从站进行通信,能够实现对自动化系统（如生产线）的远程集中控制,从而提高生产效率和设备管理的便捷性。

1.2　要求分析

S7 系列 PLC 通过现场总线实现对分布式从站的通信控制,是工业自动化网络中常见的控制模式。本任务帮助学生深入理解 S7 系列 PLC 的网络架构及其分类,熟练掌握 PROFIBUS-DP 的网络结构特点、组态方法、相关参数设置以及编程技巧。本任务以 PLC 实训设备为依托,实现 S7-300 PLC 与分布式从站的 PROFIBUS-DP 通信控制,同时能够独立诊断并处理常见的 PROFIBUS-DP 通信故障。

1.3　知识学习

1.3.1　S7 系列 PLC 通信网络

1. 工厂自动化系统三级网络结构

（1）现场设备层

现场设备层的主要功能是连接现场设备，例如，分布式 I/O、传感器、驱动器、执行器和开关设备等，完成现场设备控制及设备间的连锁控制。

（2）车间监控层

车间监控层又称为单元层，用来完成车间生产设备之间的连接，实现车间级设备的监控，通常包括生产设备状态的在线监控、设备故障报警及维护、生产统计和生产调度等功能。车间级监控网络可采用 PROFIBUS-FMS 或工业以太网。

（3）工厂管理层

车间操作员工作站可以通过集线器与车间管理网连接，将车间生产数据送到工厂管理层。车间管理网作为工厂主网的一个子网，通过交换机、网桥或路由器等连接到厂区主干网络上，将车间数据集成到工厂管理层。工厂管理层通常采用符合 IEE 802.3 标准的以太网，也就是 TCP/IP 协议。

2. S7 系列 PLC 通信网络

S7 系列 PLC 有很强的通信功能，CPU 模块集成有 MPI 和 DP 通信接口，有 PROFIBUS-DP、点对点和工业以太网的通信模块。通过 PROFIBUS-DP 或 AS-I 现场总线，CPU 与分布式 I/O 模块之间可以周期性地自动交换数据（过程映像数据交换）。在自动化系统之间，PLC 与计算机和 HMI（人机接口）站之间，均可实现数据交换。数据通信可以周期性地自动进行，或基于事件驱动（由用户程序块调用），以满足不同场景下的通信需求。

S7 系列 PLC 网络结构示意图如图 7-2 所示。

（1）多点接口（Multi-Point Interface, MPI）。S7-300 CPU 集成了 MPI 通信协议，MPI 的物理层是 RS-485，最大传输速率为 12 Mbit/s，可用于单元层。MPI 本质上是一个 PG 接口，PLC 通过 MPI 能同时连接并运行 STEP 7 的编程器、计算机、人机界面（HMI）及其他西门子 S7、M7 和 C7 设备。STEP 7 的用户界面提供了通信组态功能，操作便捷。

（2）工业现场总线（PROFIBUS）。PROFIBUS 是用于单元层和现场层通信的开放系统，它符合 IEC 61158-3 标准，符合该标准的各厂商生产的设备都可以接入同一网络中。S7-300 PLC 可以通过通信处理器或集成在 CPU 上的 PROFIBUS-DP 接口连接到 PROFIBUS-DP 网络上。

（3）工业以太网（Industrial Ethernet, IE）。IE 是用于工厂管理和单元层的通信系统，符合 IEEE 802.3 国际标准，可用于对时间要求不太严格，需要传送大量数据的通信场合，并且可以通过网关来连接远程网络。

（4）点对点连接（Point-to-Point Connections, PtP）。PtP 可以连接两台 S7 系列 PLC 或 S5 系列 PLC，同时支持计算机、打印机、机器人控制系统、扫描仪和条码阅读器等非西门子设备的连接。对于时间要求不严格的数据交换，可使用 CP 340、CP 341 和 CP 441 通信处理模块，或通过 CPU 313C Z PtP 和 CPU 314C-2 PtP 集成的通信接口，建立经济且易于实现的点对点连接。

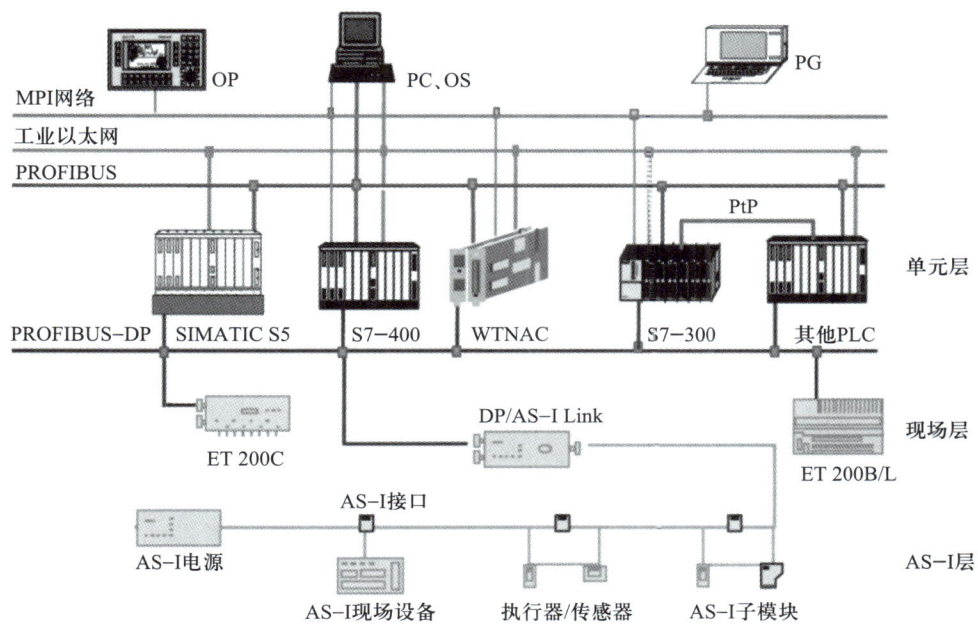

图 7-2　S7 系列 PLC 网络结构示意图

（5）AS-I（Actuator-Sensor-Interface，AS-I）。AS-I 是位于自动控制系统最底层的网络，用来连接有 AS-I 接口的二进制现场设备，只能传输少量的数据，例如，开关状态等。

1.3.2　现场总线 PROFIBUS 简介

1. PROFIBUS 介绍

PROFIBUS 是目前国际通用的现场总线标准之一，凭借其独特的技术特点、严格的认证规范、开放的标准、众多厂商的支持和持续发展的应用行规，已被纳入现场总线的国际标准 IEC 61158 和欧洲标准 EN 50170，并于 2006 年被定为中国国家标准 GB/T 20540-2006。

PROFIBUS 是不依赖于生产厂家的开放式现场总线，各和各样的自动化设备均可以通过相同的接口交换信息。PROFIBUS 可用于分布式 I/O 设备、传动装置、PLC 和基于 PC 的自动化系统。

PROFIBUS 在 1999 年 12 月成为国际标准 IEC 61158 的组成部分（Type Ⅲ），PROFIBUS 的基本部分称为 PROFIBUS-V0。在 2002 年新版的 IEC 61158 中增加了 PROFIBUS-V1、PROFIBUS-V2 和 RS-485-1S 等内容。新增的 PROFINET 规范作为 IEC 61158 的 Type 10，进一步扩展了 PROFIBUS 的应用范围。用户可以用编程软件 STEP 7 或 SIMATIC NET，对 PROFIBUS 网络设备进行组态和参数设置，启动或测试网络中的节点，从而实现高效的网络管理和配置。

2. PROFIBUS 的组成

PROFIBUS 由三部分组成，即 PROFIBUS-DP（分布式外围设备）、PROFIBUS-PA（过程自动化）和 PROFIBUS-FMS（现场总线报文规范）。

（1）PROFIBUS-DP 是一种高速低成本的数据传输协议，用于自动化系统中单元级控制设备与分布式 I/O（例如 ET 200）设备之间的通信。主站之间的通信为令牌方式，主站与从站之间的通信为主从轮询方式，或采用这两种方式的混合。一个网络中有若干个被动节点（从站），而它的逻辑令牌只含有一个主动令牌（主站），这样的网络称为纯主从系统。如图 7-3 所示，典型的 PROFIBUS-DP 总线配置是以此种总线存取程序为基础，用一个主站轮询多个从站。

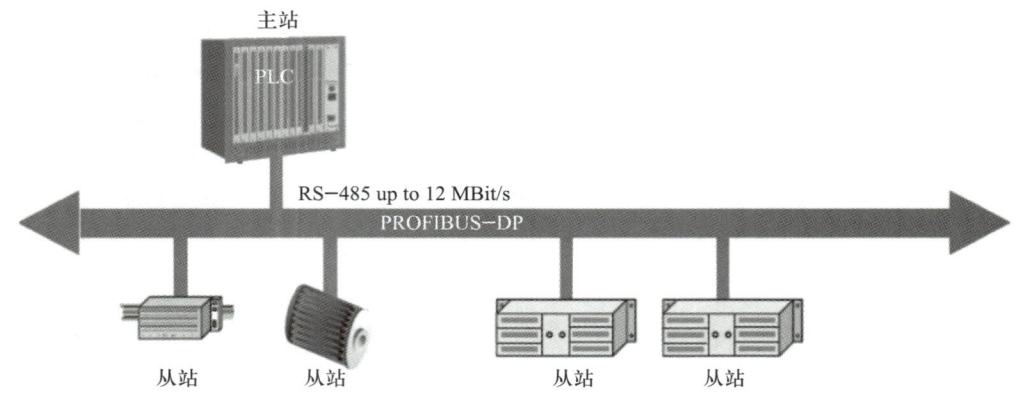

图 7-3　典型的 PROFIBUS-DP 总线配置

（2）PROFIBUS-PA 可用于过程自动化的现场传感器和执行器的低速数据传输，使用扩展的 PROFIBUS-DP 协议。传输标准符合 IEC 61158-2 物理层规范，适用于防爆区域的传感器和执行器与中央控制系统之间的通信。该系统使用屏蔽双绞线电缆，并通过总线供电，典型的 PROFIBUS-PA 系统配置如图 7-4 所示。

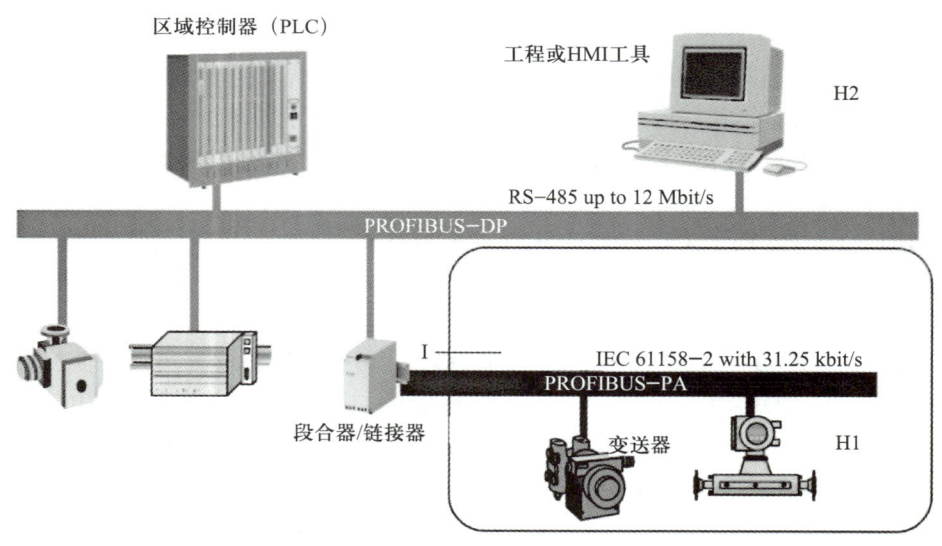

图 7-4　典型的 PROFIBUS-PA 系统配置

（3）PROFIBUS-FMS 可用于车间级监控网络，可完成中等级传输速率的循环和非循环通信服务。对于 FMS 而言，它考虑的主要是系统功能而不是系统响应时间，应用过程中通常要求的是随机的信息交换，例如，改变设定参数。FMS 服务向用户提供了广泛的应用范围和更大的灵活性,通常适用于大范围、复杂的通信系统。典型的 PROFIBUS-FMS 系统由各种智能自动化单元组成,包括 PC、PLC 和 HMI 等,如图 7-5 所示。

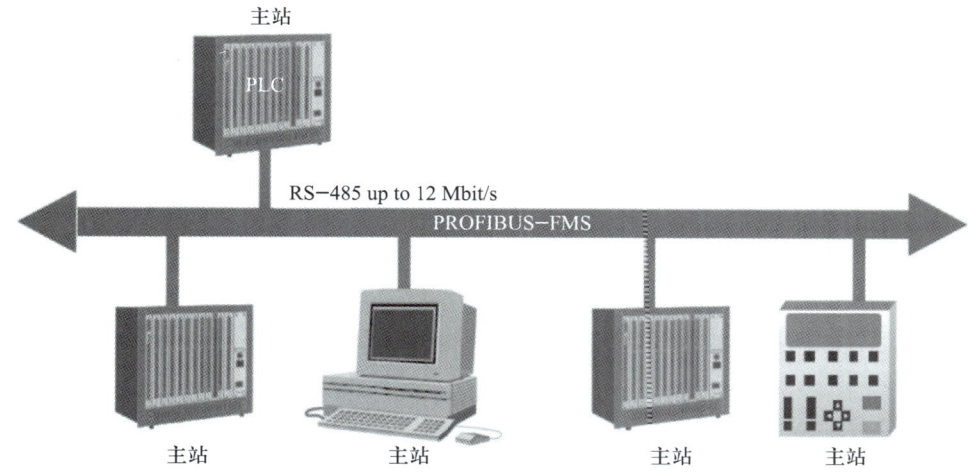

图 7-5　典型的 PROFIBUS-FMS 系统配置

3. 传输技术

PROFIBUS 总线符合 EIA RS-485 标准,采用两端有终端的总线拓扑结构,如图 7-6 所示。这种设计确保了在运行期间,接入或断开一个或多个站点时,不会影响其他站点的正常工作,从而保证了系统的稳定性和可靠性。

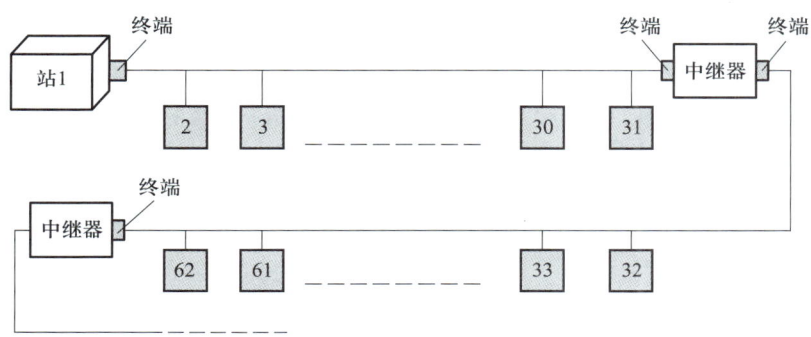

图 7-6　两端有终端的总线拓扑结构

注意:中继器没有站地址,但它的存在会影响网络的拓扑结构,因此需要被计入每段的最大站数限制中。

PROFIBUS 使用三种传输技术:PROFIBUS-DP 和 PROFIBUS-FMS 采用相同的传输技术,支持通过 RS-485 屏蔽双绞线或光纤进行传输;PROFIBUS-PA 采用 IEC 61158-2 传输技术。

(1) PROFIBUS RS-485 的传输程序是以半双工、异步、无间隙同步为基础,传输介质可以是屏蔽双绞线或光纤。PROFIBUS RS-485 若采用屏蔽双绞线进行电气传输,在不用中继器时,每个 RS-485 段最多连接 32 个站;在使用中继器时,可扩展到 126 个站。传输速率为 9.6 kbit/s ~ 12 Mbit/s,电缆的长度为 100 ~ 1 200 m,传输逐率与电缆长度的对照关系见表 7-2。

表 7-2　传输速率与电缆长度的对照关系

传输速率 /kbit.s⁻¹	9.6 ~ 93.75	817.5	500	1 500	300 ~ 12 000
电缆长度 /m	1 200	1 000	400	200	100

（2）为了适应高强度电磁干扰环境或实现高速远距离传输，PROFIBUS 支持光纤传输技术。采用光纤传输的 PROFIBUS 总线可以设计为星形或环形结构。目前市场上已有 RS-485 传输链路与光纤传输链路之间的耦合器，这些设备实现了系统内 RS-485 和光纤传输之间的无缝转换。

（3）IEC 61158-2 标准规定：在过程自动化中使用固定速率 31.25 kbit/s 进行同步传输，该速率充分考虑了化工和石化工业中对安全性的严格要求。通过采用本质安全和双线供电技术，PROFIBUS 能够满足危险区域的应用需求。

IEC 61158-2 传输技术的主要特性见表 7-3。

表 7-3　IEC 61158-2 传输技术的主要特性

服务	功能	PROFIBUS-DP	PROFIBUS-FMS
SDA	发送数据需应答		√
SRD	发送和请求数据需应答	√	√
SDN	发送数据无应答	√	√
CSRD	循环发送和请求数据需应答		√

1.3.3　PROFIBUS-DP 设备分类

PROFIBUS-DP 是 PROFIBUS 应用中最广泛使用的协议，能够连接符合 PROFIBUS-DP 标准的不同厂商的设备，定义了三种设备类型。

1. DP-1 类主设备。DP-1 类主设备（DPM1）可构成 DP-1 类主站。这类设备作为中央控制器，在给定的信息循环中与分布式站点（DP 从站）交换信息，并负责总线通信的控制和管理。典型设备包括可编程控制器（PLC）、微机数值控制（CNC）或计算机（PC）等。

2. DP-2 类主设备。DP-2 类主设备（DPM2）可构成 DP-2 类主站。这类设备在 DP 系统初始化时用于生成系统配置，是 DP 系统中组态或监视工程的工具。除了具备 DP-1 类主站的功能外，它还可以读取 DP 站的输入 / 输出数据和当前组态数据，并为 DP 从站分配新的总线地址。典型设备包括编程器、组态装置、诊断装置和上位机等。

▷ 微课

PROFIBUS-DP 总线及相关硬件

3. DP- 从设备。DP- 从设备构成 DP 从站，是 DP 系统中直接连接 I/O 信号的外围设备。典型设备包括分布式 I/O、ET 200、变频器、驱动器、阀和操作面板等。根据用途和配置，西门子 S7 的 DP 从站设备可分为以下几种。

（1）紧凑型 DP 从站

紧凑型 DP 从站具有固定的输入和输出区域，结构不可更改。例如，ET 200B 电子终端（B 代表 I/O 块）属于紧凑型 DP 从站。

（2）模块式 DP 从站

模块式 DP 从站具有可变的输入和输出区域，可通过西门子管理器的 HW Config 工具进行组态。ET 200M 是模块式 DP 从站的典型代表,支持 S7-300 全系列模块,最多可连接 8 个 I/O 模块,提供 256 个 I/O 通道。ET 200M 需要通过 ET 200M 接口模块(IM 153)与 DP 主站连接。

（3）智能 DP 从站

在 PROFIBUS-DP 系统中,带有集成 DP 接口的 CPU 或 CP 342-5 通信处理器可用作智能 DP 从站(简称"I 从站")。智能从站提供的输入 / 输出区域不是实际 I/O 模块所使用的区域,而是从站 CPU 专用于通信的输入 / 输出映像区。

在 DP 网络中,一个从站只能被一个主站控制,且这个主站是该从站的 1 类主站。如果网络中存在编程器和操作面板用于控制从站,则这些设备是该从站的 2 类主站。在多主网络中,一个从站只有一个 1 类主站,该主站可以对从站执行数据发送和接收操作,而其他主站只能选择性地接收从站发送给 1 类主站的数据,这些主站也是该从站的 2 类主站,不直接控制从站。

1.3.4　CPU 31x-2 DP 之间的 DP 主从通信

微课

PROFIBUS-
DP 主站从站
组态

CPU 31x-2 DP 是指集成有 PROFIBUS-DP 接口的 S7-300 CPU,如 CPU 313C-2 DP、CPU 315-2 DP 等。下面以两个 CPU 315-2 DP 之间的主从通信为例,介绍连接智能从站的组态方法,该方法同样适用于 CPU 31x-2 DP 与 CPU 41x-2 DP 之间的 PROFIBUS-DP 通信连接。

1. PROFIBUS-DP 系统结构。PROFIBUS-DP 系统结构如图 7-7 所示。系统由一个 DP 主站(Master)和一个智能 DP 从站(Slave)构成。

DP 主站:由 CPU 315-2 DP(6ES7 315-2AG10-0AB0)和 SM 374 构成。

DP 从站:由 CPU 315-2 DP(6ES7 315-2AG10-0AB0)和 SM 374 构成。

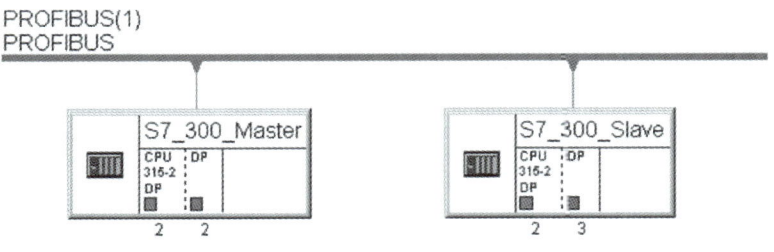

图 7-7　PROFIBUS-DP 系统结构

2. 组态智能 DP 从站。在进行两个 CPU 的主 - 从通信组态配置时,原则上要先组态从站。

（1）新建 S7 项目。打开 SIMATIC 管理器,依次单击菜单命令"File → New",创建一个新项目,并命名为"双集成 DP 通信"。然后依次单击菜单命令"Insert → Station → SIMATIC 300 Station",插入 2 个 S7-300 站,分别命名为"S7_300_Master"和'S7_300_Slave',如图 7-8 所示。

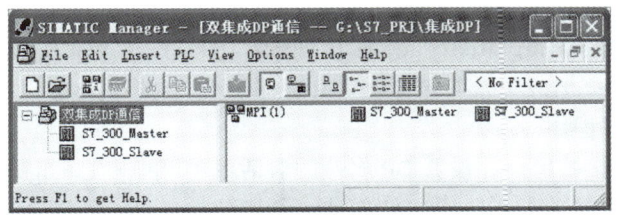

图 7-8　创建 S7-300 主站和从站

（2）硬件组态。在 SIMATIC 管理器窗口内，单击"S7_300_Slave"；然后在右视图中双击"Hardware"，进入硬件组态窗口；打开硬件目录，如图 7-9 所示。按硬件安装次序依次插入机架、电源、CPU 和 SM 374（需用其他信号模块代替，如 SM 323 DI8/DO8x24 V/0.5 A）等完成硬件组态。

S...		Module	...	Order number	...	F...	M...	I...	Q...	Comment
1		PS 307 5A		6ES7 307-1EA00-0AA0						
2		CPU 315-2 DP		6ES7 315-2AG10-0AB0		V2.0	2			
X2		DP						2047*		
3										
4		DI8/DO8x24V/0.5A		6ES7 323-1BH00-0AA0				0	0	
5										

图 7-9　硬件目录

插入 CPU 的同时会弹出 PROFIBUS 接口组态窗口。或是在插入 CPU 后，双击 DP 插槽，打开 DP 属性窗口，单击"Properties"按钮，进入 PROFIBUS 接口组态窗口。单击"New…"按钮新建 PROFIBUS 网络，分配 PROFIBUS 站地址，在本任务中设为 3 号站。单击"Properties"按钮组态网络属性，选择"Network Setting"选项卡进行网络参数设置，在本任务中波特率为"1.5 Mbps"，行规为"DP"，如图 7-10 所示。

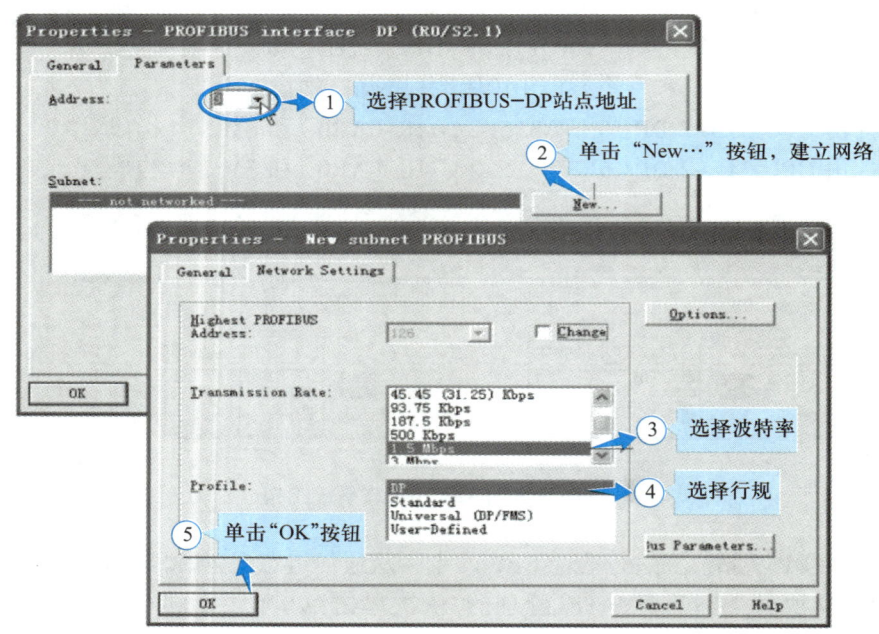

图 7-10　从站的网络参数设置

（3）DP 模式选择。选中"PROFIBUS 网络"，然后单击"Properties"按钮进入设置 DP 模式的对话框。进入"Operating Mode"选项卡，单击"DP slave"选项，如图 7-11 所示。如果"Test，commissioning，routing"选项被激活，则意味着这个接口既可以作为 DP 从站，同时还可以通过这个接口监控程序。

（4）定义从站通信接口区。在设置 DP 属性的对话框中，单击"Configuration"选项卡，打开 I/O 通信接口区属性设置窗口，单击"New"按钮新建一行通信接口区。如图 7-12 所示，当前组态模式为主从模式"Master-slave configuration"，注意此时只能对本地（从站）进行通信接口区配置。

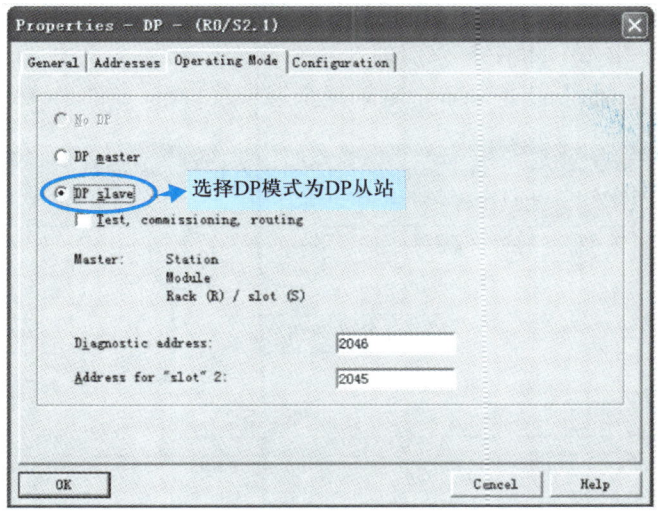

图 7-11　设置 DP 模式

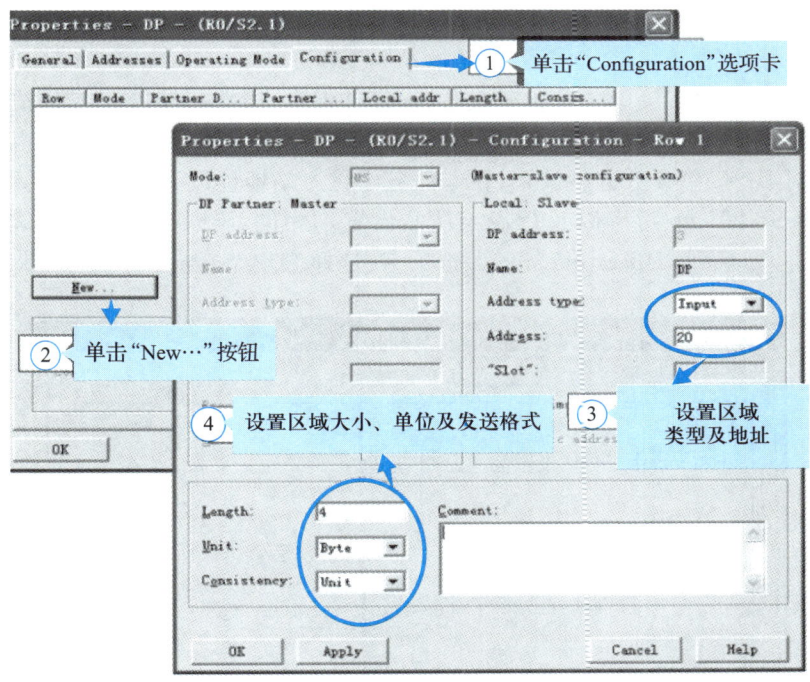

图 7-12　通信接口区配置

①　在"Address type"下拉框中选择通信区域的类型，"Input"对应输入区，"Output"对应输出区。

②　在"Address"文本框中设置通信数据区域的地址，本任务设置为"20"。

③　在"Length"文本框中设置通信区域的大小，最多 32 个字节，本任务设置为"4"。

④　在"Unit"下拉框中选择是按字节"Byte"还是按字"Word"来通信，本任务选择"Byte"。

⑤　若在"Consistency"下拉框中选择"Unit"，则按在"Unit"下拉框中定义的数据格式发送；若选择"All"，则打包发送，每个包最多 32 个字节；当通信数据大于 4 个字节时，应使用

SFC14、SFC15。设置完成后,单击"Apply"按钮。同样可根据实际通信数据建立若干行,但最大不能超过 244 个字节。本任务分别创建一个输入区和一个输出区,长度为 4 个字节,设置完成后可在"Configuration"选项卡中看到两个通信接口区,如图 7-13 所示。

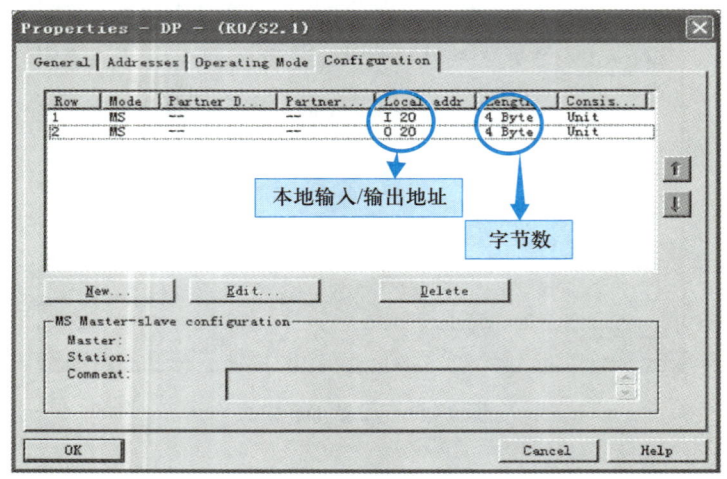

图 7-13 从站通信接口区

（5）编译组态。通信接口区设置完成后,编译并保存,若无报错即完成从站的组态。

3. 组态主站。完成从站组态后,就可以对主站进行组态,基本过程与从站相同。在完成基本硬件组态后对 DP 接口参数进行设置,在本任务中将主站地址设为"2",并选择与从站相同的网络"PROFIBUS（1）",波特率以及行规与从站设置均相同（1.5 Mbps；DP）。然后在设置 DP 属性的对话框中,切换到"Operating Mode"选项卡,选择"DP Master"选项,如图 7-14 所示。

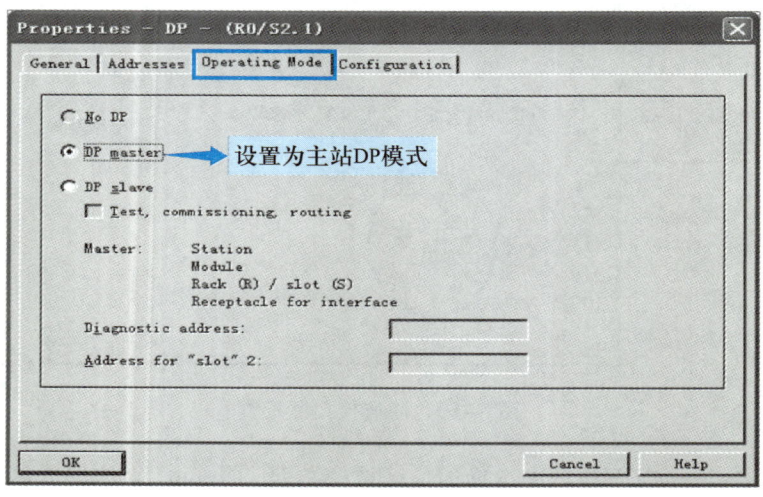

图 7-14 设置主站 DP 模式

4. 连接 DP 从站。在硬件组态（HW Config）窗口中,打开硬件目录,在"PROFIBUS-DP"下选择"Configured Stations"文件夹,将"CPU 31x"拖曳到主站系统 DP 接口的"PROFIBUS（1）"总线上,此时会同时弹出 DP 从站连接属性对话框,选择所要连接的从站后,单击"Connect"按钮确认,如图 7-15 所示。如果存在多个从站,要一一连接。

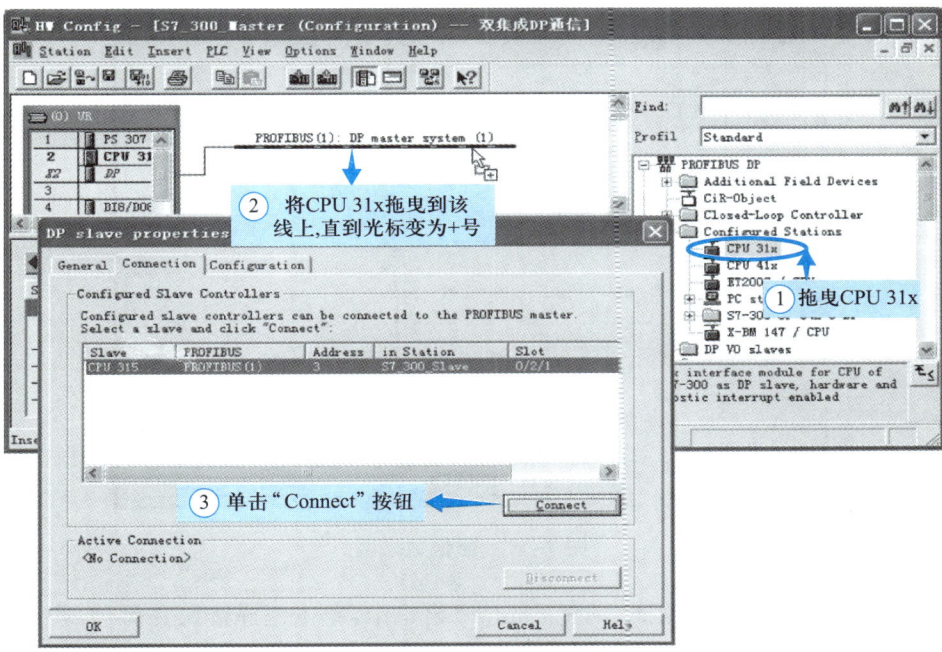

图 7-15　连接 DP 从站

5. 编辑通信接口区。连接完成后,单击 "Configuration" 选项卡,设置主站的通信接口区:从站的输出区与主站的输入区相对应,从站的输入区同主站的输出区相对应,如图 7-16 所示。本任务分别设置一个 Input 区和一个 Output 区,其长度均为 4 个字节。其中,主站的输出区 QB10 ~ QB13 与从站的输入区 IB20 ~ IB23 相对应;主站的输入区 IB10 ~ IB13 与从站的输出区 QB20 ~ QB23 相对应,如图 7-17 所示。

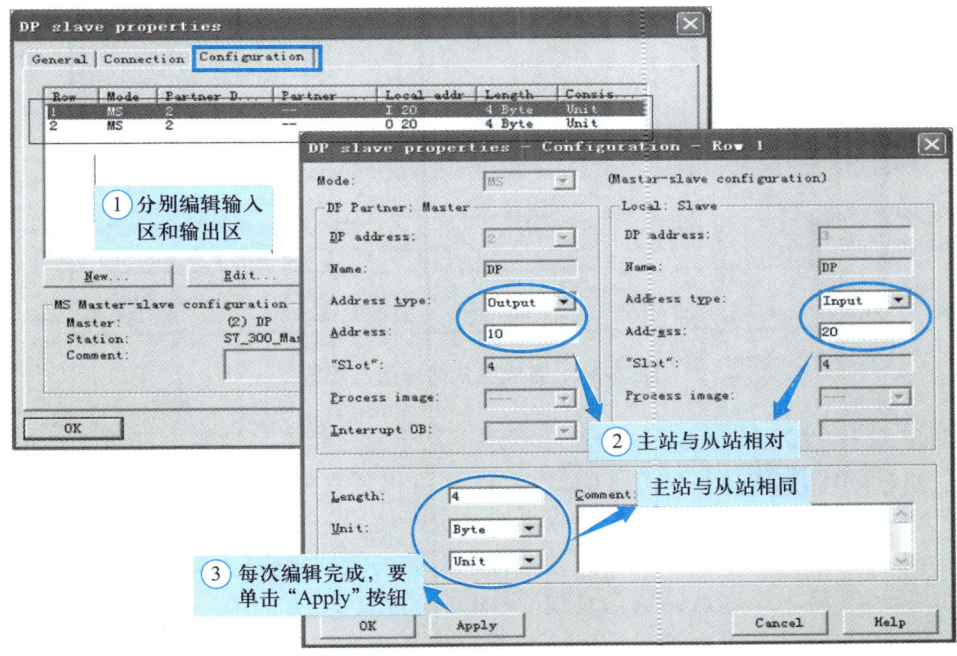

图 7-16　编辑通信接口区

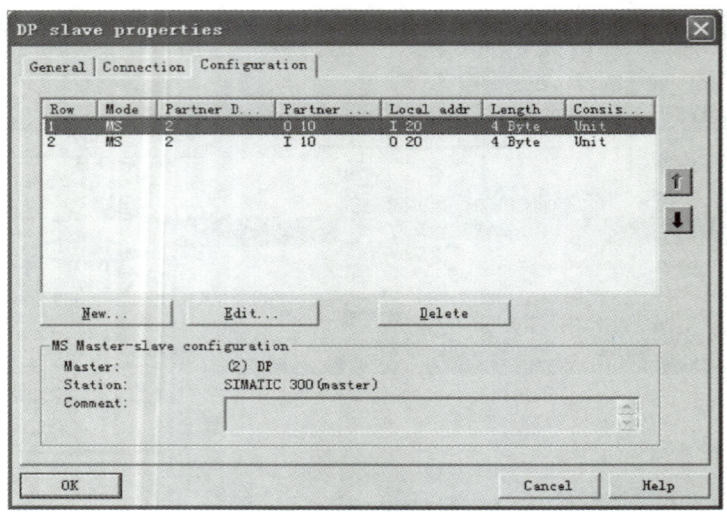

图 7-17　通信数据区

　　完成上述设置后,在硬件组态(HW Config)窗口中,单击编译按钮并保存,若无报错即可完成主从通信组态配置,如图 7-18 所示。配置完成后,分别将配置好的数据下载到各自的 CPU 中初始化通信接口数据。

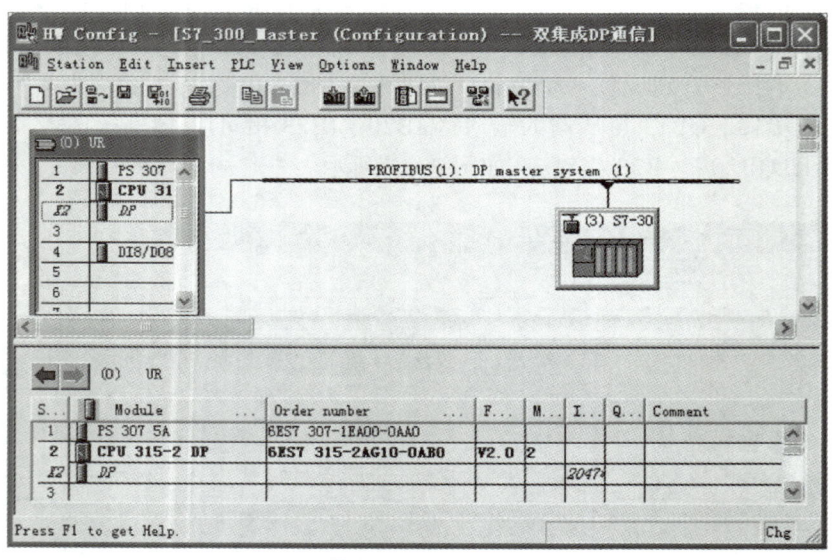

图 7-18　完成主从通信组态配置

　　6. 简单编程。编程调试阶段,为避免网络上某个站点掉电导致整个网络无法正常工作,建议将 OB82、OB86、OB122 下载到 CPU 中,这样可保证在 CPU 中有上述中断触发时,CPU 仍能保持运行状态。相关 OB 的解释可以参照 STEP 7 的用户手册。为了调试网络,可以在主站和从站的 OB1 中分别编写读写程序,通过读取对方的数据来验证网络连接的正确性。本任务通过开关设置,将主站和从站的仿真模块 SM 374 配置为 DI8/DO8 模式。这样可以在主站输入开关信号,在从站显示主站对应输入的开关信号状态;同样地,在从站输入开关信号,也可以在主站显示从站对应的开关信号状态。

控制操作过程：IB0（从站输入模块）→ QB20（从站输出数据区）→ QB0（主站输出模块）；IB0（主站输入模块）→ QB10（主站输出数据区）→ QB0（从站输出模块）。

（1）从站的读写程序

L	IB0	// 读本地输入到累加器 1
T	QB20	// 将累加器 1 中的数据送到从站输出数据区
L	IB20	// 从从站输入数据区读数据到累加器 1
T	QB0	// 将累加器 1 中的数据送到本地输出端口

（2）主站的读写程序

L	IB0	// 读本地输入读数据到累加器 1
T	QB10	// 将累加器 1 中的数据送到主站输出数据区
L	IB10	// 从主站输入数据区读数据到累加器 1
T	QB0	// 将累加器 1 中的数据送到本地输出端口

1.4　任务实施

任务要求：实现以 S7-300 PLC（CP 342-5）作主站与分布式从站（ET 200M）的 PROFIBUS-DP 通信控制。

CP 342-5 是 S7-300 系列 PLC 的 PROFIBUS 通信模块，带有 PROFIBUS 接口，可以作为 PROFIBUS-DP 的主站也可以作为从站，但不能同时作主站和从站。此外，该模块只能在 S7-300 的中央机架上使用，不能放在分布式从站上。由于 S7-300 系统的输入区（I 区）和输出区（Q 区）有限，通信时会有些限制。当使用 CP 342-5 作为 DP 主站时和从站不一样，它对应的通信接口区不是 I 区和 Q 区，而是虚拟通信区，需要调用 FC1 和 FC2 建立接口区，下面举例介绍 CP 342-5 作为主站的使用方法。

》**步骤 1**　搭建 PROFIBUS-DP 系统结构

PROFIBUS-DP 系统结构图如图 7-19 所示，包含一个主站和一个从站。

DP 主站：CP 342-5 和 CPU 315-2 DP。

DP 从站：选用 ET 200M。

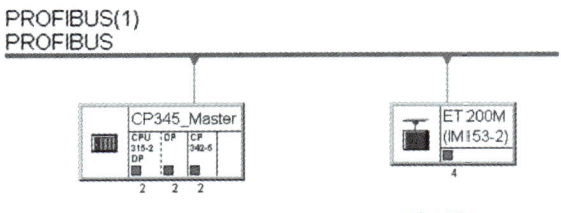

图 7-19　PROFIBUS-DP 系统结构

》**步骤 2**　组态 DP 主站

（1）新建 S7 项目。打开 SIMATIC 管理器，依次单击菜单命令"File → New"，创建一个 S7 项目，并命名为"CP 342-5 主站"。

（2）插入 S7-300 工作站。单击项目名"CP 342-5 主站"，再依次单击菜单命令"Insert → Station → SIMATC 300 Station"，插入 S7-300 工作站，并命名为"C345_Master"。

（3）硬件组态。选择"CP_Master"，进入硬件组态窗口。打开硬件目录，按硬件安装次序依次插入机架 Rall、电源 PS 307 5A、CPU 315-2 DP 和 CP 342-5 等。

插入 CPU 315-2 DP 的同时会弹出 PROFIBUS 组态界面，可组态 PROFIBUS 站地址。由于本任务将 CP 342-5 作为 DP 主站，所以对 CPU 315-2 DP 不需作任何修改，直接单击"OK"按钮。

（4）设置 PROFIBUS。插入 CPU 315-2 DP 的同时会弹出 PROFIBUS 组态界面，本任务将 CP 342-5 作为主站，可将 DP 站点地址设为"2"（默认值）。然后单击"New"按钮，新建 PROFIBUS 子网，保持默认名称"PROFIBUS（1）"。切换到"Network Settings"选项卡，设置波特率和行规，本任务波特率设为"1.5 Mbps"，行规选择"DP"。直接单击"OK"按钮，返回硬件组态窗口。

在机架上双击"CP 342-5"，弹出设置 CP 342-5 属性的对话框，切换到"Operating Mode"选项卡，选择"DP master"模式，如图 7-20 所示，其他保持默认值。

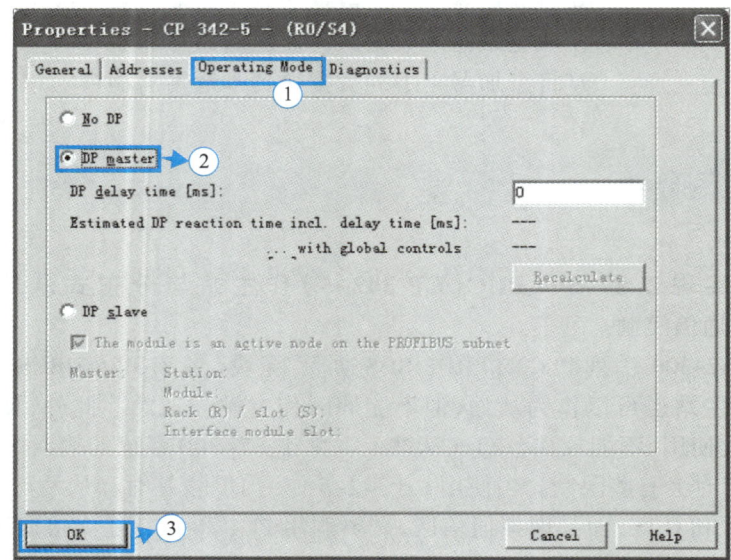

图 7-20　将 CP 342-5 设置为 DP 主站

单击"OK"按钮，完成 DP 主站组态，返回硬件组态窗口，如图 7-21 所示。

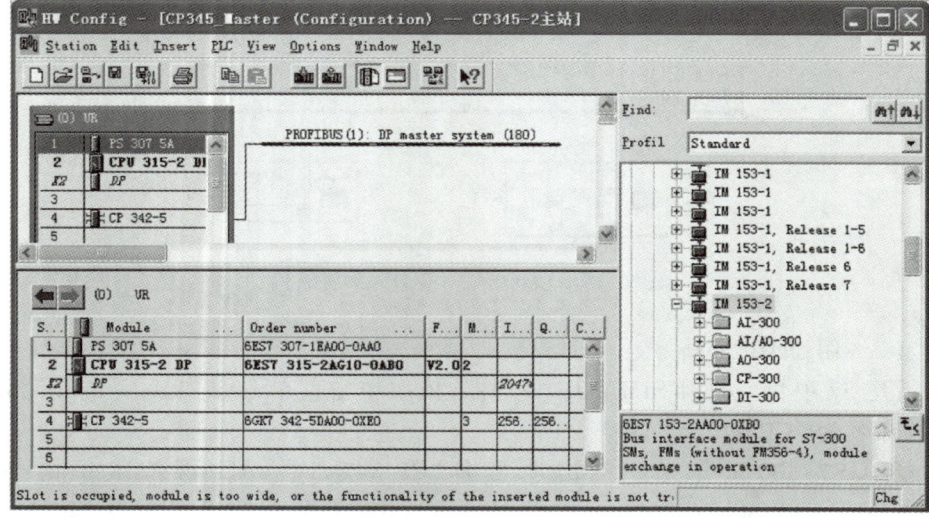

图 7-21　完成 DP 主站组态

》步骤 3 组态 DP 从站

在硬件组态窗口内,打开硬件目录,依次单击"PROFIBUS-DP→DP V0 Slaves→ET 200M",选择接口模块 ET 200M(IM 153-2),并将其拖曳到"PROFIBUS(1):DP master system (180)"直线上,待光标变为"+"号后释放,自动弹出"IM 153-2"属性窗口。选择 DP 站点地址为"4",其他保持默认值,即波特率为"1.5 Mbps",行规为"DP"。单击"OK"按钮,返回硬件组态窗口,组态完成后的 PROFIBUS-DP 系统如图 7-22 所示。

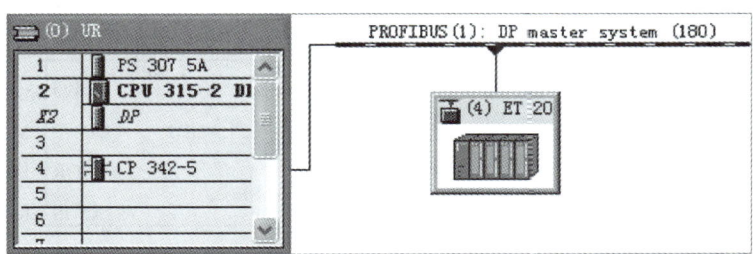

图 7-22 组态完成后的 PROFIBUS-DP 系统

在 PROFIBUS 系统图上单击 ET 200M(IM 153-2)的图标,在视窗的下方会显示 ET 200M(IM 153-2)机架。然后按照与中央机架完全相同的组态方法,从第 4 个插槽开始,依次将 ET 200M(IM 153-2)目录下的 16DI 虚拟模块 6ES7 321-1BH01-0AA0 和 16DO 虚拟模块 6ES7 322-1BH01-0AA0 插入到 ET 200M(IM 153-2)机架,如图 7-23 所示。

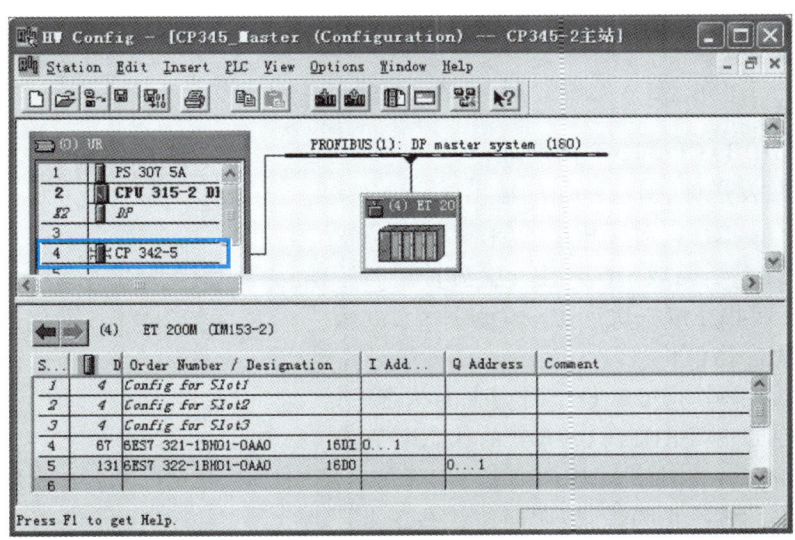

图 7-23 ET 200M(IM 153-2)机架组态

ET 200M(IM 153-2)的输入和输出点地址从 0 开始,属于虚拟地址映射区,不直接占用主站的输入区(I 区)和输出区(Q 区)。虚拟输入区和虚拟输出区在主站上分别与调用的 FC1(DP_SEND)和 FC2(DP_RECV)功能块一一对应,用于实现数据的发送和接收。如果需要修改 CP 342-5 作为从站的起始地址(例如,输入和输出点地址从 2 开始),则 FC1 和 FC2 对应的地址区也需要相应偏移 2 个字节,以确保数据映射的正确性。组态完成后,将配置下载到 CPU 中。如果未调用 FC1 和 FC2,CP 342-5 模块的 PROFIBUS 状态指示灯 BUSF 将闪烁,提示通信未建立。在 OB1 中调用 FC1 和 FC2 后,通信即可正常建立,状态指示灯 BUSF 熄灭,表示通信状态正常。

　　》步骤 4　编程

　　在 OB1 中调用 FC1 和 FC2,FC1 和 FC2 在元件目录的"Libraries → SIMATIC_NET_CP → CP_300"子目录内,如图 7-24 所示。FC1 和 FC2 各参数含义如下。

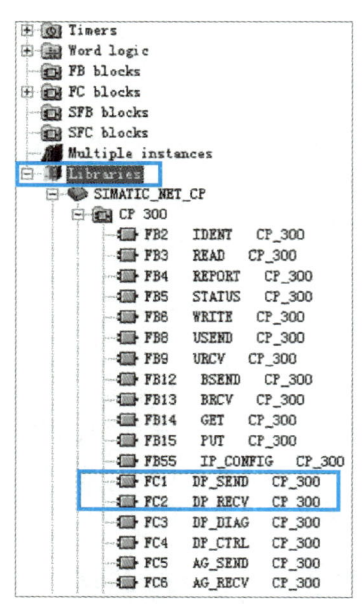

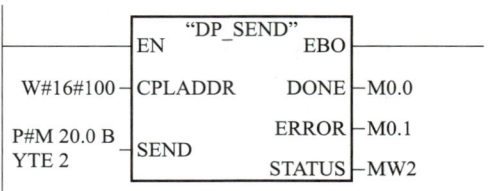

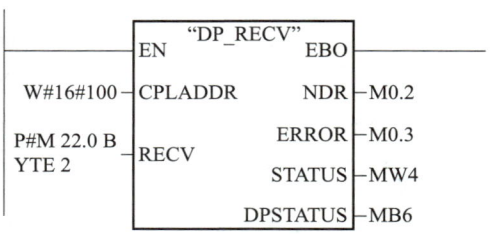

图 7-24　调用 FC1 和 FC2 的程序

（1）CPLADDR：CP 342-5 的地址;

（2）SEND：发送区,对应从站的输出区;

（3）RECV：接受区,对应从站的输入区;

（4）DONE：发送完成一次产生一个脉冲;

（5）NDR：接收完成一次产生一个脉冲;

（6）ERROR：错误位;

（7）STATUS：调用 FC1、FC2 时产生的状态字;

（8）DPSTATUS：PROFIBUS-DP 的状态字节。

　　完成程序编写并将其下载至 CPU 后,当通信区域成功建立,CP 342-5 模块的 PROFIBUS 状态指示灯 BUSF 将停止闪烁,表明通信状态正常。

　　使用 CP 342-5 作为 DP 主站时,由于数据采用打包发送方式,无须调用 SFC14（DP_SEND）和 SFC15（DP_RECV）。CP 342-5 的寻址机制通过调用 FC1（DP_SEND）和 FC2（DP_RECV）可间接访问从站地址,而非直接访问输入/输出区域。这种间接寻址方式意味着 CP 342-5 无法与 ET 200M 上的智能模块（如 FM 350-1 计数模块和 FM 352 过程控制模块）进行通信,因为这些模块通常需要直接访问输入/输出区域。此外,为确保通信网络的同步性,所有从站的总线循环时间（T0）和总线循环超时时间（T1）必须保持一致,这对于维持整个 DP 网络的稳定性和数据传输的可靠性至关重要。

拓展训练：用PROFIBUS-DP 实现分布式从站外接电动机控制

【任务情景】

主站 S7-300 PLC 通过 PROFIBUS-DP 总线对 ET 200M 从站实施控制。ET 200M 从站的 DO（数字输出）模块外接两个接触器,这两个接触器通过其动作控制外接电动机的正反转。具体要求如下:启动按钮、停止按钮以及电动机正反转的运行状态显示均需连接至主站的 DI/DO（数字输入/数字输出）模块,接触器和热继电器也应接入主站的 DI/DO 模块。

1. 任务描述与引导问题

主站 S7-300 PLC 通过 PROFIBUS-DP 总线对 ET 200M 从站进行控制,ET 200M 从站的 DO 模块外接两个接触器,通过接触器的动作控制外接电动机的正反转。

引导问题

结合前面所讲的知识点,进行程序设计。需注意主站、从站的 I/O 地址变化。

_____

_____

_____

2. 制订计划

根据上述引导问题所提出的控制工艺要求,小组内互相讨论,制订工作计划,并派代表进行汇报展示。

工作计划单			
小组基本资料			
组别	关系	姓名	联系方式
第__组	组长		
	组员		

📖 学习笔记

·····································

·····································

·····································

·····································

·····································

·····································

·····································

·····································

·····································

·····································

续表

					工作计划

序号	工作流程	预计用时	使用工具 /材料 / 设备 /软件	数量	负责人
1					
2					
3					
其他说明					
计划评价	教师评语： 签字： 年　　月　　日				

3. 实施步骤

» 步骤 1　绘制 PROFIBUS–DP 系统结构图

» 步骤 2　主站、从站组态，DP 通信调试
» 步骤 3　I/O 地址分配
» 步骤 4　PLC 编程
» 步骤 5　连接设备，运行调试

4. 任务检查

序号	工作流程	实际用时	工作过程中遇到的问题及解决方法	负责人
1				
2				
3				
4				
5				

实施检查单（工作过程小组自查）

工作成果小组自查

检查项目	检查结果	完成度
PROFIBUS–DP 系统结构图		
主站、从站组态, DP 通信调试		
I/O 地址分配		
PLC 编程		
连接设备,运行调试		

教师检查	检查结论： 签字： 年　　月　　日

5. 效果评估

训练完成后,综合个人、小组在完成任务过程中的表现和教师的评价,明确学习的重点和后期的改进方向。

评价指标	评价内容	评分	评价结果
获取与处理信息	能根据工作内容有效利用网络、学习平台自主学习	5	
	能依据图书资源、工作手册等资料查找相关信息		
行为表现	仪态自然、大方	5	
	语言表达流畅、逻辑清晰		
	层次分明、准确		

续表

评价指标	评价内容	评分	评价结果
团队精神	积极参与讨论,完成小组给定的软硬件设计任务,与老师和同学相处融洽	10	
	在讨论中提出自己的见解,并倾听同学的意见,适应小组工作方式		
	在小组工作中态度友好,富有创新性;能够代表本小组与其他小组同学交流和探讨		
学习方法	独立确定学习时间、方法,能解决调试过程中出现的问题	10	
	认识自己的缺陷并及时补救		
	能独立决定学习进度和制定设计方案,做到有效学习		
工作过程	遵守实验实训室管理规定,确保工作过程安全有效	50	
	工具、器件摆放有序,工作台面整洁		
	善于发现问题、分析问题、解决问题		
	能正确完成工作任务		
工匠精神	绘制的接线示意图整齐、美观	20	
	程序设计正确、严谨		
	硬件及外围接线整齐、可靠,无裸露及松动		
自评得分:		核定总分:	

📖 **学习笔记**

学习任务 2

实现 S7-1200 PLC 之间的 PROFINET 通信控制

2.1　任务情景

　　轨梁厂万能轧生产线的两个加热炉区配备了四台 PLC,分别负责加热炉的仪表控制和传动控制。加热炉区还配置了四台一级终端(直接与现场设备进行交互的控制设备或人机界面),其中三台分别用于两个加热炉的炉前/炉后仪表和传动控制的操作与显示,另一台则作为 HMI 服务器,设备间通过以太网连接实现互联互通。S7-1200 PLC 自带 PROFINET 接口,这使得其以太网通信的硬件成本相对较低,且实现过程较为简便。

2.2　要求分析

　　在典型的控制场景中,当一台 S7-1200 PLC 发出启动信号时,另一台 S7-1200 PLC 接收到该信号后,可控制一台电动机启动或停止。

　　需要注意的是,两台 S7-1200 PLC 之间的以太网通信无须额外配置以太网模块,这与 S7-300 PLC 的通信方式有所不同。S7-1200 PLC 的编程软件自带以太网通信指令,且组态过程较为简单。当多台 S7-1200 PLC 进行以太网通信时,网络中应配置交换机或以太网模块,在要求不高的情况下,配置 HUB(集线器是一种用于连接多个设备的硬件设备)也可行。

　　主要软硬件配置:

　　一套 TIA Portal 软件;

　　一根网线(正连接和反连接均可);

　　两台 S7-1200 PLC CPU 1212C。

　　PLC 接线示意图如图 7-25 所示。

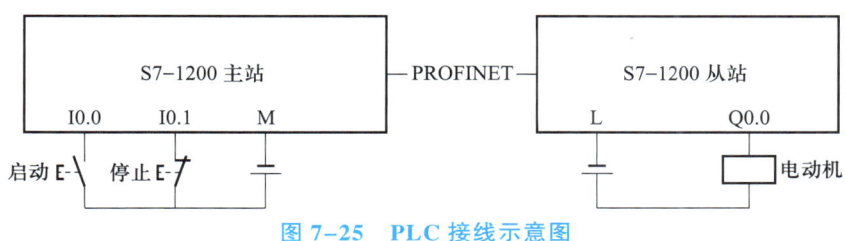

图 7-25　PLC 接线示意图

　知识学习

2.3.1　TSEND_C 指令

TSEND_C 指令支持 TCP 或者 ISO_on_TCP，使本地设备与远程设备进行通信，并实现本地设备向远程设备发送数据。该指令由 CPU 自动监控和维护，确保通信的稳定性和可靠性。TSEND_C 指令异步执行，主要具有以下功能。

（1）设置并建立通信连接

通过将参数 CONT 设置为 1，可以初始化并建立通信连接。当成功建立连接时，参数 DONE 将置位为 1 并持续一个扫描周期。如果 CPU 进入 STOP 模式，那么现有连接将被终止，并移除已配置的连接。若需重新建立连接，则再次调用 TSEND_C 指令。关于支持的通信连接数量，可参考 CPU 的技术手册。

（2）通过现有通信连接发送数据

使用参数 DATA 指定发送区域，包括发送数据的起始地址和长度。需注意：请勿在参数 DATA 中使用数据类型为 BOOL 或 Array of BOOL 的区域。如果在参数 DATA 中使用纯符号值，则参数 LEN 必须设置为“0”。

发送操作在参数 REQ 检测到上升沿时触发。使用参数 LEN 指定单次发送作业的最大字节数。在发送作业完成之前，请勿修改待发送的数据。如果发送作业成功执行，参数 DONE 将置位为 1。但是参数 DONE 置位仅表示发送作业完成，并不能确认远程设备已读取数据。

（3）终止通信连接

将参数 CONT 设置为 0 时，即使当前数据传输尚未完成，通信连接也会被终止。若 TSEND_C 使用了已组态的连接，则连接不会被终止。

将参数 COM_RST 设置为 1 时，可以随时重置当前连接或当前数据传输，此操作会终止现有连接并尝试建立新连接。如果在数据传输过程中执行此操作，可能导致数据丢失。

将参数 DONE 设置为 1 时，若需再次启用 TSEND_C 指令，则设置参数 REQ 为 0 重置指令状态。TSEND_C 指令主要参数见表 7-4。

表 7-4　TSEND_C 指令主要参数表

参数	说明	数据类型
REQ	当检测到上升沿时，触发向远程设备发送数据的操作	BOOL
CONT	控制通信连接状态；1 表示保持连接；0 表示断开连接	BOOL
LEN	指定单次发送作业的最大字节数	INT
CONNECT	包含连接配置数据的 DB（数据块），用于建立通信连接	ANY
DATA	指定发送数据的区域，包含数据的起始地址和长度	ANY

%DB1
"TSEND_C_DB"

TSEND_C

EN　　　　　ENO
REQ　　　　DONE
CONT　　　BUSY
LEN　　　　ERROR
CONNECT　STATUS
DATA
ADDR
COM_RST

参数	说明	数据类型
DONE	表示发送任务的状态;**0**代表任务未开始或正在运行;**1**代表任务已完成	BOOL
BUSY	表示任务执行状态;**1**表示任务正在运行　**0**表示任务已完成或未触发	BOOL
ERROR	表示任务执行过程中是否发生错误;**1**表示存在错误;**0**表示无错误	BOOL
STATUS	提供任务执行的详细状态信息(如错误代码)	WORD

2.3.2　TRCV_C 指令

TRCV_C 指令支持 TCP 或 ISO-on-TCP,使本地设备与远程设备进行通信,并实现本地设备接收远程设备发送的数据。该指令由 CPU 自动监控和维护,确保通信的稳定性和可靠性。TRCV_C 指令异步执行,主要具有以下功能。

(1)设置并建立通信连接

TRCV_C 指令将初始化并建立一个 TCP 或 ISO-on-TCP 通信连接。连接建立后,CPU 会自动保持并监控该连接。

参数 CONNECT 中指定的连接描述用于配置通信连接。若要建立连接,则参数 CONT 必须设置为 **1**。连接成功建立后,参数 DONE 将置位为 **1**。

如果 CPU 进入 STOP 模式,现有连接将被终止,并移除已配置的连接。若需重新建立连接,则需再次调用 TRCV_C 指令。

(2)通过现有通信连接接收数据

将参数 EN_R 设置为 **1** 时,会启用数据接收功能,且参数 CONT 必须为 **1** 以保持或建立连接。

接收到的数据将输入到接收缓冲区中。接收缓冲区长度的确定方式如下:如果 LEN 不为 0,则接收缓冲区长度由参数 LEN 指定。如果参数 LEN 为 0,则接收缓冲区长度由参数 DATA 的长度信息决定。如果在参数 DATA 中使用纯符号值,则参数 LEN 必须设置为 0。

成功接收数据后,参数 DONE 将置位为 **1**。如果数据传输过程中发生错误,参数 DONE 将置位为 **0**。

(3)终止通信连接

将参数 CONT 设置为 **0** 时,会立即终止通信连接。

如果置位参数 COM_RST,那么当再次执行 TRCV_C 指令时,会终止现有通信连接并尝试建立新连接。如果在数据接收过程中执行此操作,可能导致数据丢失。TRCV_C 指令主要参数见表 7-5。

表 7-5　TRCV_C 指令主要参数表

%DB1
"TRCV_C_DB"

TRCV_C

EN	ENO
EN_R	DONE
CONT	BUSY
LEN	ERROR
ADHOC	STATUS
CONNECT	RCVD_LEN
DATA	
ADDR	
COM_RST	

参数	说明	数据类型
EN_R	启用数据接收功能；**1** 表示准备接收数据；**0** 表示禁用数据接收	BOOL
CONT	控制通信连接状态；**1** 表示保持连接；**0** 表示断开连接	BOOL
LEN	指定接收数据的最大字节数	INT
CONNECT	包含连接配置数据的 DB（数据块），用于建立通信连接	ANY
DATA	指定数据接收缓冲区，包含数据的起始地址和长度	ANY
DONE	表示接收任务的状态；**0** 代表任务未开始或正在运行；**1** 代表任务已完成	BOOL
BUSY	表示任务执行状态；**1** 表示任务正在运行；**0** 表示任务已完成或未触发	BOOL
ERROR	表示任务执行过程中是否发生错误；**1** 表示存在错误；**0** 表示无错误	BOOL
STATUS	提供任务执行的详细状态信息（如错误代码）	WORD

2.4　任务实施

2.4.1　硬件组态

新建工程并命名为"S7-1200 to S7-1200"，存盘路径为"D："，单击"Create"按钮，完成工程创建。路径和工程名中最好全部使用英文字符，因为编译软件中的某些界面无法正常显示汉字。

单击"添加新设备"选项，再选中待添加的控制器类型"CPU 1212C"，单击"确认"按钮，如图 7-26 所示。重复以上步骤，可再添加一个 CPU。

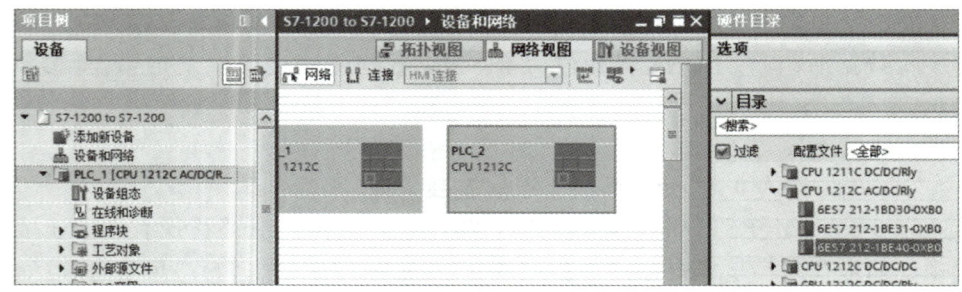

图 7-26　添加 CPU

用子网连接两个 CPU,先进入"网络视图"选项卡,再选中"PLC_1"网口,将其拖曳到"PLC_2"网口处,再释放完成组网,如图 7-27 所示。

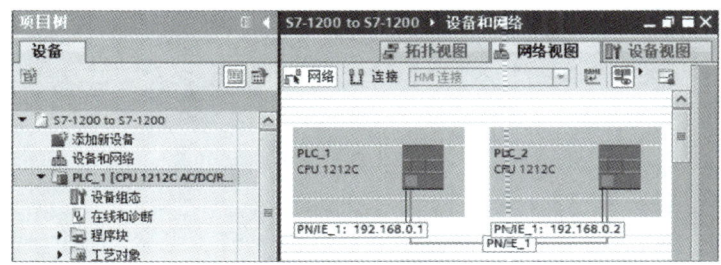

图 7-27　两个 CPU 组网

2.4.2　编写程序

编写主控 CPU 程序。先选中"PLC_1",再选中"程序块",双击"Main(OB1)",如图 7-28 所示。

图 7-28　打开主程序块 OB1

在主程序中,依次单击"指令→通信→开放式用户通信",插入 TSEND_C 指令,如图 7-29 所示。

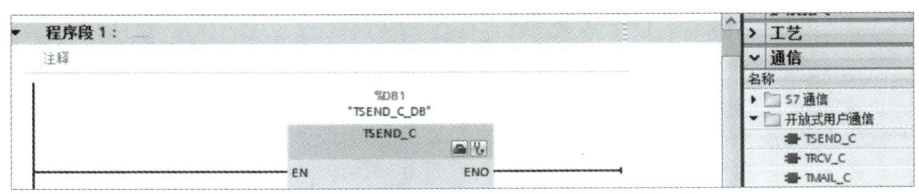

图 7-29　插入 TSEND_C 指令

然后单击"属性"选项卡,再进入"连接参数"界面,组态伙伴 PLC_2,如图 7-30 所示。

在主程序中编写通信程序。设置发送数据的区域 DATA 为"P#M20.0 BYTE 1",表示发送从 M20.0 开始的 1 个字节。M0.0 是时钟存储器,发送频率是 10 次/s,如图 7-31 所示。

编写启停程序,如图 7-32 所示。

组态第二台 CPU。当主控 CPU 发出控制信息,第二台 CPU 接收控制信息,并启停电动机,如图 7-33 所示。

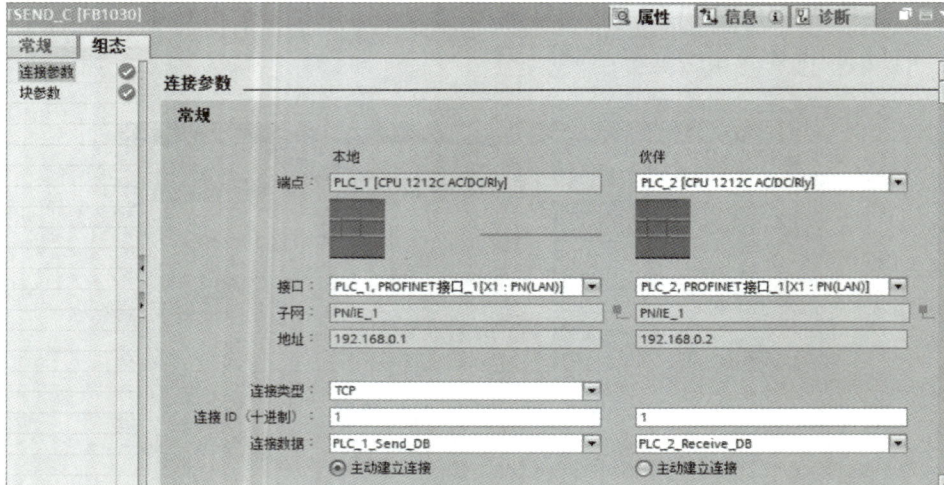

图 7-30 组态伙伴 PLC_2

图 7-31 通信程序

图 7-32 启停程序

图 7-33 组态第二台 CPU

再依次选中"属性→组态→连接参数",组态伙伴 PLC_1,如图 7-34 所示。

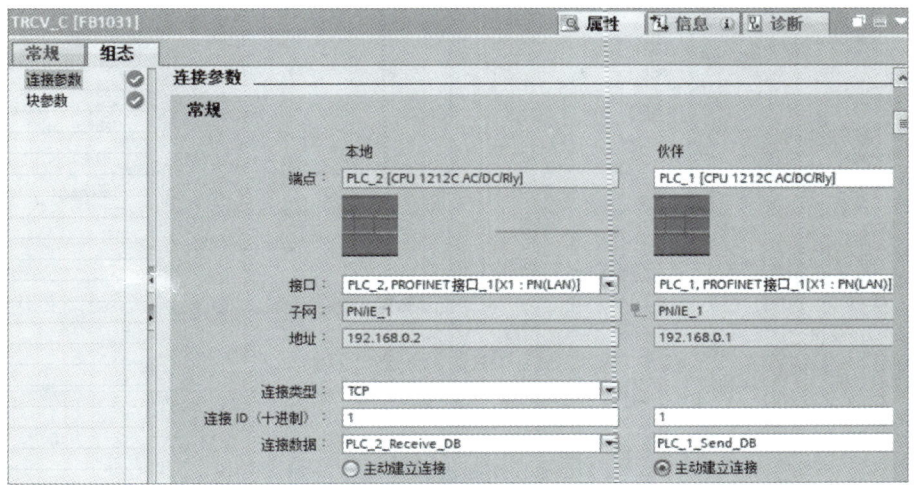

图 7-34　组态伙伴 PLC_1

在"PLC_2 Main"中编写通信程序,"MB20"等同于"P#M20.0 BYTE 1",如图 7-35 所示。

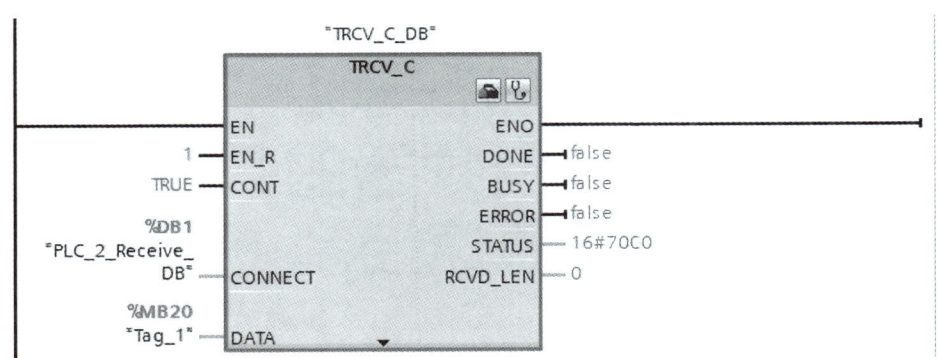

图 7-35　通信程序

启停程序如图 7-36 所示,当接收到 M20.0 的信息时,控制 Q0.0 以控制电动机启停。

图 7-36　起停程序

信息是可以双向传输的,也就是说主控 CPU 也可以接收另一台 CPU 发送的信息,但本任务比较简单,不需要该步骤。

2.4.3　调试程序

下载组态并在线调试程序,如图 7-37 所示。

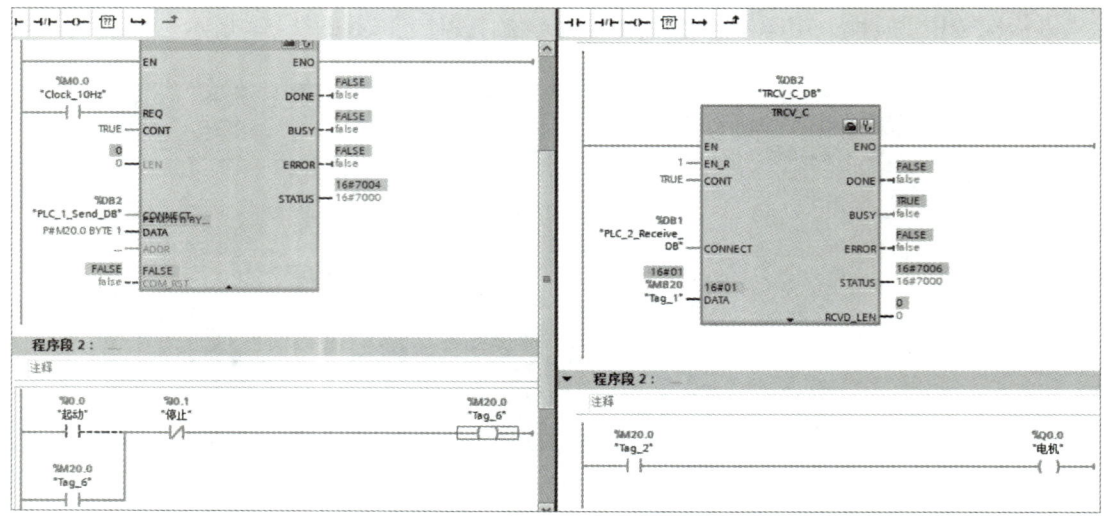

图 7-37　下载组态并在线调试程序

学习任务 3

实现 S7-300 PLC 与 MM 440 变频器的 PROFIBUS-DP 通信控制

3.1　任务情景

　　在现代工业自动化网络中,通过 PROFIBUS-DP 现场总线技术,可以实现主站 PLC 与从站变频器之间的高效通信。例如,在轨梁厂万能轧生产线中,轧制成型的钢轨需要送入大冷床进行冷却校直。大冷床辊道系统通常包含多个电动机,这些电动机一般由主站 PLC 通过网络控制多个从站变频器,变频器再控制电动机带动辊道动作,将钢轨准确传送至大冷床。主站 PLC 通过 PROFIBUS-DP 总线对多个从站变频器进行集中控制,不仅可以满足复杂的控制要求,还能简化依靠变频器编程控制的难度,从而为生产线或设备的自动化控制带来更佳的控制效果和更高的生产效率。

3.2　要求分析

　　如图 7-38 所示,本学习任务要求使用 S7-300 PLC 作为主站,通过 PROFIBUS-DP 总线对从站 MM440 变频器进行控制。本任务涉及如下内容:通信控制的原理以及 MM440 变频器输入输出功能的设定;MM440 变频器控制字与设定值的推算方法;MM440 变频器 PROFIBUS-DP 通信参数的设置技巧;利用 STEP 7 软件过行 S7-300 PLC 与 MM440 变频器的 PROFIBUS-DP 硬件组态;编写 PLC 程序,实现对变频器的有效控制。

图 7-38　S7-300 PLC 与 MM440 变频器的 PROFIBUS-DP 通信控制图

3.3　知识学习:MM440 变频器输入输出功能的设定

西门子 MM440 变频器的中心控制单元 CUVC 拥有 I/O 端子排,这些端子需要先进行功能设定,才能对变频器进行控制,MM440 变频器输入输出的功能设定如图 7-39 所示。

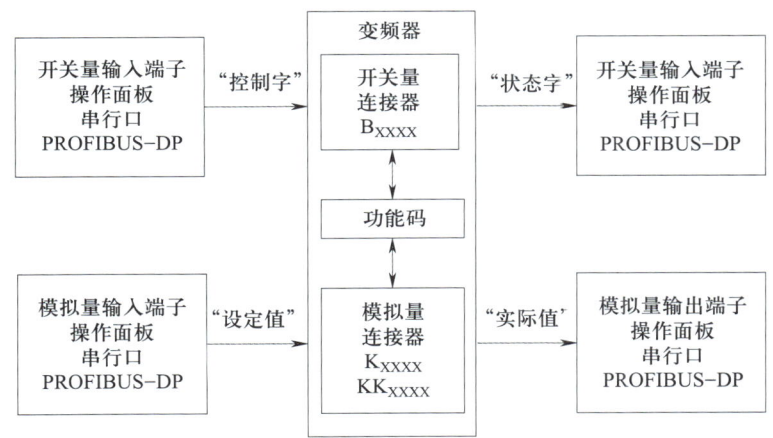

图 7-39　MM440 变频器输入输出的功能设定

变频器的输入和输出端子在进行功能设定时,要借助控制字、状态字、开关量连接器和模拟量连接器。

控制字:控制字是变频器的控制命令,它通过连接器将变频器的开关量输入端子、PMU、OP1S、串行口、PROFIBUS-DP,与变频器的功能(例如,正转、反转等)连接起来,从而能通过

PMU、输入输出端子、串行口和 PROFIBUS–DP 来控制变频器的运行。

状态字：状态字是变频器运行状态的反馈信号，它通过连接器将变频器的开关量输出端子、PMU、OP1S、串行口与变频器的功能（例如，故障报警、变频器运行输出信号等）连接起来，从而能通过 PMU 和输入输出端子显示变频器的运行状态。

MM440 变频器的控制字（16 位）含义见表 7–6。

表 7–6　MM440 变频器的控制字含义

控制字位	含义		
位 00	ON/OFF1（接通 / 停车 1）	**0** 否	**1** 是
位 01	OFF2：停车 2（按惯性自由停车）	**0** 是	**1** 否
位 02	OFF3：停车 3（快速停车）	**0** 是	**1** 否
位 03	脉冲释放	**0** 否	**1** 是
位 04	RFG（斜坡函数发生器）使能	**0** 否	**1** 是
位 05	RFG 开始	**0** 否	**1** 是
位 06	设定值释放	**0** 否	**1** 是
位 07	故障应答	**0** 否	**1** 是
位 08	正向点动	**0** 否	**1** 是
位 09	反向点动	**0** 否	**1** 是
位 10	由 PLC 进行控制	**0** 否	**1** 是
位 11	反向（设定值反相）	**0** 否	**1** 是
位 12	（未使用）		
位 13	电动电位计 MOP 升速	**0** 否	**1** 是
位 14	电动电位计 MOP 减速	**0** 否	**1** 是
位 15	CDS（命令数据组）位 0（本机控制 / 远程控制）	**0** 否	**1** 是

3.4　任务实施

» 步骤 1　连接 DP 总线

如图 7–38 所示，选择一根 PROFIBUS–DP 总线电缆，两端各安装一个 PROFIBUS 总线连接器，将总线连接器一端连接至 S7–300 PLC CPU 模块的 DP 接口上，另一端连接至 MM440 变频器 CBP 通信板的 DP 接口上，并将两个总线连接器终端电阻开关拨至"ON"位。

MM440 变频器的
参数设置方法

» 步骤 2　设置变频器参数

先对 MM440 变频器进行快速参数化设置，再设定如下通信参数：

P0003=3（进入专家访问级）；

P0700=6（控制字由 DP 发出）；

P1000=6（主设定值由 DP 发出）；

P0918=3（设置变频器的站地址为 3）。

》步骤 3　在 STEP 7 软件中进行硬件组态

打开 STEP 7 软件的硬件组态窗口,创建一个主站 S7-300 PLC 机架,插入相应模块,包含带 DP 接口的 CPU 模块,如图 7-40 所示。

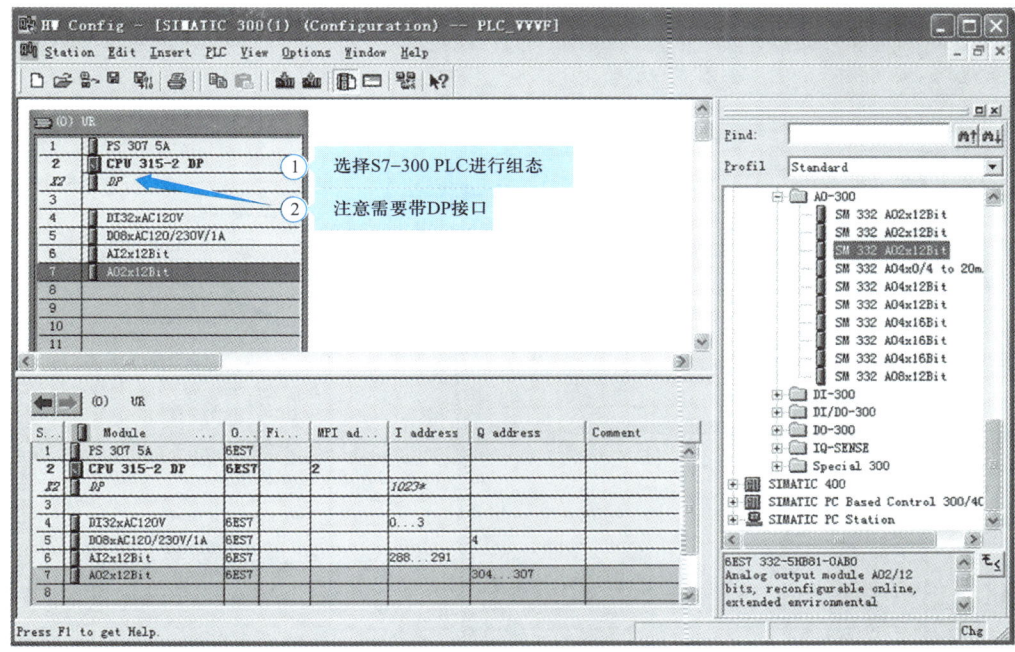

图 7-40　创建主站 PLC

右击主站 DP 栏,在展开的菜单中选择"Object Properties",单击"Properties"按钮,在弹出的设置属性的对话框中单击"New Subnet PROFIBUS",添加一根"PROFIBUS(1)",参数设置如图 7-41 所示。

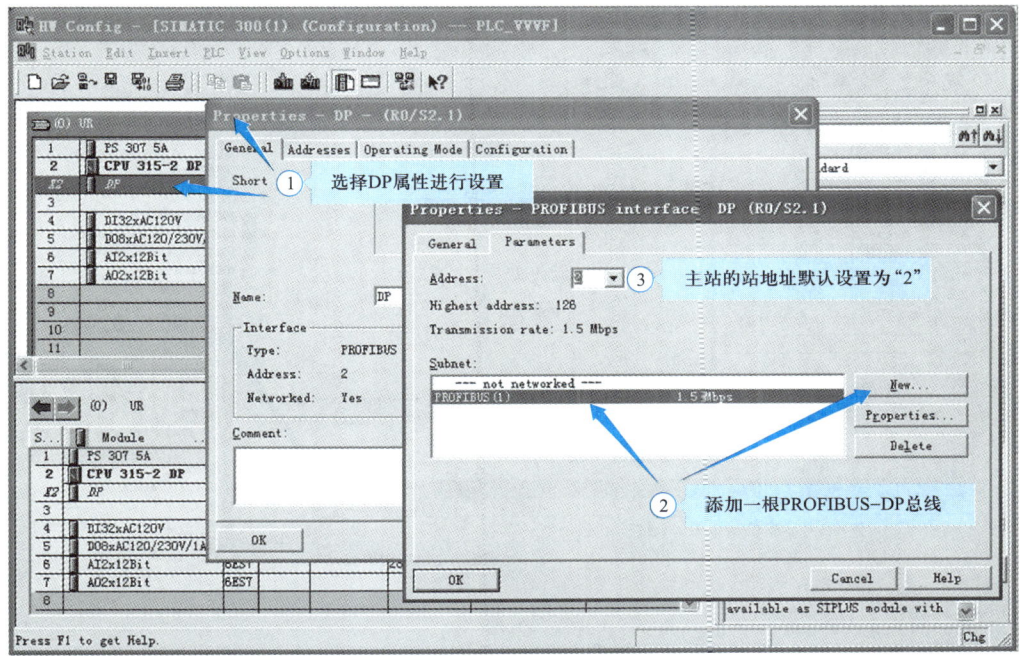

图 7-41　添加一根 PROFIBUS-DP 总线

207

单击硬件组态窗口中的"PROFIBUS（1）"，展开硬件目录"Catalog"，依次单击"PROFIBUS DP → SIMOVERT → MICROMASTER 4"，添加从站 MM440 变频器，在弹出的设置属性的对话框中设置从站地址为"3"，如图 7-42 所示。

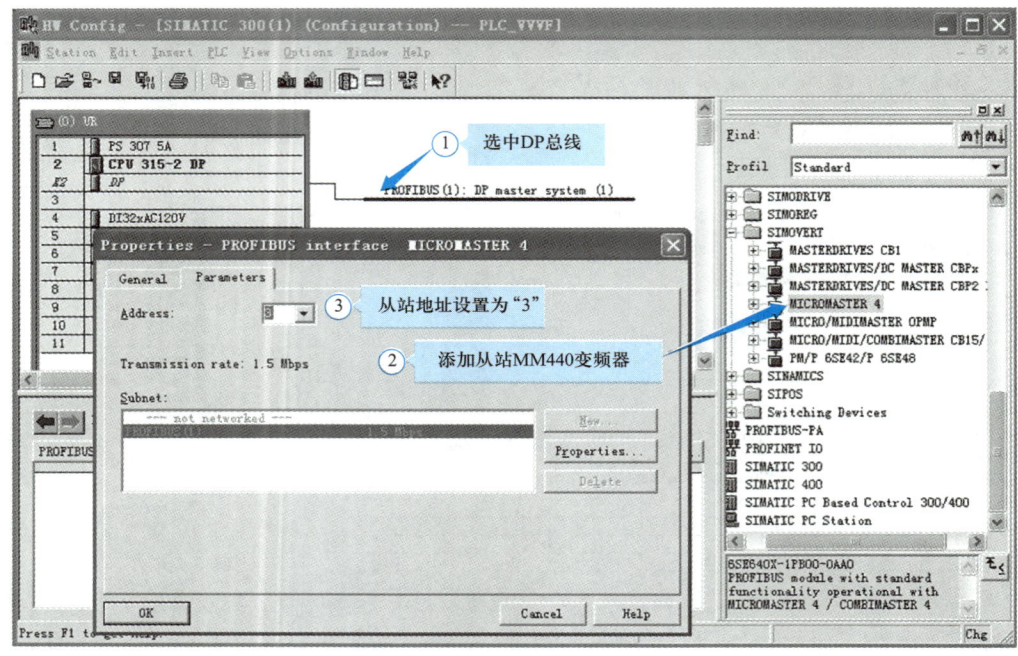

图 7-42 添加从站 MM440 变频器

选中 MM440 变频器所在的 3 号从站机架中的 0 号槽，展开硬件目录"MICROMASTER 4"，选择合适的 PPO 类型，例如，选择"PPO 1"，即可在 3 号从站机架中生成从站 MM440 变频器的 DP 通信 I/O 地址，过程值 PZD 的地址为"264—268"字节，如图 7-43 所示。

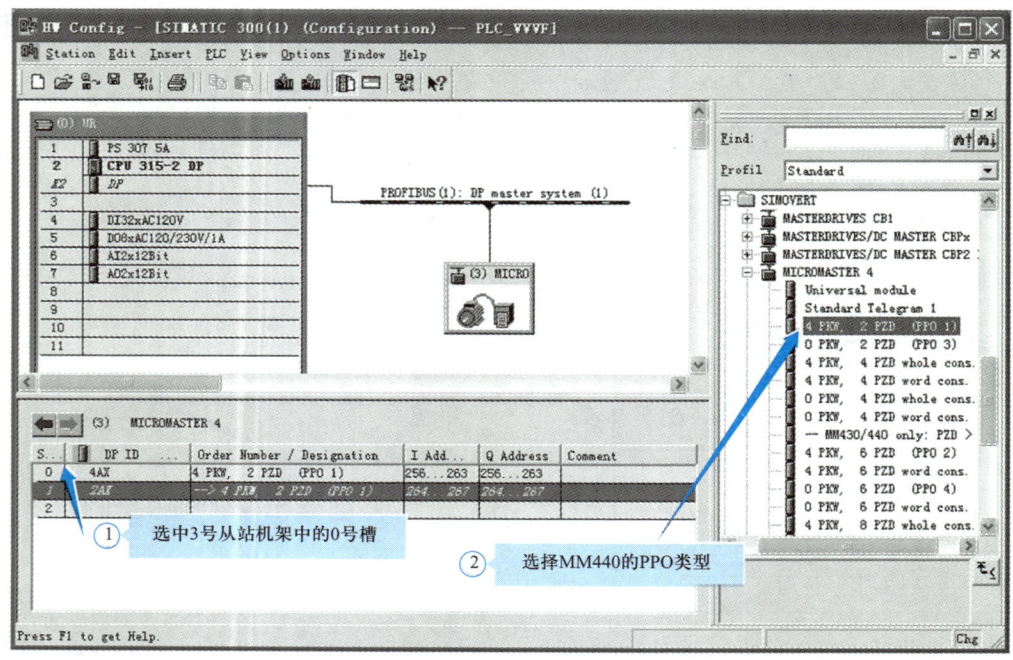

图 7-43 设置从站 MM440 变频器参数

» 步骤 4　编写 DP 通信控制程序

可使用 MOVE 指令编写 PLC 与 VVVF 的通信程序,也可使用 SFC14、SFC15 进行 DP 通信数据的打包传输。本任务介绍使用 MOVE 指令编写 PLC 与 VVVF 的通信程序。

MM440 变频器主要控制字的设定计算方法

根据表 7-6 中"MM440 变频器的控制字含义",可计算出 MM440 变频器的三个主要控制字,正转控制字为"W#16#47F",反转控制字为"W#16#C7F",停车控制字为"W#16#47E"。可通过 MOVE 指令将控制字和频率设定值分别送至 MM440 的过程值 PZD1、过程值 PZD2 对应的 PQW264、PQW266 地址中,从而驱动电动机正转、反转和停车运行,如图 7-44 所示。

Network 1：PLC–VVVF：电动机正转，50 Hz

```
    I1.0                    ┌─────────────┐
────┤ ├──────┬─────────────┤  MOVE       │
                           │ EN      ENO ├──────────────
                           │             │
           W#16#47F────────┤ IN      OUT ├─PQW264
                           └─────────────┘
                           ┌─────────────┐
                     └─────┤  MOVE       │
                           │ EN      ENO ├──────────────
                           │             │
             16384─────────┤ IN      OUT ├─PQW266
                           └─────────────┘
```

Network 2：PLC–VVVF：电动机反转，50 Hz

```
    I1.1                    ┌─────────────┐
────┤ ├──────┬─────────────┤  MOVE       │
                           │ EN      ENO ├──────────────
                           │             │
           W#16#C7F────────┤ IN      OUT ├─PQW264
                           └─────────────┘
                           ┌─────────────┐
                     └─────┤  MOVE       │
                           │ EN      ENO ├──────────────
                           │             │
             16384─────────┤ IN      OUT ├─PQW266
                           └─────────────┘
```

Network 3：PLC–VVVF：电动机停车，0 Hz

```
    I0.0                    ┌─────────────┐
────┤/├──────┬─────────────┤  MOVE       │
                           │ EN      ENO ├──────────────
                           │             │
           W#16#47E────────┤ IN      OUT ├─PQW264
                           └─────────────┘
                           ┌─────────────┐
                     └─────┤  MOVE       │
                           │ EN      ENO ├──────────────
                           │             │
                 0─────────┤ IN      OUT ├─PQW266
                           └─────────────┘
```

图 7-44　编写 DP 通信控制程序

209

学习任务 4

实现 S7–1500 PLC 与 G120 变频器的 PROFINET 通信控制

4.1　任务情景

在轨梁厂万能轧生产线中,主传动系统使用了大功率凸极同步电动机,通过全数字矢量控制交流—交流变频系统进行精确控制。而辅传动变频器则选用了西门子的交流—直流—交流变频器,并配置成公共直流母线的多传动系统。在这种系统架构下,采用单个逆变器向成组的单辊道电动机供电可以实现高效、灵活的动力分配。为了实现数据通信与协同控制,辅传动变频器通过现场总线与基础自动化系统联网。

西门子 G120 变频器的具有良好的控制性能,优化的集成保护功能,以及强大的通信能力。结合 S7–1500 PLC 先进的通信功能,对变频器进行控制变得相对容易,本任务将详细介绍 S7–1500 与 G120 变频器的 PROFINET 通信控制。

4.2　要求分析

通过 S7–1500 PLC 与 G120 变频器的 PROFINET 通信,实现由 S7–1500 PLC 控制 G120 变频器运行。

4.3　知识学习:G120 变频器参数设置

G120 变频器参数有很多,本节给出常用的控制参数及其作用。

1. p0015 驱动设备宏程序:用于在基本调试阶段配置接口并选择报文格式,不同的宏程序编号对应不同的报文格式和功能。

1: 标准报文 1, PZD–2/2

适用于简单的控制和反馈需求,包含两个 PZD(过程值)通道,用于发送和接收控制字和状态字。

注意:当标准报文 1 用于转速控制时,接收和发送方向各有两个 PZD(PZD/2)。

STW1：控制字，用于发送控制命令。

NSOLL_A：转速设定值，用于设定目标转速。

ZSW1：状态字，用于反馈变频器状态。

NIST_A：经过平滑的转速实际值，用于反馈当前转速。

GLATT：经过平滑的电流实际值，用于反馈当前电流。

20：标准报文 20，PZD-2/6

提供更多的数据传输能力，包含两个 PZD 通道，支持更复杂的应用场景。

350：西门子报文 350，PZD-4/4

适用于需要更多数据交互的场景，包含四个 PZD 通道，用于发送和接收更多的控制和反馈数据。

352：西门子报文 352，PZD-6/6

提供更高的数据传输能力，包含六个 PZD 通道，适用于复杂的控制和反馈需求。

353：西门子报文 353，PZD-2/2，PKW-4/4

包含两个 PZD 通道和四个 PKW（过程控制字）通道，支持更灵活的控制和反馈。

354：西门子报文 354，PZD-6/6，PKW-4/4

提供六个 PZD 通道和四个 PKW 通道，适用于需要大量数据交互的复杂应用。

2. 状态字 r0052 是一个 16 位的寄存器，用于反映当前 G120 变频器的运行状态。

3. 控制字 r2090 是一个 16 位的寄存器，用于以位的方式连接控制器接收到的 PZD1，从而实现对变频器的控制，详见表 7-7。

表 7-7　G120 变频器控制字 r2090 位功能

位	含义		说明	变频器中的信号互联
	报文 20	所有其他报文		
0	0 代表 OFF1		电动机按斜坡函数发生器的减速时间 p1121 制动。达到静态后变频器会关闭电动机	p0840[0]=r2090.0
	0→1 代表 ON		变频器进入"运行就绪"状态。当位 3 为 1 时，变频器接通电动机	
1	0 代表 OFF2		电动机立即关闭，惯性停车	p0844[0]=r2090.1
	1 代表 OFF2 无效		允许接通电动机（ON 指令）	
2	0 代表快速停机（OFF3）		快速停机：电动机按 OFF3 减速时间 p1135 制动，直到达到静态	p0848[0]=r2090.2
	1 代表快速停机无效（OFF3）		允许接通电动机（ON 指令）	
3	0 代表禁止运行		立即关闭电动机（脉冲封锁）	p0852[0]=r2090.3
	1 代表使能运行		接通电动机（脉冲使能）	
4	0 代表封锁斜坡函数发生器		变频器将斜坡函数发生器的输出设为 0	p1140[0]=r2090.4
	1 代表不封锁斜坡函数发生器		允许斜坡函数发生器使能	

续表

位	含义		说明	变频器中的信号互联
	报文 20	所有其他报文		
5	0 代表停止斜坡函数发生器		斜坡函数发生器的输出保持在当前值	p1141[0]=r2090.5
	1 代表使能斜坡函数发生器		斜坡函数发生器的输出跟踪设定值	
6	0 代表封锁设定值		电动机按斜坡函数发生器减速时间 p1121 制动	p1142[0]=r2090.6
	1 代表使能设定值		电动机按加速时间 p1120 升高到速度设定值	
7	0→1 代表应答故障		应答故障。如果仍存在 ON 指令,变频器进入"接通禁止"状态	p2103[0]=r2090.7
8、9	预留			
10	0 代表不由 PLC 控制		变频器忽略来自现场总线的过程数据	p0854[0]=r2090.10
	1 代表由 PLC 控制		由现场总线控制,变频器会采用来自现场总线的过程数据	
11	预留 / 自定义	0 代表换向	取反变频器内的设定值	p1113[0]=r2090.11
12	未使用			
13	预留 / 自定义	1 代表电动电位计升高	提高保存在电动电位计中的设定值	p1035[0]=r2090.13
14	预留 / 自定义	1 代表电动电位计降低	降低保存在电动电位计中的设定值	p1036[0]=r2090.14

根据各位的含义,常用控制字有:

OFF1 停车控制字(047E 十六进制);

正转启动控制字(047F 十六进制);

反转启动控制字(0C7F 十六进制);

故障复位控制字(04FE 十六进制)。

4.4　任务实施

4.4.1　硬件组态

新建工程并命名为"S7-1500 to G120",存储路径为"D：",单击"Create"按钮,工程创建完成。

单击添加新设备,选中要添加的控制器 CPU 类型为"S7-1500 PLC",再添加驱动变频器"SINAMICS G120",如图 7-45 所示。

若设备在线,可在线搜索设备,如图 7-46 所示。依次单击"在线访问→更新可访问的设备",就会显示此局域网上所有的在线设备。

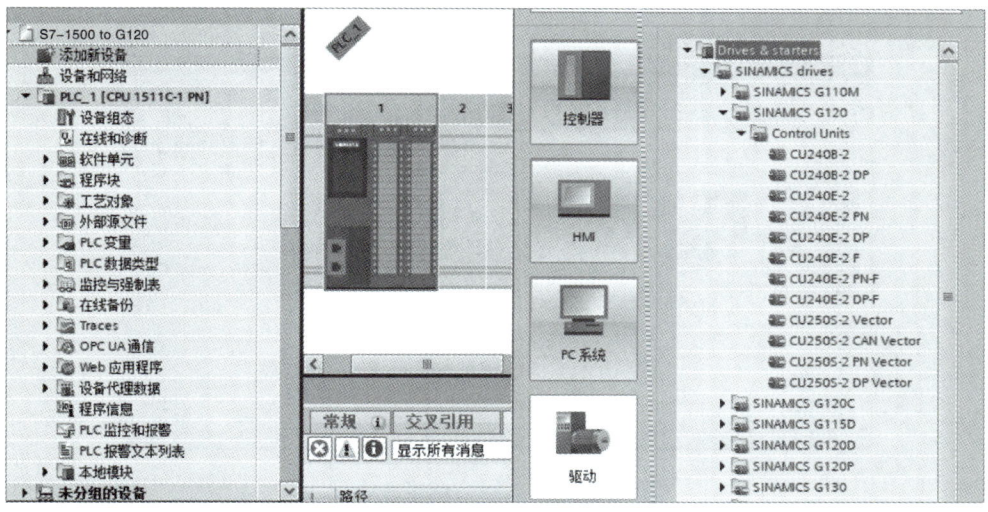

图 7-45　添加新设备

图 7-46 中有三个在线设备,其中的西门子 S7-1500 PLC 和西门子 G120 变频器的 IP 地址分别是:192.168.0.1 和 192.168.0.2。

需要注意 PLC 和变频器的名称,一定要和在线设备相同,即 plc_1 和 g120,否则会造成网络无法通信。

修改 G120 变频器的报文格式为"标准报文 1",如图 7-47 所示。

在网络视图中建立网络连接并编译,如图 7-48 所示。

由于是标准报文 1,接收和发送方向的两个 PZD 通道设置如图 7-49 所示。

I 地址:IW126、IW128 两个字。

Q 地址:QW128、QW130 两个字。

依次单击"设备→驱动 _1 →调试→调试向导",按步骤完成组态,如图 7-50 和图 7-51 所示。

依次单击"调试→控制面板",激活控制面板,如图 7-52 所示,并在面板中进行电机优化。

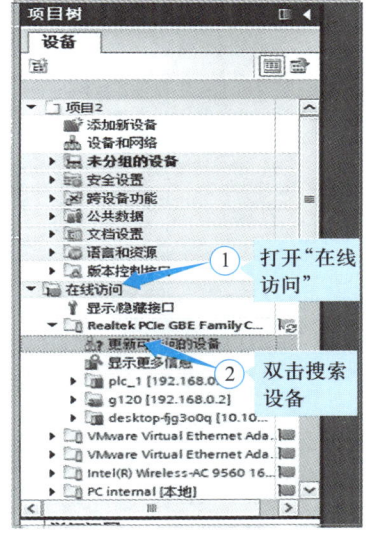

图 7-46　在线搜索设备

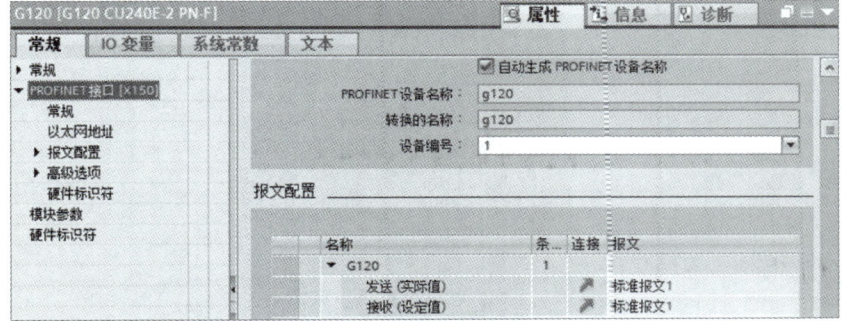

图 7-47　修改 G120 变频器的报文格式

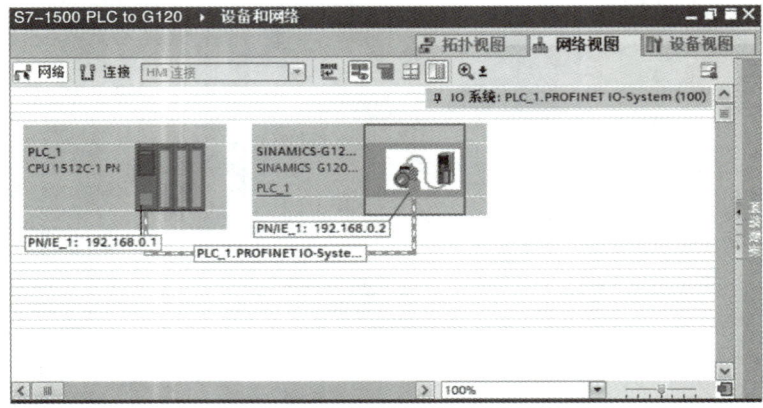

图 7-48　建立网络连接并编译

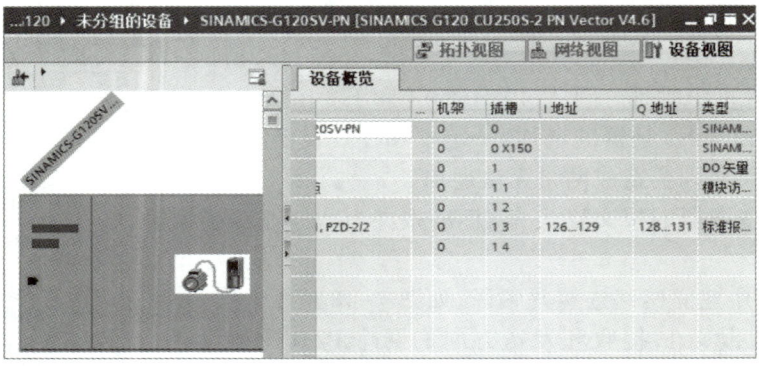

图 7-49　设备 I 地址和 Q 地址

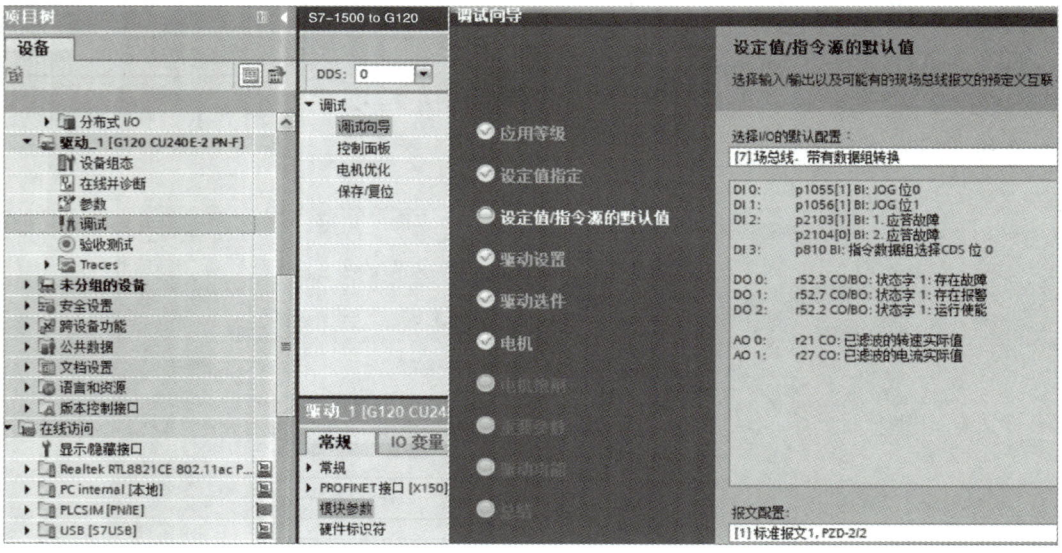

图 7-50　调试向导

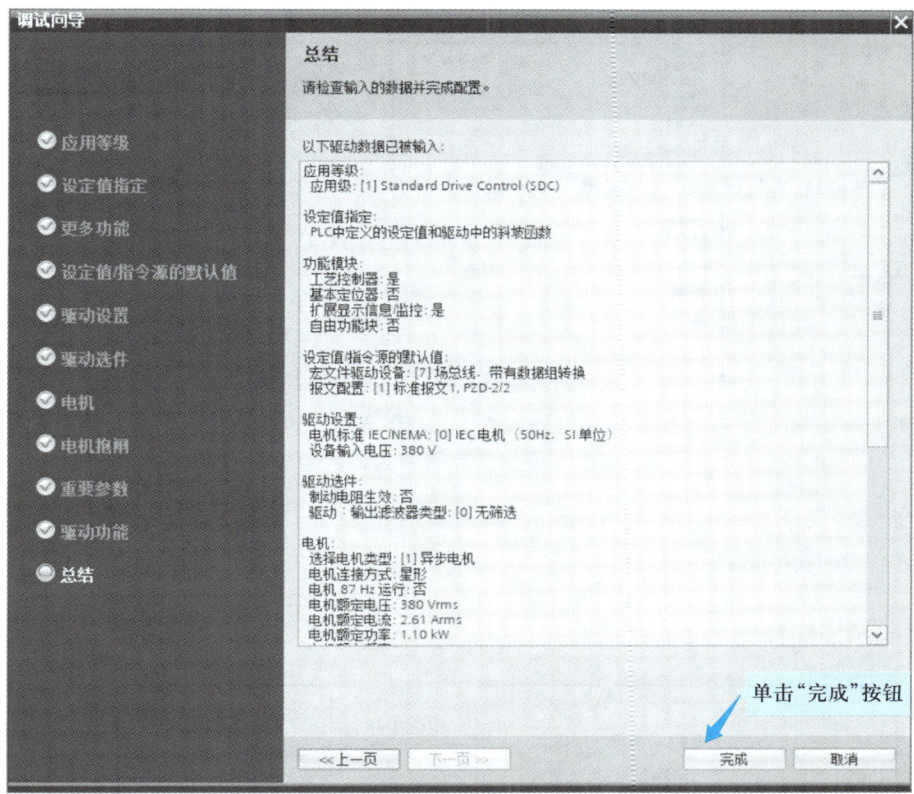

图 7-51　完成组态

图 7-52　激活控制面板

选择"参数",组态需要的功能,例如,设置数字量输入的功能,如图 7-53 所示。

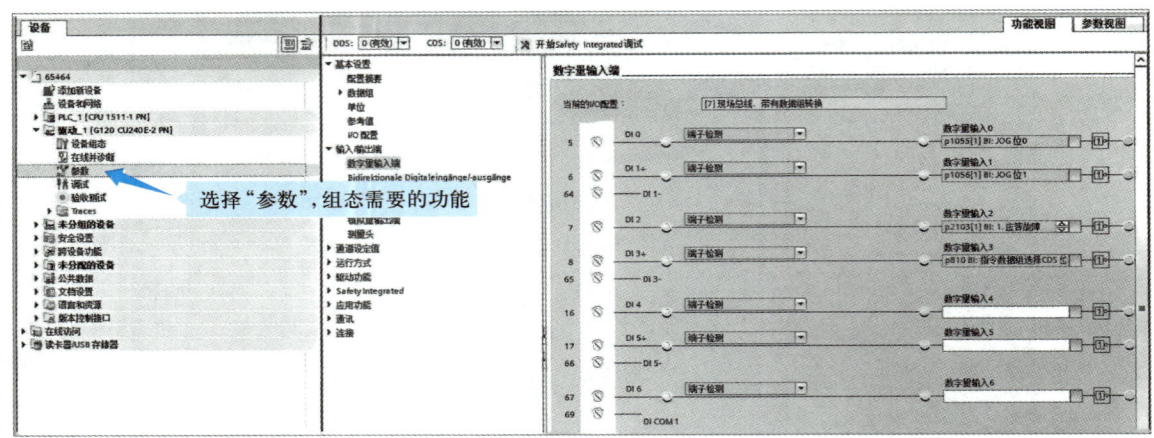

图 7-53　设置数字量输入端的功能

4.4.2　编程与接线

I/O 接线示意图如图 7-54 所示。

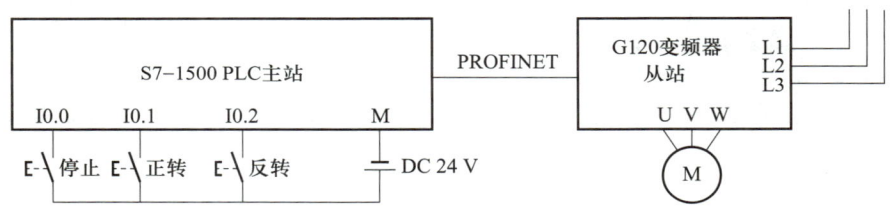

图 7-54　I/O 接线示意图

在 Main(OB1)主程序块中编写 PLC 程序,如图 7-55 所示。

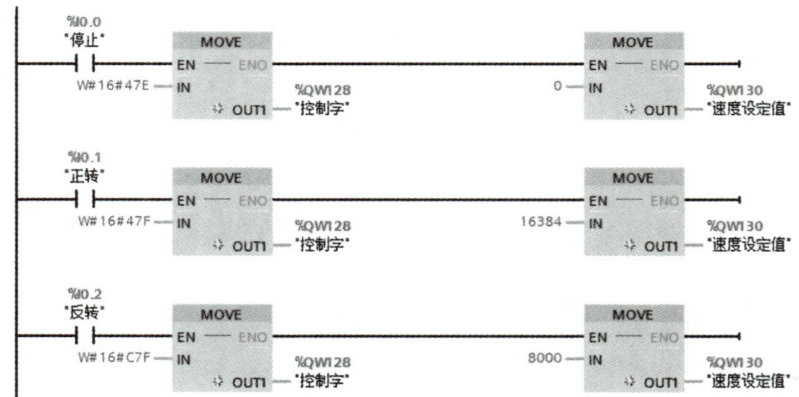

图 7-55　主程序

拓展训练：实现S7-1200 PLC 与智能仪表的MODBUS RTU 通信

【任务情景】

在工业生产过程中,对各类设备的表面温度进行精准检测至关重要。由于表面温度检测设备不直接介入生产流程,为了确保数据的准确传输与高效集成,需采用 MODBUS 通信方式。

MODBUS RTU 作为一种开放的串行协议,在现代工业监控设备领域得到了广泛的应用。该协议支持 RS-232 或 RS-485 串行接口进行稳定通信,并且能够与市场上的主流商业 SCADA、HMI、OPC 服务器以及各类数据采集软件实现良好兼容。因此,MODBUS 兼容性设备能够便捷地集成到新建或已有的监控程序中,并极大提升了系统集成的灵活性与效率,表 7-8 详细列出了 MODBUS RTU 的功能码及其作用。

表 7-8　MODBUS RTU 的功能码及其作用

代码	名称	作用
01	读取线圈状态	获得一组逻辑线圈的当前状态（ON/OFF）
02	读取输入状态	获得一组开关输入的当前状态（ON/OFF）
03	读取保持寄存器	在一个或多个保持寄存器中获得当前的二进制值
04	读取输入寄存器	在一个或多个输入寄存器中获得当前的二进制值
05	强置单线圈	强置一个逻辑线圈的通断
06	预置单寄存器	放置一个特定的二进制值到一个单寄存器中
07	读取异常状态	获得八个内部线圈的通断状态
5	强置多线圈	强置一串连续逻辑线圈的通断
16	预置多寄存器	放置一系列特定的二进制值到一系列多寄存器中
7	报告从机标识	可使主机判断编址从机的类型及该从机运行指示灯的状态

1. 任务描述与引导问题

安装在液压站的智能温度控制仪主要用于检测液压油的温度,支持 MODBUS 通信,如图 7-56 所示,请按要求完成智能温度控制仪和 S7-1200 PLC 的通信。

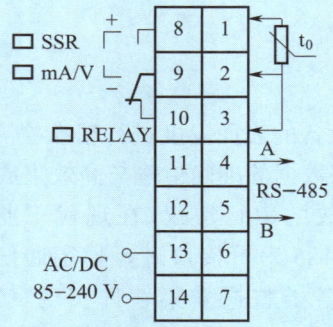

图 7-56　智能温度控制仪

仪表的波特率为 9 600 bit/s,无校验,数据位为 8 位,停止位为 1 位。MODBUS RTU 地址寄存器见表 7-9。

表 7-9　MODBUS RTU 地址寄存器

地址寄存器	名称
0001	设定值
0002	报警上限
0003	报警下限
4098	实际测量值

引导问题 1

修改温度控制仪的设定值 MODBUS 代码是什么? S7-1200 PLC 中使用的代码是什么?

_____

_____

_____

引导问题 2

读取温度控制仪的实际值 MODBUS 代码是什么? S7-1200 PLC 中使用的代码是什么?

_____

_____

📖 学习笔记

2. 制订计划

根据上述引导问题所提出的控制工艺要求,小组内互相讨论,制订工作计划并派代表进行汇报展示。

工作计划单					
小组基本资料					
组别	关系	姓名	联系方式		
第　组	组长				
	组员				
工作计划					
序号	工作流程	预计用时	使用工具/材料/设备/软件	数量	负责人
1					
2					
3					
4					
5					
其他说明					
计划评价	教师评语:　　　　　　　　　　　　　　　　　　　　　　　　　　　　　　　签字:　　　年　　月　　日				

📖 **学习笔记**

3. 实施步骤

» 步骤 1　设计 I/O 地址分配表

I/O 设备名称	I/O 地址	说明

» 步骤 2　设计 I/O 接线示意图

» 步骤 3　硬件组态

» 步骤 4　程序设计

» 步骤 5　程序调试

4. 任务检查

实施检查单（工作过程小组自查）				
序号	工作流程	实际用时	工作过程中遇到的问题及解决方法	负责人
1				
2				
3				
4				
5				
工作成果小组自查				
检查项目	检查结果		完成度	
I/O 地址分配表				
I/O 接线示意图				
程序设计				
程序调试（按功能实现情况检查）				
教师检查	检查结论： 签字： 年　　月　　日			

5. 效果评估

训练完成后, 综合个人、小组在完成任务过程中的表现和教师的评价, 明确学习的重点和后期的改进方向。

评价指标	评价内容	评分	评价结果
获取与处理信息	能根据工作内容有效利用网络、学习平台自主学习	5	
	能依据图书资源、工作手册等资料查找相关信息		
行为表现	仪态自然、大方	5	
	语言表达流畅、逻辑清晰		
	层次分明、准确		
团队精神	积极参与讨论, 完成小组给定的软硬件设计任务, 与老师和同学相处融洽	10	
	在讨论中提出自己的见解, 并倾听同学的意见, 适应小组工作方式		
	在小组工作中态度友好, 富有创新性; 能够代表本小组与其他小组同学交流和探讨		
学习方法	独立确定学习时间、方法, 能解决调试过程中出现的问题	10	
	认识自己的缺陷并及时补救		
	能独立决定学习进度和制定设计方案, 做到有效学习		
工作过程	遵守实验实训室管理规定, 确保工作过程安全有效	50	
	工具、器件摆放有序, 工作台面整洁		
	善于发现问题、分析问题、解决问题		
	能正确完成工作任务		
工匠精神	绘制的接线示意图整齐、美观	20	
	程序设计正确、严谨		
	硬件及外围接线整齐、可靠, 无裸露及松动		
自评得分:		核定总分:	

【能力测试】

1. 设备地址是 10,用 03 功能码读取 40001 寄存器,读取值为 567,请补全表 7-10 中的内容。

表 7-10　能力测试 1

主站 发送帧	地址	功能码	起始地址 高位	起始地址 低位	数据个数 高位	数据个数 低位	CRC 校验高位	CRC 校验低位
		03					xx	xx
从站 回应帧	地址	功能码	字节数	寄存器值 高位	寄存器值 低位	[....]	CRC 校验高位	CRC 校验低位
		03					xx	xx

2. 请使用带方向的箭头连接左、右两个表格。

RS-232	RXD
	TXD
	GND

RXD	
TXD	RS-232
GND	

| RS-485 | A(D+) |
| | B(D-) |

| A(D+) | |
| B(D-) | RS-485 |

新能源汽车生产线 PLC 与工业机器人通信控制

 【项目情景】

工业机器人是一种能够实现自动化生产、提高社会生产效率并推动生产力发展的关键设备。作为一种典型的光、机、电一体化产品,工业机器人应用技术涵盖了电子、视觉、传感器、计算机、通信和人工智能等多个领域。在现代化的新能源汽车生产线上,一般使用 PLC 对工业机器人进行控制,因此,掌握 PLC 和工业机器人的通信知识和方法非常重要。本项目以 PLC 与工业机器人为载体,以新能源汽车生产线为项目背景,重点学习了 PLC 和工业机器人通信控制的相关知识和技能。本项目包括两个学习任务,分别是"实现 S7–1200 PLC 与 ABB 工业机器人的 PROFINET 通信控制"和"实现 S7–1500 PLC 与 KUKA 工业机器人的 PROFINET 通信控制"。此外,在拓展训练环节,以工业机器人搬运控制系统为任务情景,引导学生完成 S7–1200 PLC 与 ABB 工业机器人的 I/O 端子通信控制。

▶ 视频

新能源汽车生产线

 【项目导学】

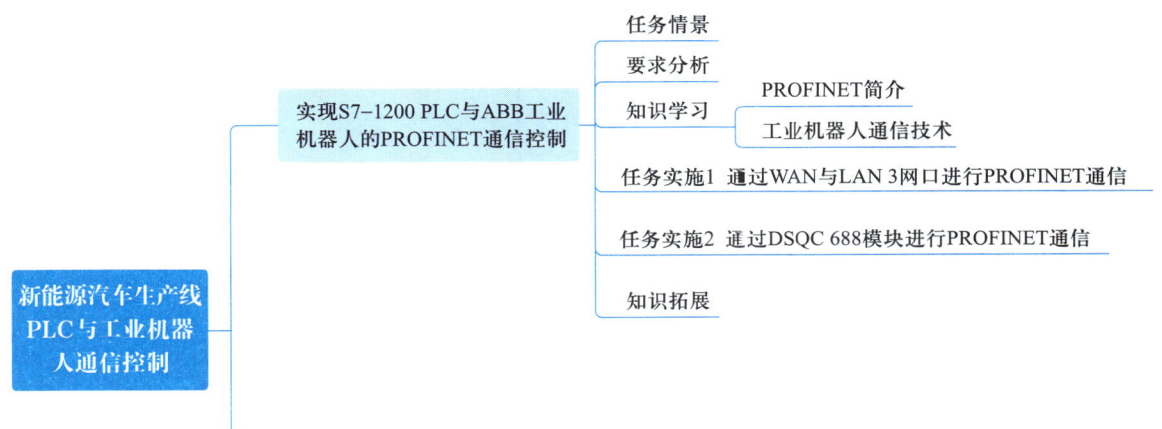

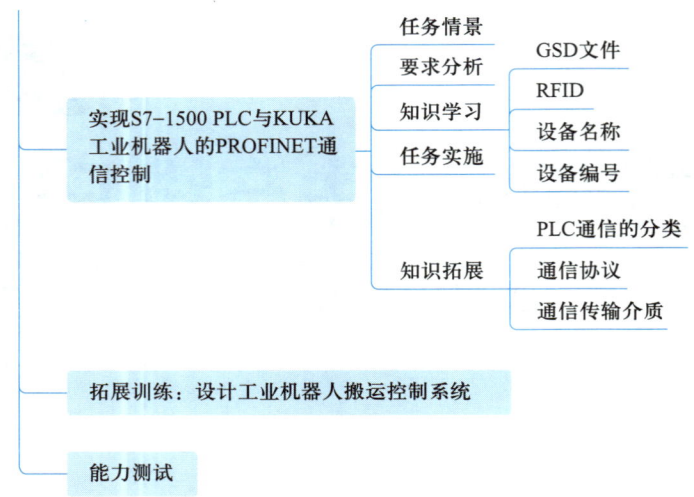

【学习目标】

知识目标	▶ 掌握 S7-1200 PLC 与 ABB、KUKA 工业机器人的 PROFINET 通信的硬件连接； ▶ 掌握 S7-1200 PLC 与 ABB、KUKA 工业机器人的 PROFINET 通信的硬件与软件配置； ▶ 掌握 S7-1200 PLC 与 ABB、KUKA 工业机器人的 PROFINET 通信的网络组态及参数设置； ▶ 掌握 S7-1200 PLC 与 ABB、KUKA 工业机器人的 PROFINET 通信的编程与调试方法。
能力目标	▶ 能完成 S7-1200 PLC 与工业机器人的通信接线； ▶ 能完成 S7-1200 与工业机器人的 PROFINET 通信的硬件与软件配置； ▶ 能完成 S7-1200 与工业机器人的 PROFINET 通信网络组态及参数设置； ▶ 能对 PLC 和工业机器人通信系统进行调试。
素质目标	▶ 具有工程实践能力和创新精神； ▶ 具有安全操作意识和团队合作精神； ▶ 具有团队协作能力和沟通能力； ▶ 激发对智能制造和绿色能源技术的兴趣和热情。

【学习指导】

重点

▶ 了解 PLC 与工业机器人通信方式；

▶ 掌握 PLC 与工业机器人通信的硬件连接；

▶ 掌握 PLC 与工业机器人的硬件与软件配置；

▶ 会根据控制要求完成 S7-1200 PLC 与工业机器人的 PROFINET 通信的编程与调试。

难点

> PROFINET 通信网络的组态及参数设置;
> PROFINET 通信的编程与调试。

拓展材料

全国劳动模范
张永忠

学习任务 1

实现 S7-1200 PLC 与 ABB 工业机器人的 PROFINET 通信控制

1.1　任务情景

在采用工业机器人作为执行末端的现代化智能制造系统中,电气控制集成和总线网络通信都离不开 PLC、人机界面和工业机器人,它们能让工业机器人的协调工作能力更强,使各个设备不再"孤军奋战"。全球机器人领先的 ABB 工业机器人可以与西门子 S7-1200 PLC 构成协同工作系统,而通信控制是实现设备间高效协同的关键,它能够确保各个设备之间的通信顺畅且可靠,是现代控制系统中至关重要的内容。

1.2　要求分析

本任务实现 S7-1200 PLC 与 ABB 工业机器人的 PROFINET 通信控制,通过将 S7-1200 PLC 与外部检测设备及机器人控制器连接,实现对外部检测设备的控制及其与机器人控制器的信号互通,实现外部检测设备与机器人工作站的高效协同,这种控制方案在实际工程项目中得到了广泛的应用。

1.3　知识学习

1.3.1　PROFINET 简介

工业以太网是当今工业通信领域发展最为迅速的技术之一。PROFINET(process field net)是由西门子公司和 PROFIBUS 协会共同研发的一种实时以太网技术,它基于标准工业以太网技术,使用 TCP/IP 和 IT 标准。PROFINET 能够满足现场总线和信息系统的集成需求,充分实现了企业管理层和现场层通信的兼容性。PROFINET 的主要组成部分包括:分布式自动化、分散式现场设备、网络安装、统一的通信接口和现场总线,其核心组成部分是分散式现场设备。PROFINET 采用基于设备名称的寻址方式,需要为设备分配名称和 IP 地址。

PROFINET 可用于实现基于工业以太网的集成化、一致性的自动化解决方案。它具有良好的实时性,可以直接连接现场设备,提供标准化的、独立于制造商的工程接口(网口)。设备之间的通信连接通过组态完成配置,无须编程,可通过"XXX.GSDML"配置文件描述设备信息。PROFINET 支持多种通信方式,根据通信目的不同,将通信方式划分为三种类型。

1. 实时性要求不高的数据:通过 TCP/UDP 在标准通道上发送,满足设备控制层与其他网络兼容互通的需求。

2. 实时性较强的过程数据:采用实时通道 RT(realtime)传输,PROFINET 中的实时通信通道显著减少了通信时间,缩短了过程数据的传输周期。

3. 等时同步实时通信 IRT(isochronous realtime):时钟速率为 1 ms,抖动精度为 1 μs,主要用于对时间同步要求较高的场合,例如:运动控制。

1.3.2　工业机器人通信技术

工业机器人配备了丰富的 I/O 通信接口,可以轻松实现与周边设备的通信。ABB 工业机器人支持多种通信方式,包括:

普通 I/O(Signal,Group Signal);

工业总线(PROFINET,PROFIBUS,DeviceNet,EtherNet/IP 等);

网络(OPC Server、Socket Message 等)。

用户可以根据需求选择合适的现场总线。不同机器人厂商的标准 I/O 模块功能大同小异。例如,使用 ABB 工业机器人的标准 I/O 模块时,通常需要支持 DeviceNet 总线。ABB 工业机器人常用的标准 I/O 模块包括 DSQC 651 和 DSQC 652 等。在硬件上,可以使用工业机器人控制柜的 WAN、LAN 和 SERVICE(服务)等通信端口,也可以使用适配器模块如 DSQC667、DSQC688、DSQC378B 和 DSQC669 等。ABB 工业机器人与西门子 PLC 通信通常使用 PROFINET 总线,共支持三种通信模式。

1. PROFINET Controller/Device(888-2)

该模式支持工业机器人同时作为 Controller(主站)和 Device(从站),无须额外硬件,可以直接使用控制柜上的 LAN 3 端口和 WAN 端口(图 8-1 中的 X5 端口和 X6 端口)。IRC5 控制柜部分接口的详细说明见表 8-1。

2. PROFINET Device(888-3)

该模式工业机器人不需要额外的硬件,仅支持工业机器人作为从站(Device)。

3. PROFINET Anybus device(840-3)

该模式需要额外的硬件 PROFINET Anybus Device,硬件设备如图 8-2 所示的 DSQC688,仅支持工业机器人作为从站(Device)。

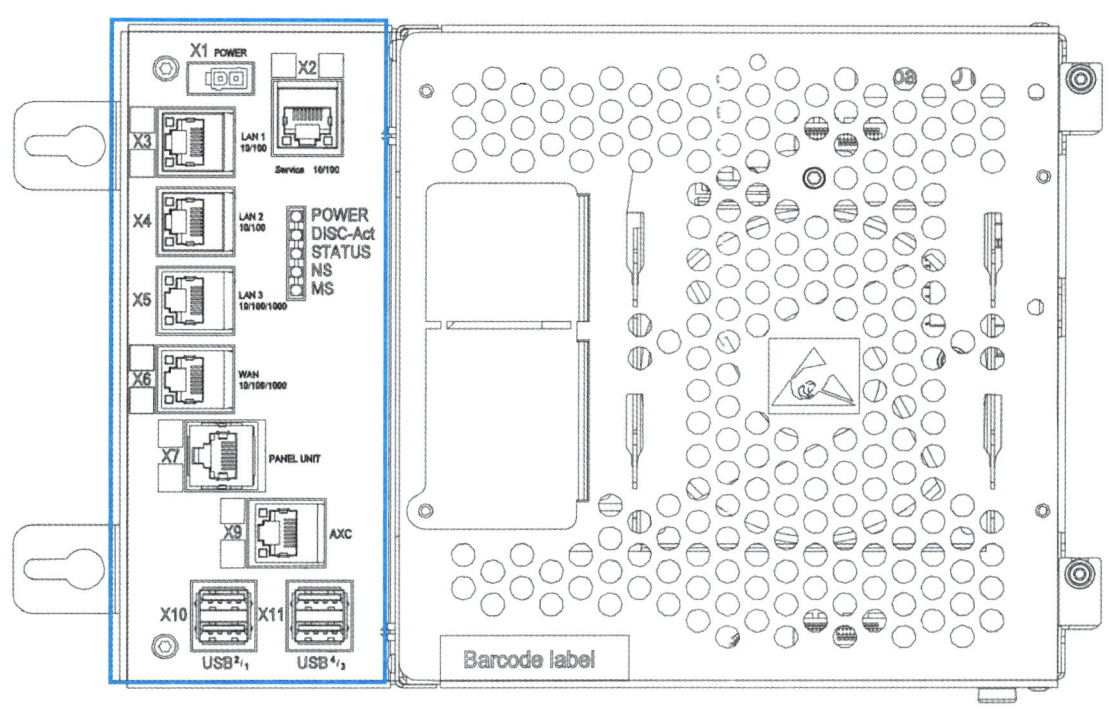

图 8-1 IRC5 控制柜接口图

表 8-1 IRC5 控制柜部分接口的详细说明

标签	名称	作用
X1	Power	电源接口,用于连接控制柜的电源
X2(黄)	Service Port	服务端口,IP 地址固定为 192.163.125.1,可以使用 RobotStudio 等软件进行连接和配置
X3(绿)	LAN 1	连接示教器,用于编程和监控
X4	LAN 2	通常用于内部通信,如连接新的 I/O 模块(如 DSQC1030)等
X5	LAN 3	可以配置为 PROFINET、EtherNet/IP 或普通 TCP/IP 等通信端口,用于与外部设备通信
X6	WAN	可以配置为 PROFINET、EtherNet/IP 或普通 TCP/IP 等通信端口,用于与外部网络通信
X7(蓝)	PANEL UNIT	连接控制柜的安全板,用于安全相关的功能
X9(红)	AXC	连接控制柜内的轴计算机,用于控制和计算
X10、X11	USB	USB 端口(4 端口),用于数据传输和设备配置

S7-1200 PLC
与ABB 工业机器
人的PROFINET
通信

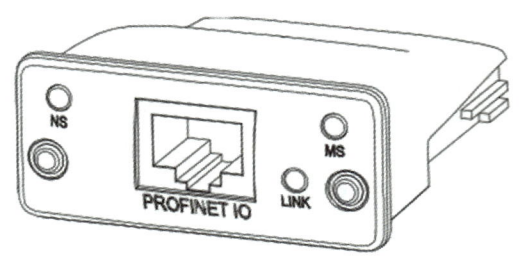

图 8-2　DSQC688 硬件设备图

1.4　任务实施 1

任务要求：S7-1200 PLC 与 ABB 工业机器人通过 WAN 端口和 LAN 3 端口进行 PROFINET 通信。

ABB 工业机器人需要有 888-2 PROFINET Controller/Device 或 888-3 PROFINET Device 选项，才能通过控制柜上的 LAN 3 端口和 WAN 端口进行 PROFINET 通信。有些工位上的工业机器人既需要做 PLC 从站，又要做子模块的主站，就得有 888-2 PROFINET Controller/Device 选项，此类通信不需要任何额外的硬件支持，工业机器人控制模块信息如图 8-3 所示。

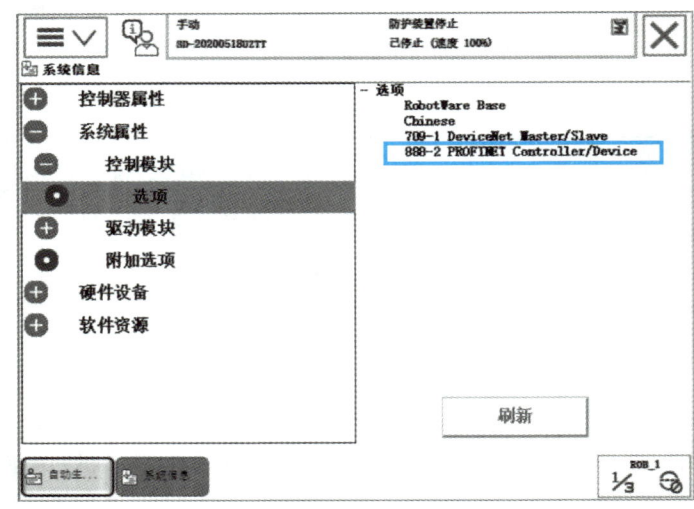

图 8-3　工业机器人控制模块信息

》**步骤 1**　通信的硬件和软件配置

1. 硬件

（1）S7-1200 PLC 模块 1 个。

（2）IRC5 控制柜 1 个。

（3）计算机 1 台。

（4）用于组网的带水晶头的 4 芯双绞线 1 根。

2. 软件

（1）PLC 选择西门子 TIA Portal V15 及以上版本的编程软件。

（2）工业机器人选择 RobotStudio 6.06 及以上版本的编程软件。

》步骤 2　通信的硬件连接

确保断电接线,通信的硬件连接如图 8-4 所示。

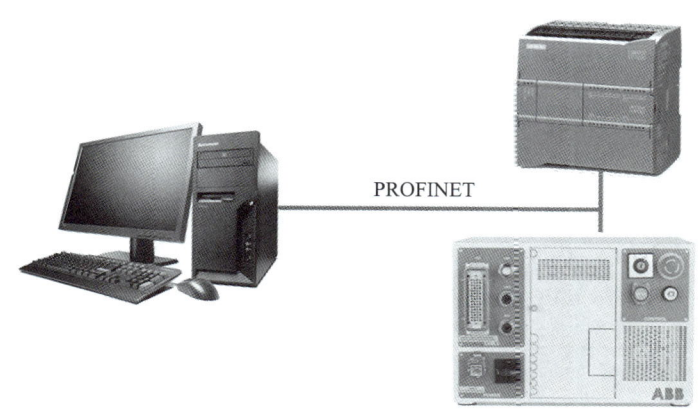

PROFINET

图 8-4　通信的硬件连接

》步骤 3　获取 GSDML 文件

西门子 PLC 与第三方的设备（例如,ABB、KUKA、法兰克或者是其他品牌的工业机器人）进行通信,只要通过 PROFINET 通信,就必须使用 GSMDL 文件来描述设备的相关信息。随着工业机器人 RobotWare 版本的不断升级,"XXX.GSMDL"文件也要根据实际需要选择对应的版本,否则组态时会报错,如图 8-5 所示。

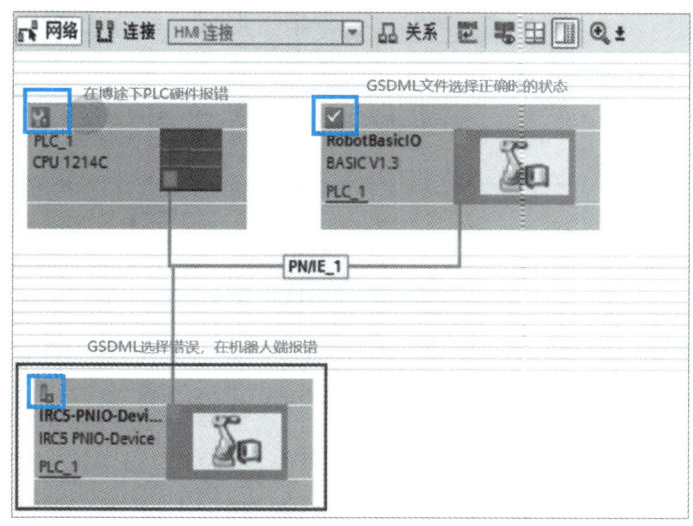

图 8-5　TIA Portal 软件中 GSDML 文件组态报错图

5.X 版本的 RobotWare 是在相应安装目录的文件夹下安装,打开安装文件夹,GSDML 文件如图 8-6 所示。第 1 个选项是需要硬件支持的通信;第 2 个选项是不需要硬件支持的通信;第 3 个是与类似西门子 S7-300 适配器做连接的 GSDML 文件,需要根据实际情况进行选择。如果和西门子 PLC 做 PROFIBUS 通信要选择 GSD 文件,那么做 PROFINET 通信则要选择 GSDML 文件。

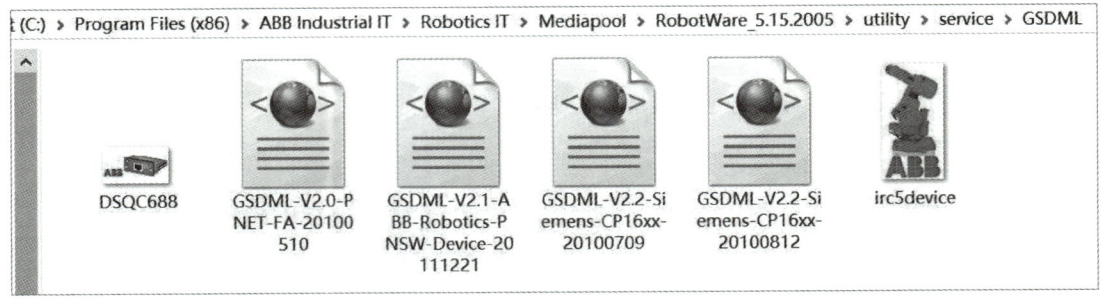

图 8-6   5.X 版本 GSDML 文件

6.X 版本的 GSDML 文件获取方式和 5.X 版本不同，主要有两种方法。

方法一：在 RobotStudio 6.06 软件中的"Add-Ins"选项卡下，选择一个已经安装的 6.X 版本，单击"打开数据包文件夹"选项，按如图 8-7 所示的步骤可找到 GSDML 文件。

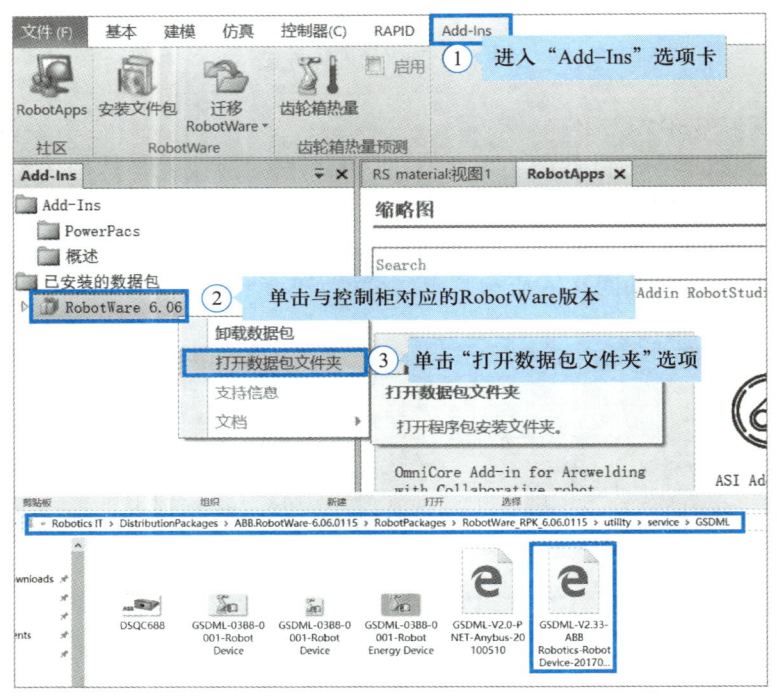

图 8-7   6.X 版本寻找 GSDML 文件步骤

方法二：打开示教器，按如图 8-8 所示的步骤操作，然后在"PRODUCTS/RobotWare_6XX/utility/service/GSDML"目录下找到"GSDML-V2.33-ABB Robotics-Robot Device-XXX"文件。最后使用 U 盘将此文件复制出来，并保存到计算机中。

》步骤 4   PLC 配置

1. 安装 GSDML 文件

打开 TIA Portal 软件，创建一个项目，在"项目视图"中单击"选项"菜单，选择"管理通用站描述文件（GSD）（D）"选项，并在弹出的对话框中选择需要安装的 GSDML 文件（例如：GSDML-V2.33-ABB-Robot-Device-20180404），再单击"安装"按钮，如图 8-9 所示，将 ABB 工业机器人的 GSDML 文件安装到 TIA Portal 软件中。

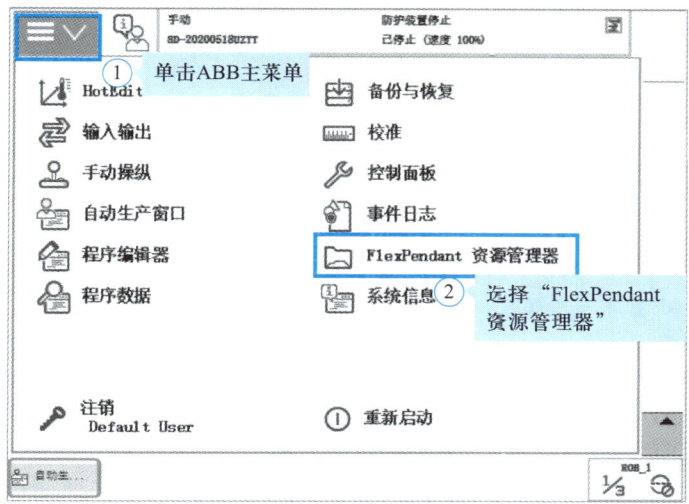

图 8-8　在示教器上寻找 GSDML 文件步骤

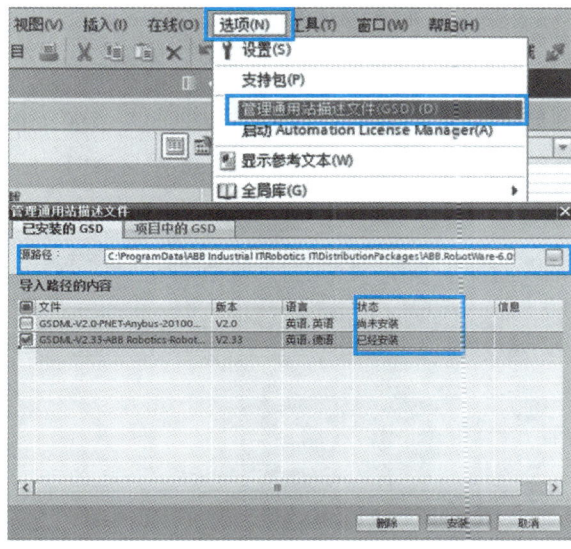

图 8-9　在 TIA Portal 软件中安装 GSDML 文件

2. 添加 PLC

单击"添加新设备",在弹出的对话框中选择"控制器",本任务使用"SIMATC S7-1200"中的"CPU 1214C DC/DC/DC"订货号为"6ES7 214-1AE30-0XB0"的 CPU,版本为 V2.2,注意选择的订货号和版本号要与实际使用的 PLC 一致。

》步骤 5　PLC 的 IP 地址和设备名称设置

双击 PLC 的 PROFINET 接口,在"属性"选项卡下的"常规"选项卡中选择"以太网地址",设置以太网地址为"192.168.0.1",子网掩码为"255.255.255.0",PROFINET 设备名称为"plc_1"等,如图 8-10 所示。

》步骤 6　添加 ABB 工业机器人

在"设备和网络"的"网络视图"选项卡中选择"其他现场设备→PROFINET IO",单击"I/O",再单击"ABB Robotics",将"Robot Device"下的图标'RobotBasicIo BASIC V1.2"拖

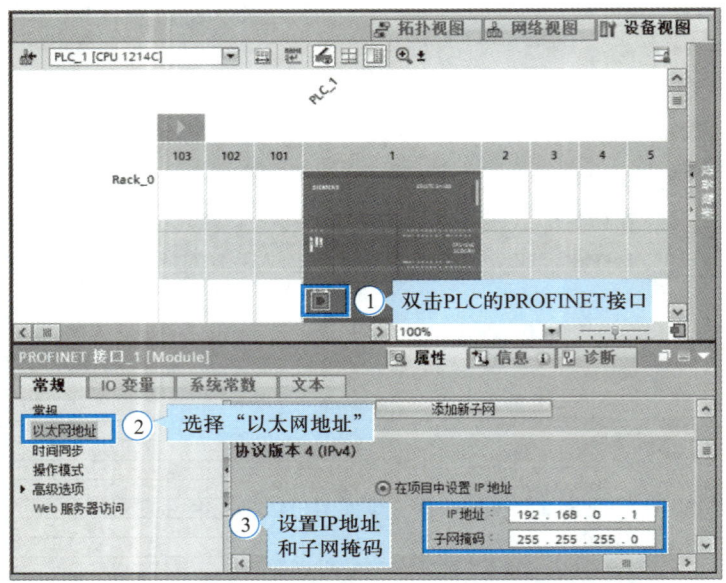

图 8-10　设置 PLC 的 IP 地址和设备名称

曳至"网络视图"中。在"属性"选项卡中设置"以太网地址"中的"IP 地址"为"192.168.0.2"（图 8-11），PROFINET 设备名称为"ABBPLC"。需注意要与 ABB 工业机器人示教器设置的 IP 地址和 PROFINET 设备名称相同。

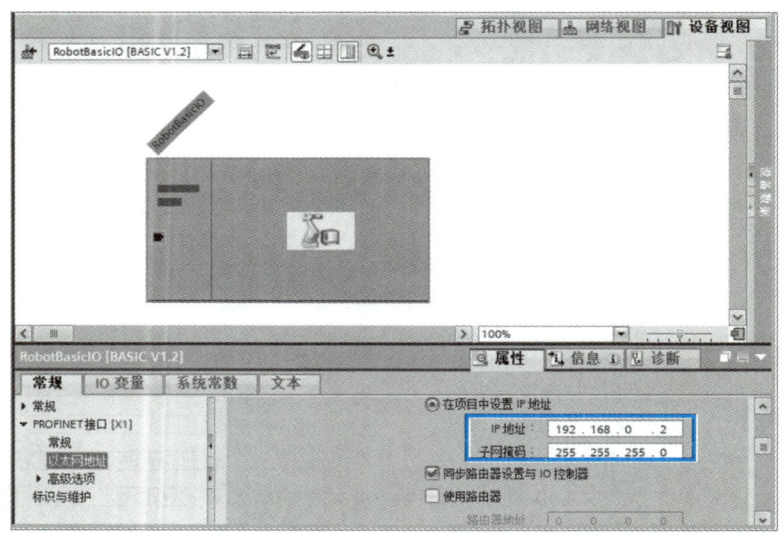

图 8-11　设置工业机器人的 IP 地址

》步骤 7　设置 ABB 工业机器人通信 I/O 信号

（1）ABB 工业机器人

进入 ABB 主菜单，在控制面板界面下，依次单击"配置→主题→ Communication → IP Setting → PROFINET Network →添加"，设置工业机器人的 IP 地址、子网掩码以及网络接口，然后单击"确定"按钮，如图 8-12 至图 8-15 所示。

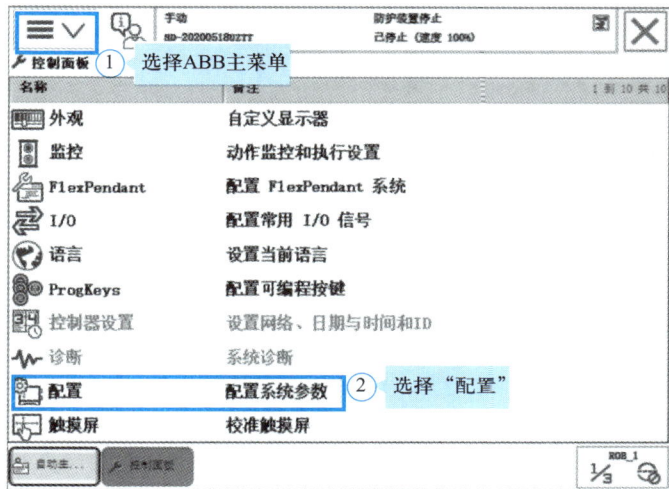

图 8-12　配置系统参数

图 8-13　选择"Communication"主题

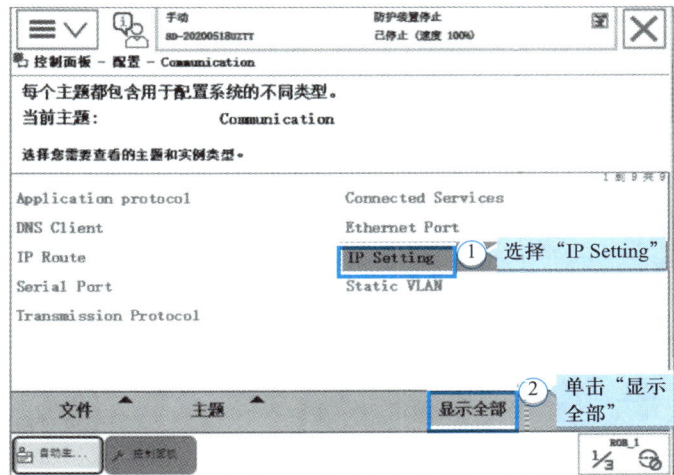

图 8-14　选择"IP Setting"

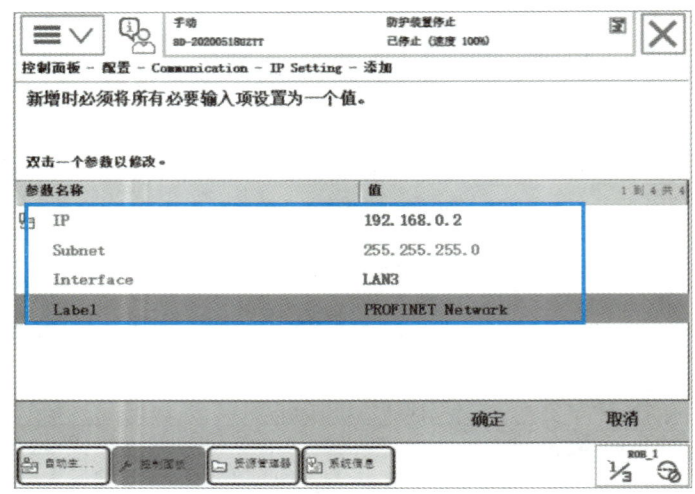

图 8-15　工业机器人 IP 地址和网络设置

（2）PROFINET 工业网络

在控制面板界面下，依次单击"配置→主题→I/O→Industrial Network→显示全部"，如图 8-16 所示，再单击"PROFINET→添加"，设置"PROFINET Station Name"的名字为"ABBPLC"，单击"确定"按钮，如图 8-17 所示。

注意："ABBPLC"是工业机器人作为从站在 TIA Portal 软件中定义的名称，为保证通信，此名称要与 PLC 端设置一致。

（3）建立设备并进行通信数据分配对应

返回"主题"下，依次单击"PROFINET Internal Device→显示全部→添加"，修改设备名称及通信数据长度，如图 8-18 所示。

注意："VendorName"和"ProductName"可编辑修改。输入 / 输出数据长度应与 PLC 组态时保持一致，在本任务中设置为 8 个字节。

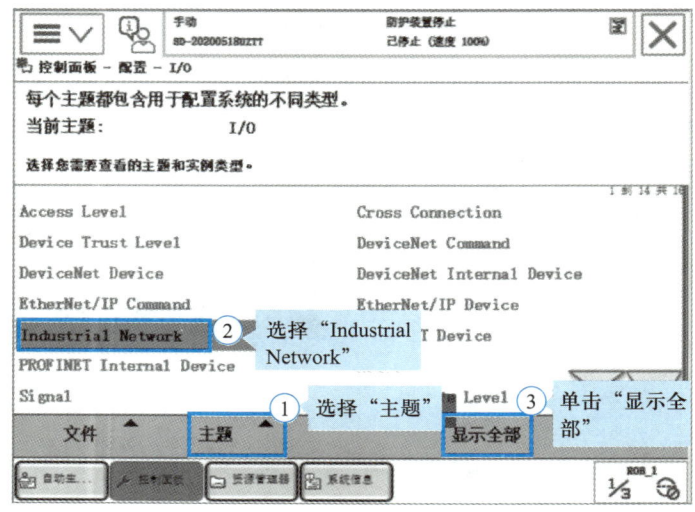

图 8-16　选择"Industrial Network"主题

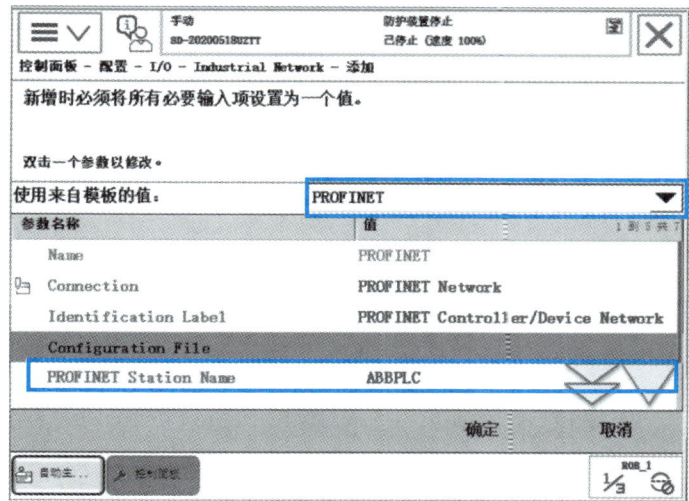

图 8-17 设置 PROFINET 通信参数

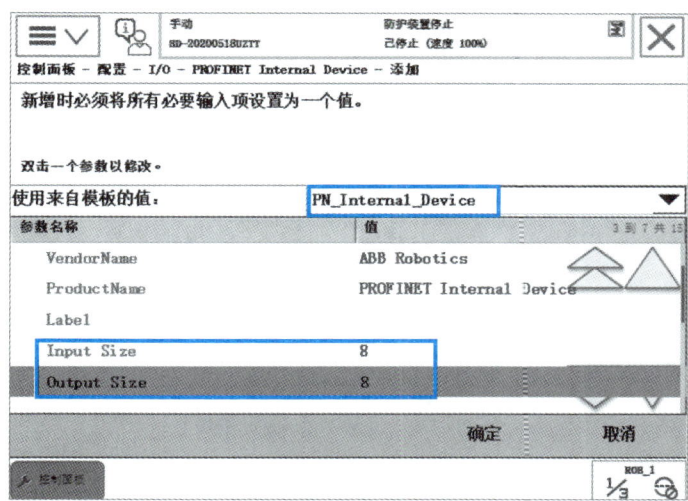

图 8-18 修改数据名称及通信数据长度

（4）创建 PROFINET 的 I/O 信号

表 8-2 定义了输入信号 Di0，表 8-3 定义了输出信号 Do0。

表 8-2 定义输入信号

参数名称	设定值	说明
Name	Di0	信号名称
Type of Signal	Digital Input	信号类型（数字输入信号）
Assigned To Device	PN_Internal_Device	分配的设备
Device Mapping	0	信号地址

表 8-3　定义输出信号

参数名称	设定值	说明
Name	Do0	信号名称
Type of Signal	Digital Onput	信号类型（数字输出信号）
Assigned To Device	PN_Internal_Device	分配的设备
Device Mapping	0	信号地址

在 ABB 工业机器人上创建 PROFINET 的 I/O 信号步骤如下。

在工业机器人示教器控制面板界面下，依次单击"配置→主题→ I/O → Signal →显示全部→添加"，编辑信号名称、信号类型、通信设备和通信地址范围等，如图 8-19 和图 8-20 所示，按同样方法继续设置 Di1 ~ Di63 和 Do0 ~ Do63。

图 8-19　设置输入信号 Di0

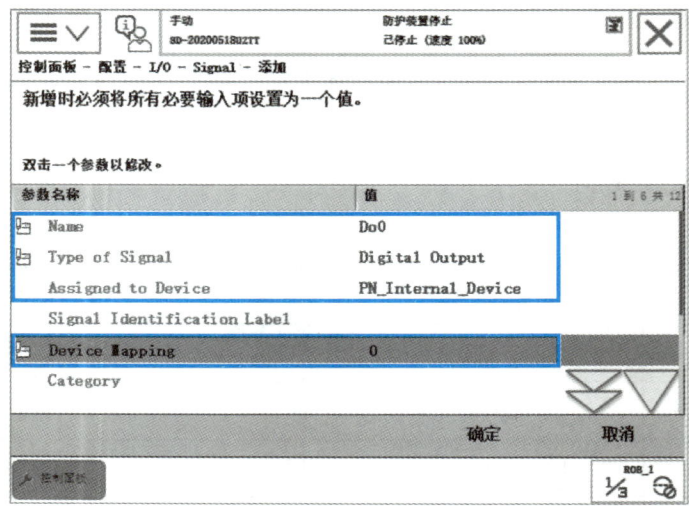

图 8-20　设置输出信号 Do0

» 步骤 8 在 TIA Portal 软件中设置 ABB 工业机器人的通信 I/O 信号

选择"设备视图",单击"目录"下的"DI 8 bytes",即输入 8 个字节,包含 64 个输入信号,与 ABB 工业机器人示教器设置的输出信号 Do0 ~ Do63 相对应。再单击"目录"下的"DO 8 bytes",即输出 8 个字节,包含 64 个输出信号,与 ABB 工业机器人示教器设置的输入信号 Di0 ~ Di63 相对应,如图 8–21 所示。

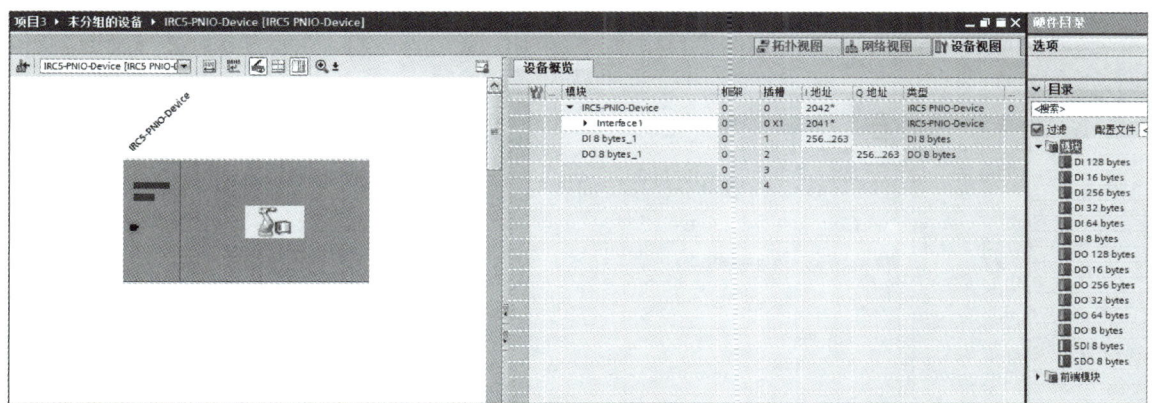

图 8–21　设置与 ABB 工业机器人示教器相对应的通信信号

» 步骤 9 建立 PLC 与 ABB 工业机器人的 PROFINET 通信

用鼠标将 PLC 的 PROFINET 通信口拖曳至工业机器人图标上的绿色 PROFINET 通信口上,即建立起 PLC 和 ABB 工业机器人的 PROFINET 通信,如图 8–22 所示。表 8–4 中工业机器人输出信号地址和 PLC 输入信号地址等效,工业机器人输入信号地址和 PLC 输出信号地址等效。例如,ABB 工业机器人中"Device Mapping"为"0"的输出信号 Do0 和 PLC 中的 I256.0 信号等效,"Device Mapping"为"0"的输入信号 Di0 和 PLC 中的 Q256.0 信号等效,所谓信号等效是指它们同时通断。

图 8–22　建立 PLC 与 ABB 工业机器人的 PROFINET 通信

表 8–4　PLC 与工业机器人信号对应表

PLC 输出信号地址	工业机器人输出信号地址	PLC 输入信号地址	工业机器人输入信号地址
PQB256	Do0 ~ Do7	PIB256	Di0 ~ Di7
PQB257	Do8 ~ Do15	PIB257	Di8 ~ Di15
…	…	…	…
PQB263	Do56 ~ Do63	PIB263	Di56 ~ Di63

》步骤 10　建立 PLC 与 ABB 工业机器人信号关联

将数字输入信号 Di 与系统的控制信号关联起来,可以对 ABB 工业机器人进行控制,例如,将电动机开启与程序启动关联等。系统的状态信号也可以与数字输出信号 Do 关联,实现将 ABB 工业机器人的状态输出给外围设备。

下面以系统输入"电动机开启(Motors On)"与数字输入信号"Di0"关联为例,操作步骤如下。

在工业机器人示教器控制面板界面下,先单击"配置",再选择"System Input",最后单击"显示全部",如图 8-23 所示。在弹出的窗口中选择"添加",按如图 8-24 所示的参数进行设置。

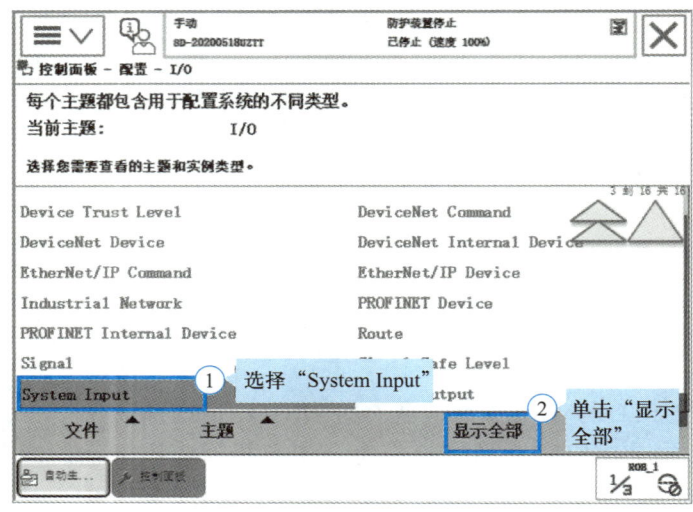

图 8-23　配置系统输入

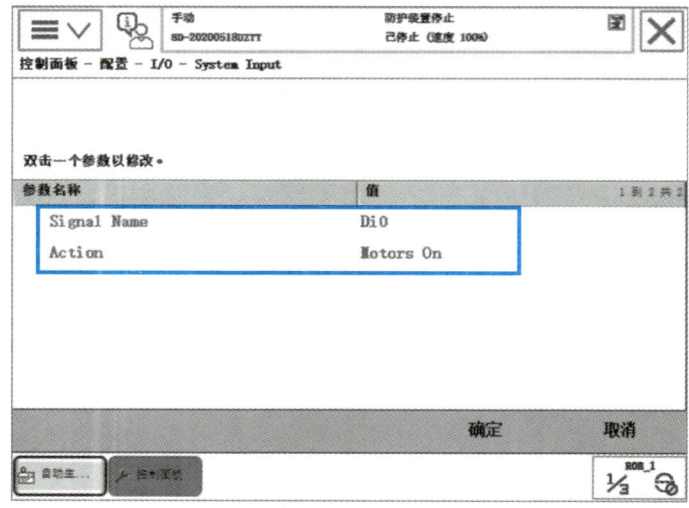

图 8-24　输入信号与系统信号关联

按照类似的方法可完成表 8-5 中的 PLC 与工业机器人信号关联。

》步骤 11　PLC 编程

在 TIA Portal 软件的 OB1 中编写如图 8-25 所示的程序。

表 8-5　PLC 与工业机器人信号关联表

名称	工业机器人信号	PLC 信号	说明
Di0	Motors On	Q256.0	电动机上电
Di1	Start at Main	Q256.1	从 Main 程序开始
Di2	Start	Q256.2	程序启动
Di3	Stop	Q256.3	程序停止

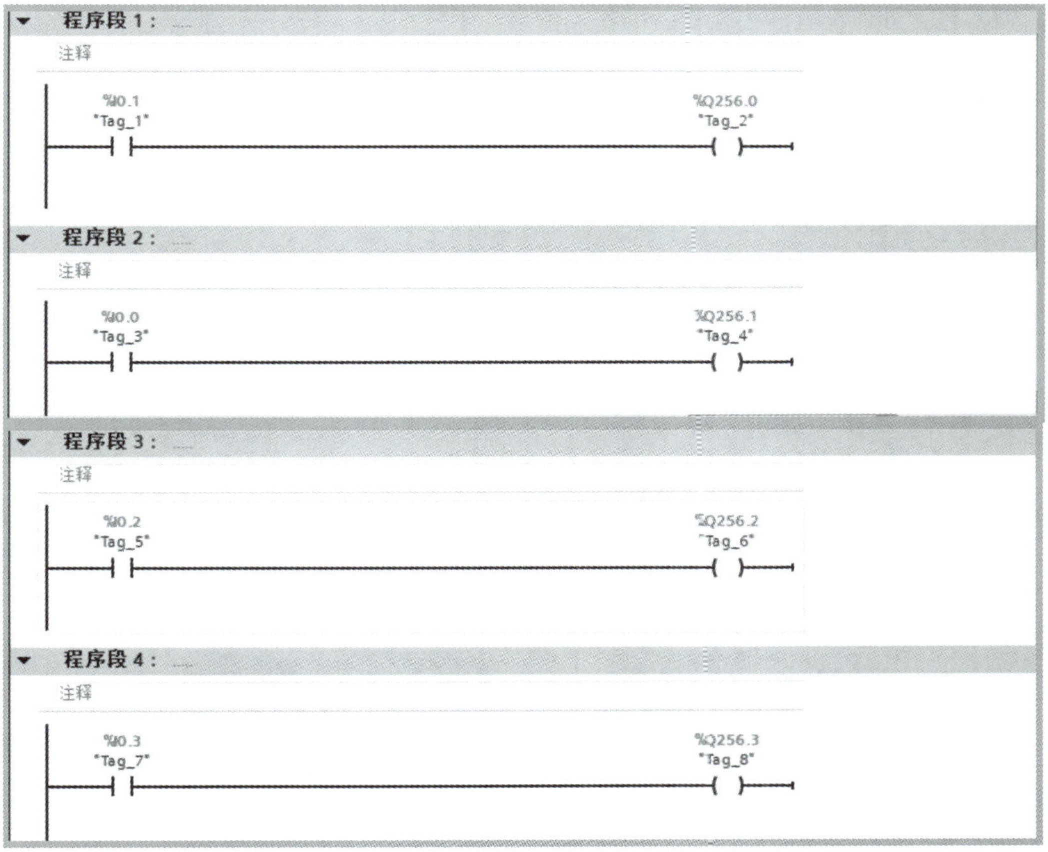

图 8-25　PLC 程序

　　PLC 中 I0.1 导通,Q256.0 得电,同时 ABB 工业机器人中的 Di0 为 **1**,因为 Di0 与 Motors On 关联,则 ABB 工业机器人各关节电动机得电。

　　PLC 中 I0.0 导通,Q256.1 得电,同时 ABB 工业机器人中的 Di1 为 **1**,因为 Di0 与 Start at Main 关联,则 ABB 工业机器人开始执行 Main 主程序。

　　PLC 中 I0.2 导通,Q256.2 得电,同时 ABB 工业机器人中的 Di2 为 **1**,因为 Di2 与 Start 关联,则 ABB 工业机器人执行程序。

　　PLC 中 10.3 导通,Q256.3 得电,同时 ABB 工业机器人中的 Di3 为 **1**,因为 Di3 与 Stop 关联,则 ABB 工业机器人停止执行程序。

1.5　任务实施 2

任务要求：S7-1200 与 ABB 工业机器人通过 DSQC688 模块进行 PROFINET 通信。

1.5.1　通信的硬件和软件配置

ABB 工业机器人控制器中的 DSQC688 是一个接口模块，用于连接外部设备，如 I/O 模块、传感器和执行器等。GSDML 文件是一种用于描述 DSQC688 或其他 ABB 设备配置的文件格式，通常包含如何配置和连接设备的相关信息。

机器人系统一般只能作为外围设备的从站进行通信，例如，作为 PLC 控制系统中的一个单元。ABB 工业机器人需要配备 DSQC688 模块才能通过设备进行 PROFINET 通信。DSQC688 模块及其在控制柜中的安装位置如图 8-26 所示。控制柜中是否安装了 DSQC688 模块，还可以通过工业机器人示教器上是否有 "840-3 PROFINET Anybus Device" 选项来判断，如图 8-27 所示。如果有此选项，则说明已安装 DSQC688 模块。

ABB 工业机器人通过 DSQC688 完成 PROFINET 通信配置的具体步骤如下。

》步骤 1　选择通信形式并配置信号范围

首先要确定并选择 PROFINET 通信形式。

（1）单击 ABB 主菜单，选择 "控制面板"，如图 8-28 所示。

（2）选择 "配置"，如图 8-29 所示。

（3）依次单击 "主题 → I/O → Industrial Network → PROFINET-Anybus"，然后根据情况设置工业机器人的 IP 地址（注意：同一网络 IP 地址不能相同，但必须为同一网段），本任务设置 IP 地址为 "192.168.0.1"，子网掩码为 "255.255.255.0"，最后单击 "确定"，如图 8-30 至图 8-32 所示。

图 8-26　DSQC688 模块及其在控制柜中的安装位置

图 8-27　查看"840-3 PROFINET Anybus Device"选项

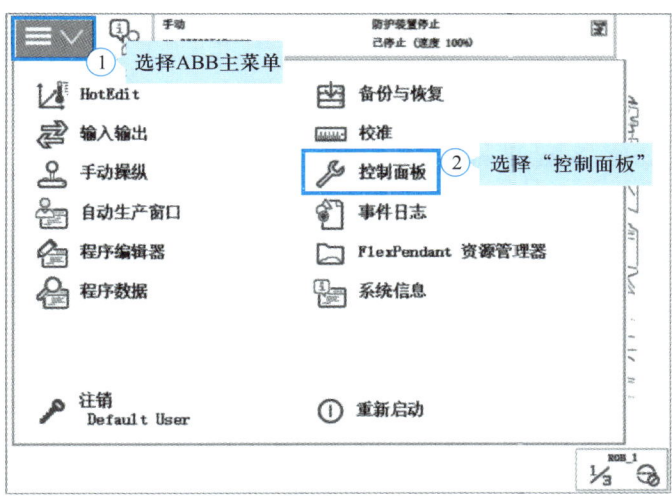

图 8-28　选择"控制面板"

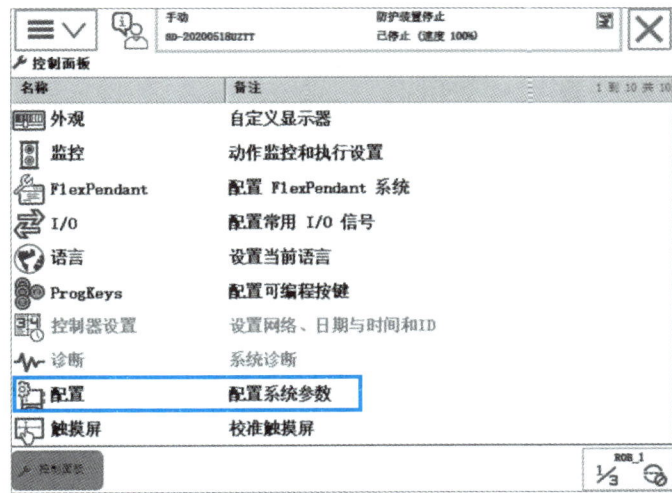

图 8-29　配置系统参数

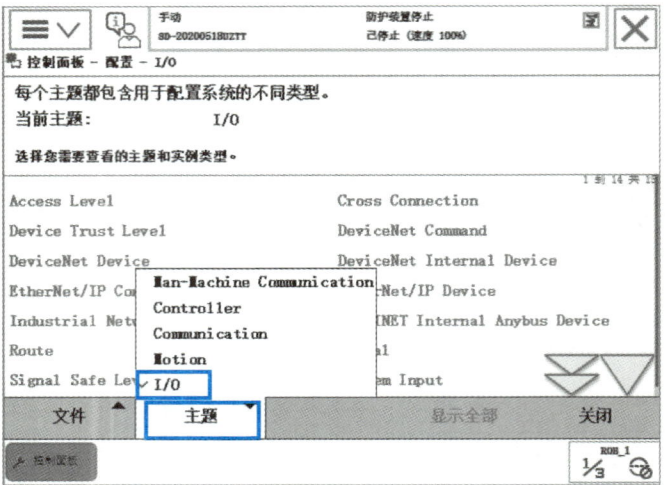

图 8-30   选择"主题"

图 8-31   配置"Industrial Network"选项

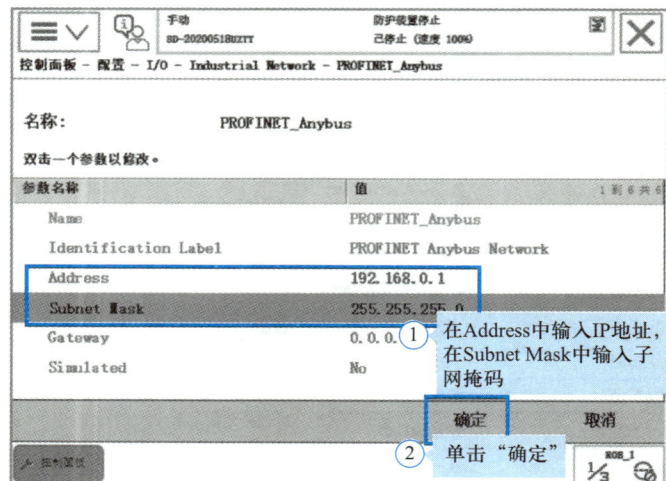

图 8-32   设置 IP 地址和子网掩码

（4）选择"PROFINET Internal Anybus Device"选项，单击"显示全部"，在弹出的新窗口中双击"PN_Internal_Anybus Device"，如图 8-33 至图 8-35 所示。

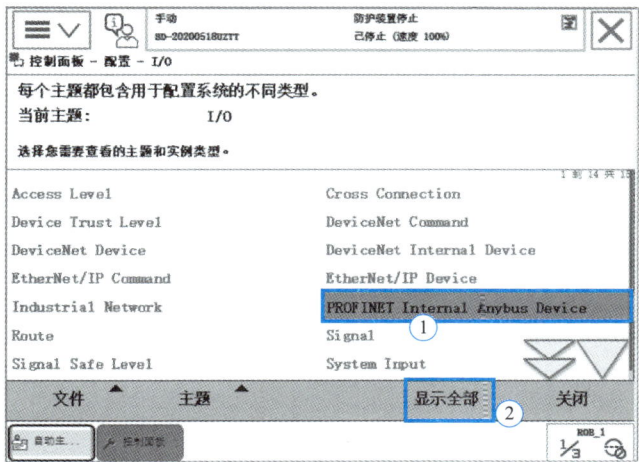

图 8-33　选择"PROFINET Internal Anybus Device"选项

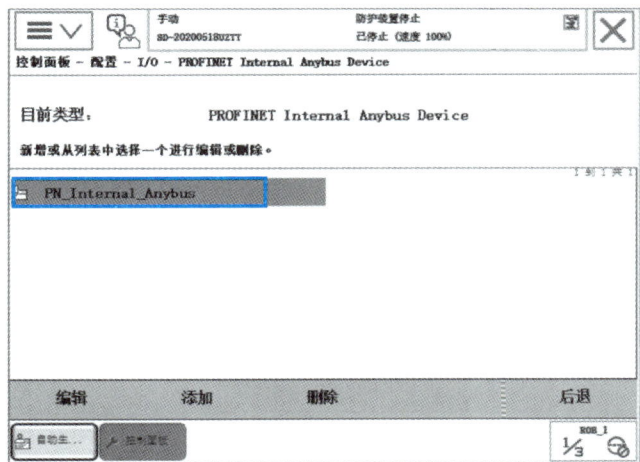

图 8-34　编辑"PN_Internal_Anybus"

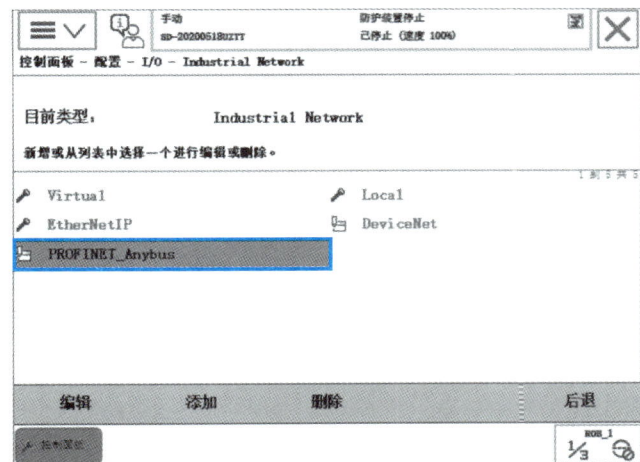

图 8-35　设置"PROFINET_Anybus"内容

（5）设置 I/O 信号数,如果机器人 PROFINET 通信支持 32 个数字输入信号和 32 个数字输出信号,则应该将入"Input Size（bytes）"和"Output Size（bytes）"分别设置为"4",如图 8-36 所示,最后单击"确定",重启控制器。

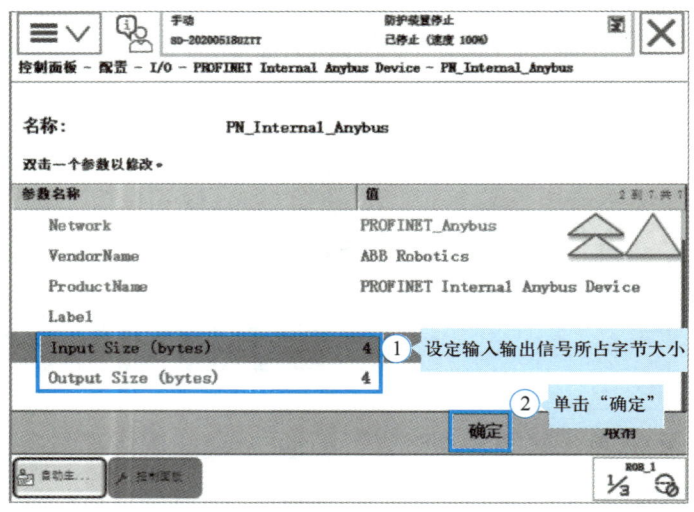

图 8-36　设置 I/O 信号数

》步骤2　创建机器人端的 PROFINET 信号

表 8-6 定义输入信号 Di1,表 8-7 定义输出信号 Do1。

表 8-6　定义输入信号 Di1

参数名称	设定值	说明
Name	Di1	信号名称
Type of Signal	Digital Input	信号类型（数字输入信号）
Assign to Device	PN_Internal_Anybus	分配的设备
Device Mapping	1	信号地址

表 8-7　定义输出信号 Do1

参数名称	设定值	说明
Name	Do1	信号名称
Type of Signal	Digital Output	信号类型（数字输出信号）
Assign to Device	PN_Internal_Anybus	分配的设备
Device Mapping	1	信号地址

创建步骤如下。

（1）添加输入信号 Di1

在机器人端的"ABB 主菜单"中选择"控制面板",在选择"配置"后选择"Signal"选项（图 8-37）,然后按表 8-6 里的参数进行配置。例如,单击"添加",在"Name"中输入"Di1",

在 "Type of Signal" 中选择 "Digital Input"，"Assign to Device" 中选择 "PN_Internal_Anybus"，"Device Mapping" 中输入 "1"，如图 8-38 所示。按相似的操作可配置余下的输入信号。

图 8-37 选择 "Signal" 选项

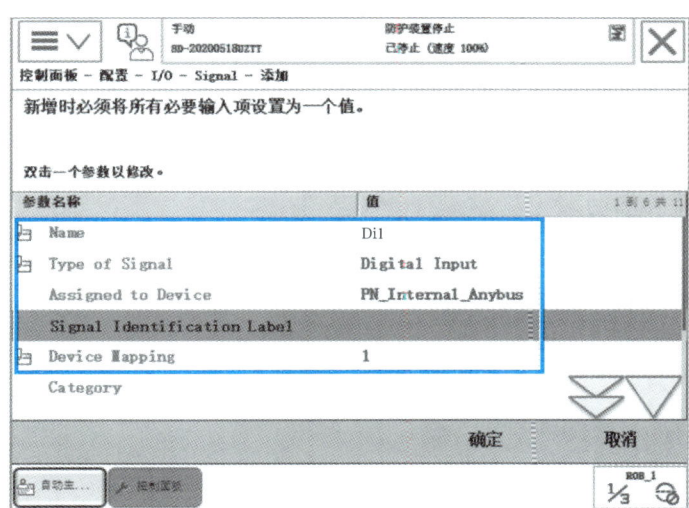

图 8-38 配置 Di1 信号

（2）添加输出信号 Do1

在机器人端的 "ABB 主菜单" 中选择 "控制面板"，在选择 "配置" 后选择 "Signal" 选项，然后按表 8-7 里的参数进行配置。例如，单击 "添加"，在 "Name" 中输入 "Do1"，在 "Type of Signal" 中选择 "Digital Output"，"Assign to Device" 中选择 "PN_Internal_Anybus"，"Device Mapping" 中输入 "1"，如图 8-39 所示。按相似的操作可配置余下的输出信号。

≫ 步骤 3 PLC 配置

（1）配置前工业机器人的准备工作

ABB 工业机器人 DSQC688 配置文件（GSDML 文件）的查找方法，可以参考以下步骤。

a. 打开 RobotStudio 软件，新建一个空工作站。

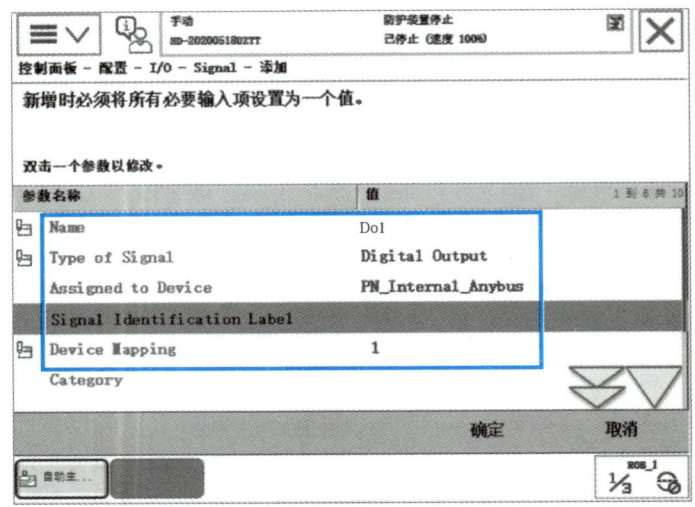

图 8-39　配置 Do1 信号

b. 单击"Add-Ins"选项卡,选择已安装的数据包中的"6.0X 系统",在下拉菜单中选择并打开数据包文件夹。

c. 先进入"RobotPackages"文件夹,再进入"RobotWare_RPK_6.0X…"文件夹,然后进入"utility"文件夹,最后进入"service"文件夹,DSQC688 的 GSDML 文件应该位于该文件夹中。

上述步骤是基于 RobotStudio 软件的操作,需确保已经安装了该软件并且有足够的权限访问相关文件夹。另外,文件路径和名称可能因不同的软件版本和安装设置而有所不同,可根据实际情况进行适当调整。如果遇到问题,建议查阅 ABB 的官方文档、用户手册或联系 ABB 的技术支持以获取帮助。此外,需确保使用的 GSDML 文件是与 DSQC688 模块和 ABB 工业机器人控制器兼容的版本。

（2）其他 PLC 配置

将 ABB 工业机器人的 DSQC688 配置文件（GSDML 文件）安装到 PLC 组态中的操作步骤,可参考任务实施 1。

1.6　知识拓展

如果 PLC 与 ABB 工业机器人之间直接进行 I/O 连接,基本操作步骤和注意事项如下。

1. 硬件准备

ABB 工业机器人:确保工业机器人带有 I/O 模块（如 IRC5 或 IRC8）。

西门子 PLC:选择合适的 PLC 型号（如 S7-1200 或 S7-1500）。

电缆和连接器:准备用在工业机器人和 PLC 之间的连接电缆和连接器（如 PROFINET 或 EtherNet/IP 电缆）。

2. 确定 I/O 配置

确定工业机器人和 PLC 之间需要的 I/O 信号。

确保信号的兼容性（如电压等级、电流容量等）。

3. 连接硬件

使用提供的电缆和连接器将 ABB 工业机器人的 I/O 模块连接到西门子 PLC 的 I/O 模块。

确保所有接地、电源和信号线都正确连接。

4. 配置软件

在 ABB 工业机器人上,根据实际的硬件配置更新工业机器人的 I/O 配置。

在西门子 PLC 上,进行相应的 I/O 配置,确保与工业机器人端相匹配。

5. 测试和验证

接通电源后,测试每一个 I/O 信号以确保正常工作。

进行一系列的测试操作,确保工业机器人和 PLC 之间的通信稳定可靠。

6. 注意事项

安全规范:在进行接线时,务必遵守所有的安全规定,特别是在处理电源和信号线时。

故障排查:如果遇到通信问题或信号异常,应首先检查硬件连接,然后再检查软件配置。

参考文档:由于每个系统和软件应用可能都有其独特的要求和配置,建议在开始操作前详细阅读 ABB 和西门子的相关文档和技术支持资源。

技术支持:如有必要,可以考虑与技术供应商或集成商合作,确保系统顺利运行。

学习任务 2

实现 S7-1500 PLC 与 KUKA 工业机器人的 PROFINET 通信控制

2.1　任务情景

根据国务院印发的《中国制造 2025》,我国正从制造大国向制造强国迈进,其中工业机器人作为智能制造的核心设备,在汽车制造等领域发挥着关键作用。以新能源汽车电动机转子装配为例,S7-1500 PLC 与 KUKA 工业机器人通过 PROFINET 通信实现的协同控制,已成为现代自动化生产线的典型应用。在发动机工厂中,控制工业机器人精准取件、定位、装配等动作序列均基于通信系统的信号交互。

2.2　要求分析

2.2.1　项目任务简介

在现代自动化控制系统集成单元中,西门子 PLC 与工业机器人的信号交互,通常采用 PROFINET

通信。某新能源汽车生产企业电动机转子安装工位工业机器人的上料生产单元由物料输送台和机器人抓取单元组成,本任务要求由 S7-1500 PLC 通过 PROFINET 通信控制 KUKA 工业机器人实现物料的抓取和摆放。

2.2.2　控制要求分析

本任务包含三个工艺动作流程。

1. 定子上料流程:操作员将定子放到输送滑台上,按下确认按钮。输送滑台将定子送到机器人抓取位,机器人启动到抓取位取件并将其搬运至转子压装位。搬运到位后,机器人夹爪打开,转子夹爪气缸闭合,产品被固定在压装位。机器人回原位等待下一动作指令。

2. 转子合装流程:线体将托盘输送到转子压装位,读取 RFID(radio frequency identification,射频识别)。顶升气缸上升将托盘顶起等待转子合装。抱闸气缸松开,下压气缸下压到位,胀套气缸动作,旋转气缸动作。转子合装到位后,夹爪气缸打开,胀套气缸松开,旋转气缸回原位。下压气缸上升到位,抱闸气缸闭合,顶升气缸下降。RFID 写入合格信息,阻挡气缸下降,托盘流走。

3. 定子涂胶流程:操作员将定子放到输送滑台上,按下确认按钮。输送滑台将定子输送到涂胶位,机器人到胶枪放置台抓取胶枪。机器人到涂胶位进行涂胶,涂胶完成后机器人拍照,待拍照完成后将胶枪放到放置台,机器人回原位等待。

以上的工艺动作流程是一种非常典型的 PLC 与机器人的交互控制,在自动化集成系统被广泛应用。

2.3　知识学习

2.3.1　GSD 文件

当使用 PROFIBUS DP 或 PROFINET I/O 总线通信时,有时需要组态第三方设备或智能从站设备,此时需要安装这些设备的 GSD 文件。GSD 文件是通用站点描述文件的简称。标准化的 GSD 数据将通信扩展到操作员控制级,使用基于 GSD 的组态工具可将不同厂商生产的设备集成在同一总线系统中,既简单又用户友好。

PROFINET 的 GSD 文件采用 XML 语言描述,后缀名为 “.xml”。按照约定,PROFINET I/O 设备的 GSD 文件应遵循如下的命名规则。

GSDML-[版本号]-[设备厂商名称]-[设备家族名称]-[日期].xml

例如,西门子 IM151-3PN 的 GSD 文件名称为

GSDML-V2.32-Siemens-ET200S-20170516.xml

其中:

文件名以 “GSDML” 开头;

V2.32 是版本号;

Siemens 是设备厂商名称;

ET200S 是设备家族名称;

20170516 是该版本 GSD 文件的发布日期。

2.3.2　RFID

RFID 是一种无线通信技术,可通过无线电信号识别特定目标并读写相关数据,且无须识别系统与特定目标之间建立机械或光学接触。射频识别系统包含电子标签和阅读器两部分。电子标签:又称射频标签、应答器或数据载体。阅读器:又称读出装置、扫描器、通信器或读写器(取决于电子标签是否可以无线改写数据)。电子标签与阅读器之间通过耦合元件实现射频信号的空间(无接触)耦合。在耦合通道内,根据时序关系,可实现能量的传递和数据的交换。

2.3.3　设备名称

I/O 设备必须具有设备名称,才可通过 I/O 控制器寻址。在 PROFINET 通信中,使用设备名称比使用复杂的 IP 地址更为简单。

PROFINET I/O 设备要正常通信,首先要获得设备名称。但出厂时,I/O 设备没有设备名称。因此,在 I/O 控制器对 I/O 设备进行寻址前(例如,在启动过程中传输组态数据或循环交换用户数据),必须先为设备分配一个设备名称,可以通过 PG/PC 为 I/O 设备指定设备名称。

具有可移动存储介质插槽的 I/O 设备允许将设备名称直接写入编程设备的可移动存储卡介质中。当使用无须可移动介质的设备替换时,I/O 控制器会根据拓扑组态来分配设备名称。

2.3.4　设备编号

除设备名称之外,在插入 I/O 设备时,STEP 7 还分配设备编号(从"1"开始),如图 8–40 所示。使用该设备编号可在用户程序中识别 I/O 设备(例如,SFC71"LOG_GEO")。与设备名称不同,在用户程序中可以看到设备编号。

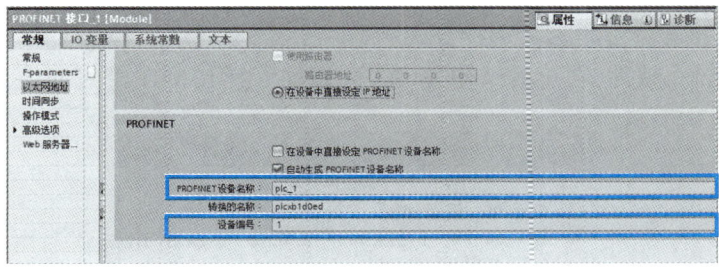

图 8–40　分配设备编号

2.4　任务实施

任务要求:由 S7-1500 PLC 通过 PROFINET 通信控制 KUKA 工业机器人实现物料的抓取与搬运。

》步骤 1　定义 PLC 与工业机器人的交互信号

交互信号是基于工艺控制流程和动作关联来确定的,S7-1500 PLC 与 KUKA 工业机器人信号交互见表 8–8。为简化整个实施过程,本任务只使用部分 I/O 交互点进行演示。

表 8–8　S7–1500 PLC 与 KUKA 工业机器人信号交互表

变量名	1511–IPN 地址	方向	KUKA 地址	数据类型	定义
ALARM_STOP	I5000.0	←	$IN [1]	BOOL	故障报警
PERI_RDY	I5000.2	←	$IN [3]	BOOL	准备完成
IN_Home	I5000.6	←	$IN [7]	BOOL	机器人原位
PGNO_REQ	I5000.7	←	$IN [8]	BOOL	程序号请求
EXT_Start	Q5200.0	→	$OUT [1]	BOOL	外部启动
MOVE_ENABLE	Q5200.1	→	$OUT [2]	BOOL	机器人动作允许
CONF_MESS	Q5200.2	→	$OUT [3]	BOOL	机器人错误确认
DRIVES_ON	Q5200.3	→	$OUT [4]	BOOL	按通驱动装置
DRIVES_OFF	Q5200.4	→	$OUT [5]	BOOL	关闭驱动装置
PGNO_PARITY	Q5200.5	→	$OUT [6]	BOOL	奇偶位校验
PGNO_VALID	Q5200.6	→	$OUT [7]	BOOL	程序号确认
WorkReady	Q5201.5	→	$OUT [14]	BOOL	工作准备
HearBeat	Q5201.7	→	$OUT [16]	BOOL	心跳
PRG_NU	QB5203	→	$OUT [33]	BYTE	程序号
Job_Nu	QB5204	→	$OUT [41]	BYTE	任务号
Dry_Runing	Q5205.0	→	$OUT [49]	BOOL	空运号

》步骤 2　KUKA 工业机器人通信配置

运行 WorkVisual 软件,在总线结构处单击并添加 PROFINET 总线网络,如图 8–41 所示。

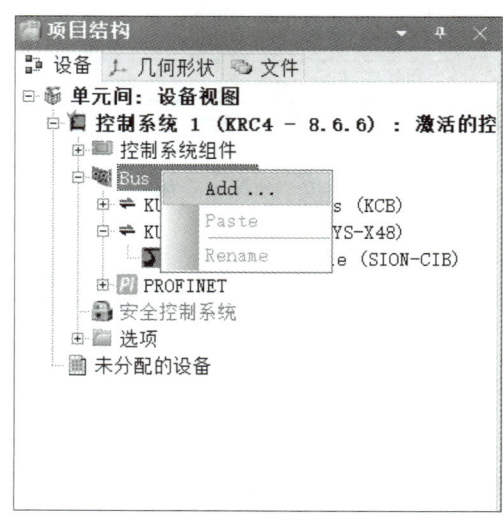

图 8–41　添加 PROFINET 总线网络

双击"KRC4–PROFINET_2.3_KRC4–PROFINET_2.3",设置 KUKA 总线 IP 地址为"192.168.100.180"和设备名称为"KRC4",并确保与 PLC 组态的名称一致,如图 8–42 所示。

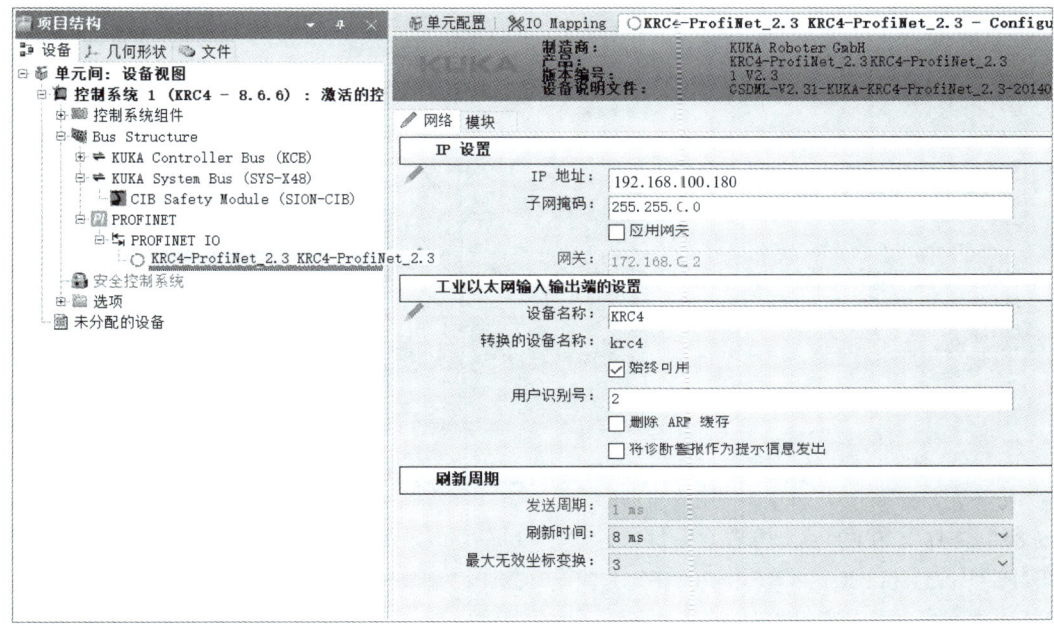

图 8–42　设置 KUKA 总线 IP 地址和设备名称

将 KUKA I/O 端口映射到 PROFINET I/O 地址,如图 8–43 所示。

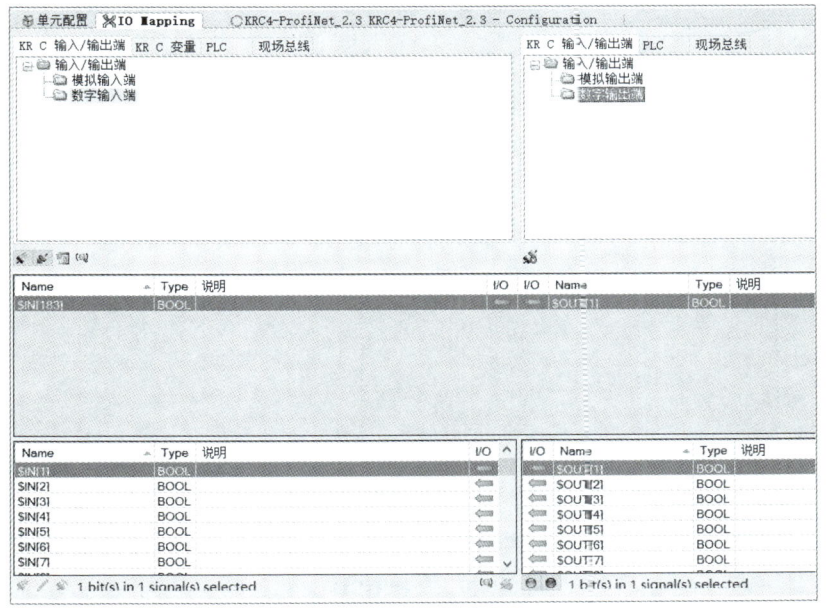

图 8–43　I/O 端口映射

》步骤 3　S7-1500 PLC 安装 GSD 文件

在 TIA Portal 软件"选项"菜单中,单击"管理通用站描述文件(GSD)(D)"选项,如图 8–44 所示。

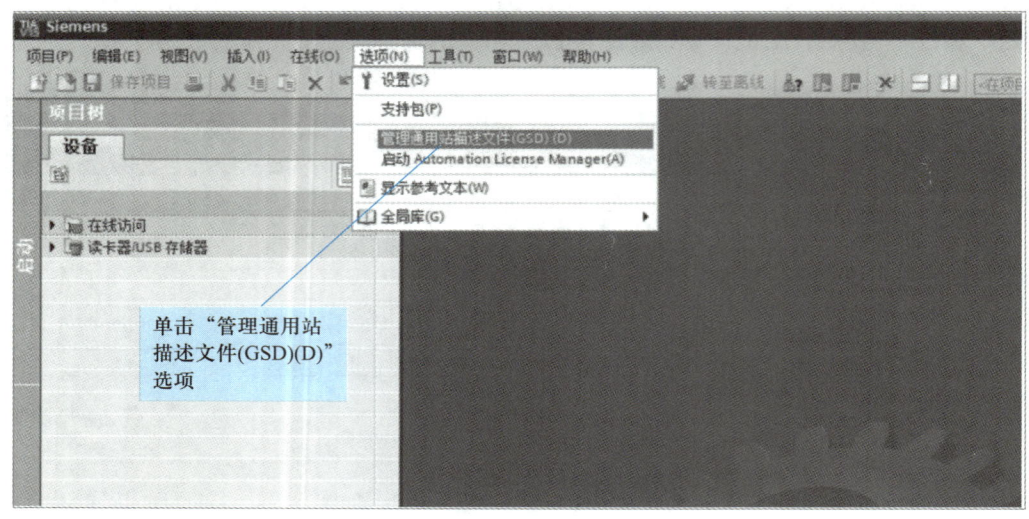

图 8-44　"管理通用站描述文件（GSD）（D）"选项

　　找到 GSD 文件的存储位置（文件夹），选中对应的 GSD 文件并进行安装，本任务中需选中 "GSDML-V2.31-KUKA-KRC4-PROFINET_2.3-20140704.xml"，安装完成后如图 8-45 所示。

　　注意：安装 GSD 文件时需关闭所有打开的实例。

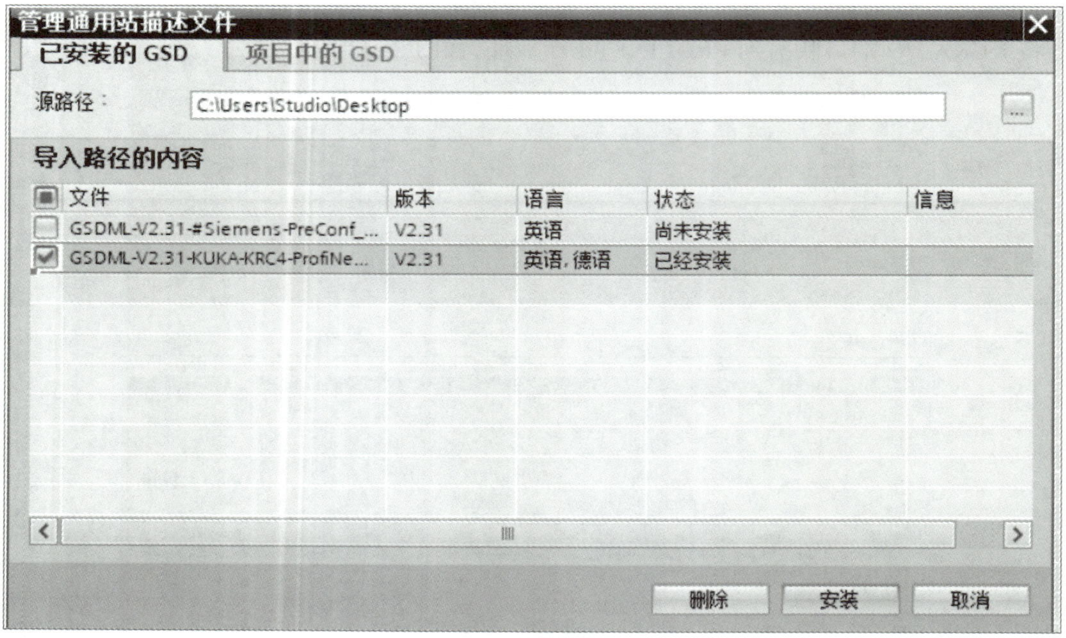

图 8-45　安装 GSD 文件

　　待 GSD 文件安装完成后，在 TIA Poreal 软件的"硬件目录"中可搜索到安装的设备。

》步骤 4　S7-1500 PLC 网络组态

首先组态 1511F-1PN 网络，如图 8-46 所示。

转到网络视图界面，将 KUKA 工业机器人 I/O 设备拖曳至视图中，如图 8-47 所示。

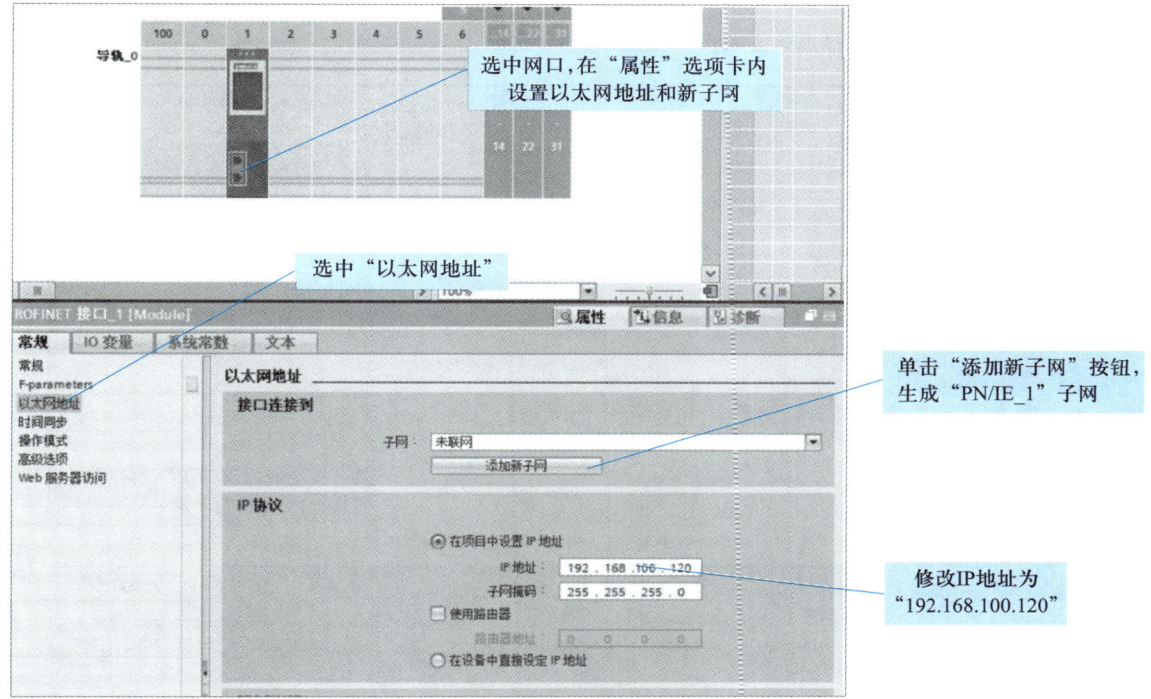

图 8-46　组态 1511F-1PN 网络

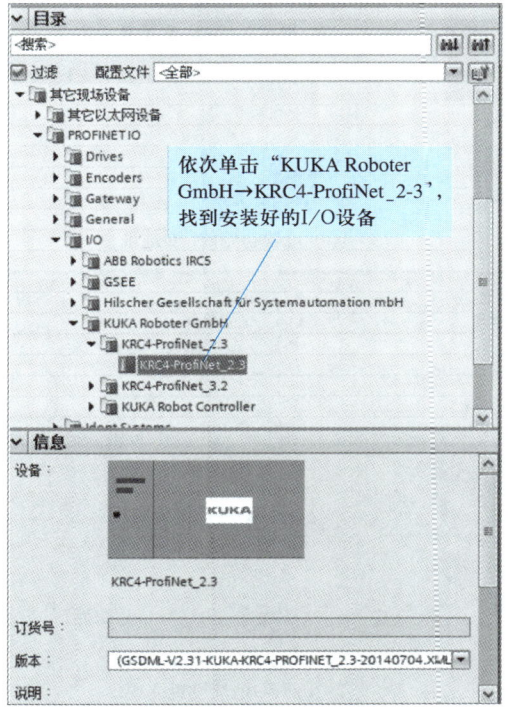

图 8-47　插入 KUKA 工业机器人 I/O 设备

　　将 KUKA 设备分配给 PLC 控制,如图 8-48a 所示,再设置 KUKA 设备的 I/O 地址,如图 8-48b、图 8-48c 所示。

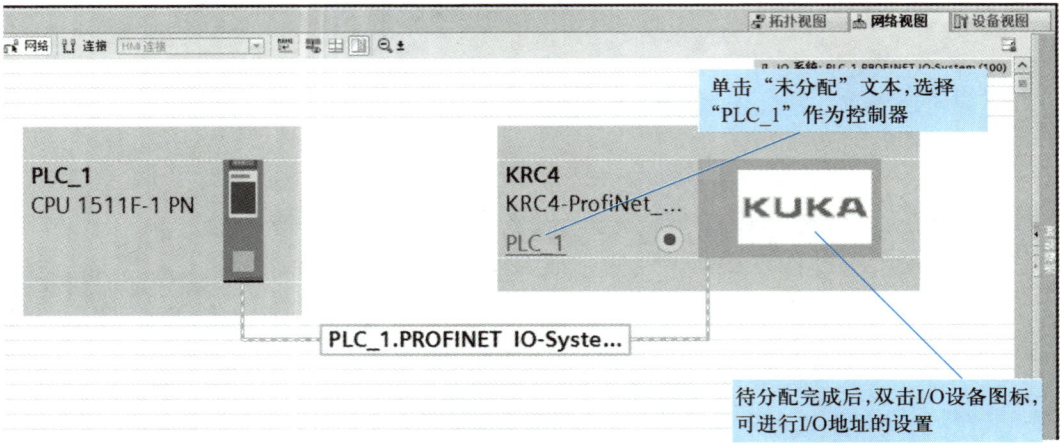

(a) 将KUKA设备分配给PLC控制

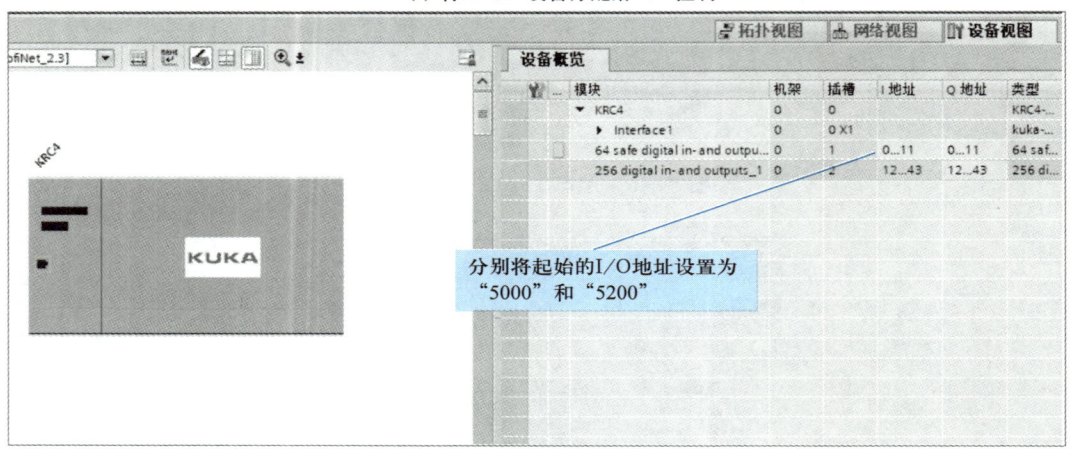

(b) 设置起始的I/O地址

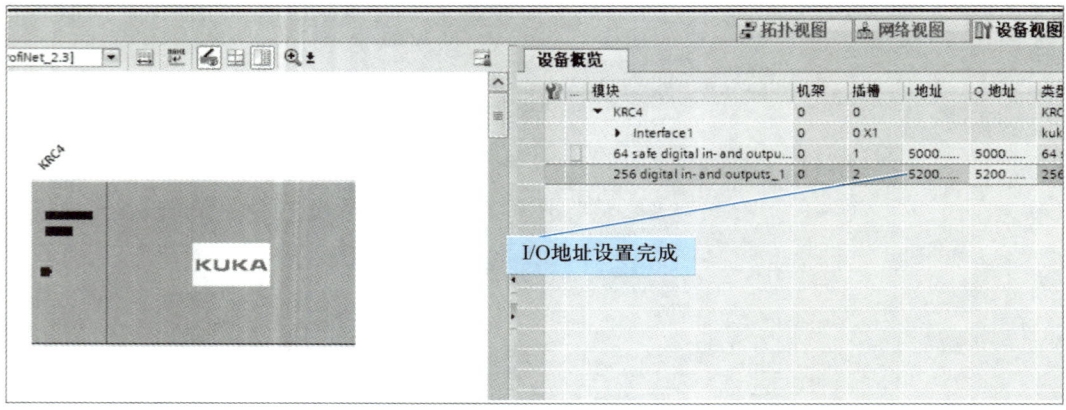

(c) I/O地址设置完成

图 8–48　设置 KUKA 设备的 I/O 地址

» 步骤 5　PLC 控制程序编写

首先将工业机器人通信的 I/O 地址进行映射,保证程序应用的灵活性,如图 8-49 所示。

```
程序段 1:
PRKE_LBK"写入存储区"指令用于在不指定数据类型的情况下将存储区写入不同的标准存储区中。
 1    //输入映射(将IB5200开始的256个字节数据存储到DB2209.DBB0开始的256个字节中)
 2  □POKE_BLK(area_src := 16#81, //源存储区81=输入存储区,82=输出存储区, 83=位存储区, 84=DB
 3        dbNumber_src := 0,//当AREA=DB,则为源存储区中的数据块数量, 否则为0
 4        byteOffset_src := 5200, //源存储区中待写入的地址,仅使用16个最低的有效位
 5        area_dest := 16#84,//目标存储区 81=输入存储区,82=输出存储区, 83=位存储区, 84=DB
 6        dbNumber_dest := 2289, //当AREA=DB,则为源存储区中的数据块数量, 否则为0
 7        byteOffset_dest := 0,//目的存储区中待写入的地址仅使用16 个最低有效位。
 8        count := 256);//已复制的字节数目
 9    //输出映射(将DB2289.DBB256开始的256个字节数据存储到QB5200开始的256个字节中)
10  □POKE_BLK(area_src := 16#84,
11        dbNumber_src := 2289,
12        byteOffset_src := 256,
13        area_dest := 16#82,
14        dbNumber_dest := 0,
15        byteOffset_dest := 5200,
16        count := 256);
17
18
程序段 2:
注释
 1   "GDB10001.MCP02.InPut".RmtIO.Robot.CYL.RET.PRX[1]:="i102.0Rmcb08ROBCLY01RET";
 2   "GDB10001.MCP02.InPut".RmtIO.Robot.CYL.ADV.PRX[1] := "i102.1Rmcb08ROBCLY01ADV";
```

图 8-49　映射工业机器人通信 I/O 地址

通过 I/O 映射,将 IB5200 开始的 256 个字节数据映射到 DB2289.DBB0 后的 256 个字节中,将 DB2289.DBB256 后的 256 个字节数据映射到由 QB5200 开始的 256 个字节中,如图 8-50 所示。

			名称	数据类型	偏移量	起始值
			GDB2289.Rob.I/O			
1		▼	Static			
2		■ ▼	IN	"KUKA OUTPUT"		
3		■	ALARM_STOP	Bool		false
4		■	USER_SAF	Bool		false
5		■	PERI_RDY	Bool		false
6		■	STOPMESS	Bool		false
7		■	I_O_ACTCONF	Bool		false
8		■	PRO_ACT	Bool		false
9		■	IN_Home	Bool		false
10		■	PGNO_REQ	Bool		false
11		■	APPL_RUN	Bool		false
12		■	On_Path	Bool		false
13		■	T1	Bool		false
14		■	T2	Bool		false
15		■	Auto	Bool	KUKA工业机器人的输入信号	false
16		■	Extern	Bool		false
17		■	Rob_Stop	Bool		false
18		■	doHeartBeat	Bool		false
19		■	Rob_Ready	Bool		false
20		■	ROB_STOPPED	Bool		false

(a) 输入信号

255

GDB2289.Rob.I/O						
		名称	数据类型	偏移量	起始值	保持
22		▼ OUT	"KUKA INPUT"	...		☐
23		EXT_Start	Bool	...	false	☐
24		MOVE_ENABLE	Bool	...	false	☐
25		CONF_MESS	Bool	...	false	☐
26		DRIVES_ON	Bool	...	false	☐
27		DRIVES_OFF	Bool	...	false	☐
28		PGNO_PARITY	Bool	...	false	☐
29		PGNO_VALID	Bool	...	false	☐
30		Spare1	Bool	...	false	☐
31		Spare2	Bool	...	false	☐
32		Spare3	Bool	...	false	☐
33		Spare4	Bool	...	false	☐
34		Spare5	Bool	...	false	☐
35		Spare6	Bool	...	false	☐
36		WorkReady	Bool	...	false	☐
37		Spare7	Bool	...	false	☐
38		HeartBeat	Bool	...	false	☐
39		SPARE17	Bool	...	false	☐
40		SPARE18	Bool	...	false	☐
41		SPARE19	Bool	...	false	☐
42		SPARE20	Bool	...	false	☐
43		SPARE21	Bool	...	false	☐
44		SPARE22	Bool	...	false	☐
45		SPARE23	Bool	...	false	☐
46		SPARE24	Bool	KUKA工业机器人的输出信号			☐
47		PRG_NU	Byte	...	16#0	☐
48		Job_Nu	Byte	...	16#0	☐
49		Dry_Runing	Bool	...	false	☐

(b) 输出信号

图 8-50　映射后的 DB2289 数据块

编写的工业机器人程序如图 8-51 所示。

定义工业机器人程序号,如图 8-52 所示。

定义工业机器人任务号,如图 8-53 所示。

» 步骤 6　PLC 与工业机器人程序联调

待所有程序完善后,在单机运行工业机器人和其他被 PLC 控制的单元均无异常的情况下,可以开始设备联调。在联调过程中,将工业机器人运动倍率控制在小于等于 15%。通过试运行,调整程序存在的问题和交互的瑕疵,全面完善系统。

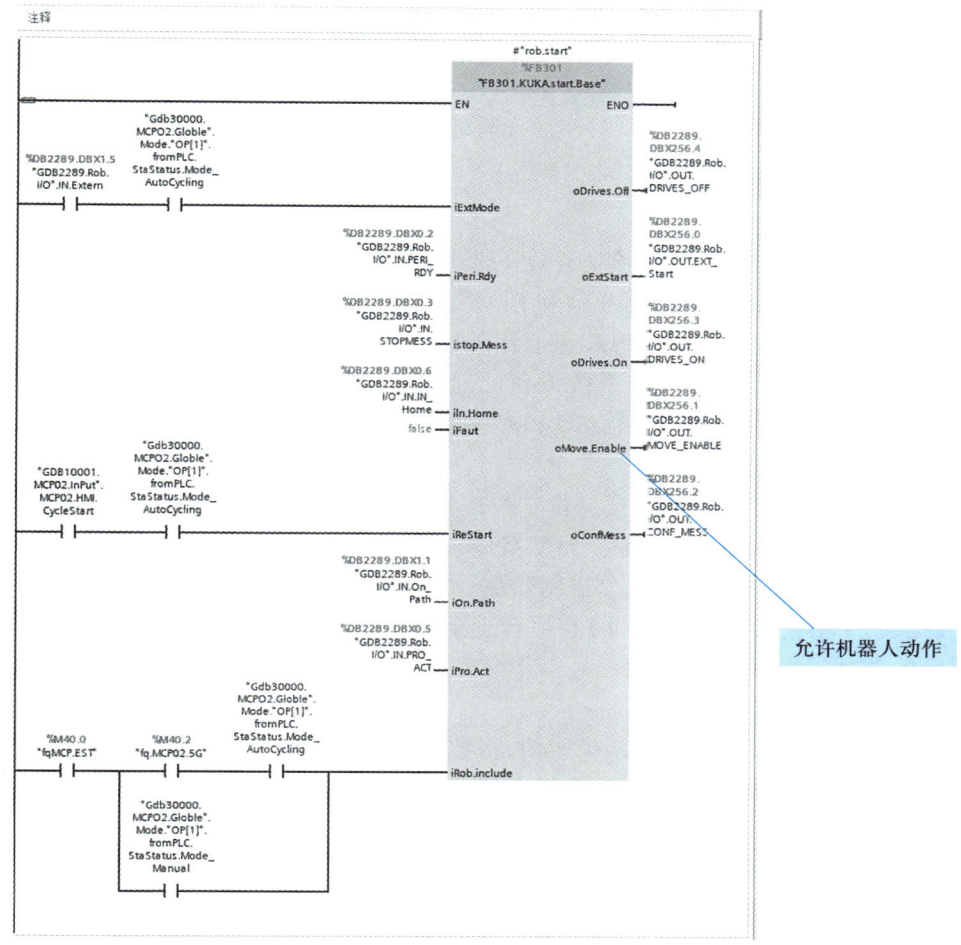

图 8-51　编写的机器人程序

程序段 1: .....
程序段 2: 程序号

注释

```
1  "IDB2280.ROB"."ROB.JOB.Sel".S.IN."Pro.num"[0] := 1;
2  "GDB2289.Rob.I/O".Robot.Interlock."PRONO[0]" := "Gdb30000.MCPO2.Globle".Mode."OP[1]".fromPLC.StaStatus.Mode_AutoCycling;
```

图 8-52　定义工业机器人程序号

程序段 4: ......
程序段 5: 任务号

注释

```
1  "IDB2280.ROB"."ROB.JOB.Sel".S.IN."Pro.num"[0] := 1;//取胶枪
2  "IDB2280.ROB"."ROB.JOB.Sel".S.IN."Pro.num"[1] := 2;//放胶枪
3  "IDB2280.ROB"."ROB.JOB.Sel".S.IN."Pro.num"[2] := 3;//右侧定于涂胶
4  "IDB2280.ROB"."ROB.JOB.Sel".S.IN."Pro.num"[3] := 4;//左侧定于涂胶
5  "IDB2280.ROB"."ROB.JOB.Sel".S.IN."Pro.num"[4] := 4;//右侧转子抓取
6  "IDB2280.ROB"."ROB.JOB.Sel".S.IN."Pro.num"[5] := 6;//左侧转子抓取
7  "IDB2280.ROB"."ROB.JOB.Sel".S.IN."Pro.num"[6] := 7;//变速箱涂胶
```

图 8-53　定义工业机器人任务号

2.5 **知识拓展**

2.5.1 PLC 通信的分类

PLC 通信可分为 PLC 与外部设备（外设）的通信和 PLC 与系统设备的通信两类。PLC 与外设的通信包括 PLC 与计算机间的通信和 PLC 与通用外设间的通信。PLC 与计算机间的通信多用于 PLC 编程、监控和调试。PLC 与通用外设间的通信是指 PLC 与打印机、条形码阅读器和文本操作单元的通信。PLC 与系统设备的通信是指 PLC 与控制系统内部的远程 I/O 单元以及 PLC 与其他控制装置间的通信，即 PLC 网络控制系统的通信。

1. 串行通信与并行通信

（1）串行通信。多位二进制数据一位一位地传送，特点是传输速度慢、传输线数量少（最少需 2 根双绞线）和可远距离传输等。典型案例包括 PLC 的 RS-232 或 RS-485 通信。

（2）并行通信。同时传送多位二进制数据。特点是传送速度快、传输线数量多（需 8 根或 16 根数据线、1 根公共线及控制线）且适合近距离传输。典型案例包括 PLC 的基本单元和特殊模块间的数据传送。

2. 异步通信与同步通信

（1）异步通信。PLC 一般采用异步通信，将数据一帧一帧传送，格式为：1 个起始位、7 ~ 8 个数据位、1 个奇偶校验位和停止位。接收方和发送方需对信息格式和传输速度作相同约定，当接收方检测到停止位和起始位之间的下降沿后，将其作为接收起始点。

（2）同步通信。将多个字符组成一个信息组传输，每组信息开始处加 1 个同步字符，通知接收方接收数据，且收发双方必须完全同步。

3. 单工通信、全双工通信和半双工通信

（1）单工通信：信息只能单向传输。

（2）全双工通信：信息可以双向传输，双方可同时发送和接收数据。

（3）半双工通信：信息可以双向传输，但同一时刻只能向一个方向传输。

2.5.2 通信协议

通信协议是通信双方对数据格式、同步方式、传输速率、纠错方式和控制字符等进行约定。任何通信均需通信协议，但在部分情况下仅需简单设定，故被称为"协议通信"。

1. 无协议通信

仅需对数据格式、传输速率、起始/停止码进行简单设定，通信可使用 PLC 的应用指令直接进行，无须安装专用通信软件。适用于打印机、条形码阅读机设备的 ASCII 字符收发等。

2. 专用协议通信

需在外设上安装 PLC 通信软件，可用于 PLC 的编程、调试与控制，外设可自动创建通信程序，无须 PLC 编程。

3. 双向协议通信

使用不同数据格式的双方进行通信。一般采用 1-1 连接，需使用特殊的 PLC 应用指令进行数据格式转换，还需要进行数据和校验，使用 ACK、NAK 等应答信号。

2.5.3　通信传输介质

通信传输介质一般有 3 种，分别为双绞线、同轴电缆和光纤。

1. 双绞线

由一对相互绝缘的导线按一定规律扭绞在一起制成，可减小电磁干扰。多对双绞线包在绝缘电缆套管里，典型规格为一对或四对。双绞线分为非屏蔽双绞线和屏蔽双绞线，后者可进一步减小电磁干扰，具有成本低、质量轻和易安装等特点。RS-232 和 RS-485 多采用双绞线。

2. 同轴电缆

有四层，从外到内依次是护套、外导体（屏蔽层）、绝缘介质和内导体，分为基带同轴电缆（特性阻抗 50 Ω，用于计算机网络）和宽带同轴电缆（特性阻抗 75 Ω，用于有线电视）。

3. 光纤

由石英玻璃经特殊工艺拉制而成，分为单模光纤（直径 8～9 μm，无反射、衰减小且传输距离远）和多模光纤（直径 62.5 μm，多次反射、衰减大且传输距离近）。

拓展训练：设计工业机器人搬运控制系统

【任务情景】

工业机器人在焊接、搬运、装配和喷涂等各个工业领域得到了广泛的应用,已经成为衡量工业现代化程度的重要标志,也是国家、省市科技创新计划重点支持的产业之一。

📖 学习笔记

1. 任务描述与引导问题

当系统上电且安全门关闭并确认处于自动运行模式时,PLC 将控制整个系统自动运行。料井(光电)传感器检测料井内是否有物料块,若无物料,机器人会搬运物料块至料井;若料井已有物料块,则控制气缸推料至传送带。当传感器检测到传送带上的物体时,PLC 控制步进电动机启动,带动传送带将物料传送至指定位置。物料到达目的地后,传感器检测到信号并传送回 PLC,PLC 收到信号后控制步进电动机停止运行,同时启动冲压操作。冲压完成后,气缸将物料块推出,对应的传感器接收信号并传送回 PLC,PLC 接收到信号后会发送信号给工业机器人,工业机器人收到信号后抓取物料块并执行搬运作业。更具体的工业机器人搬运控制系统工作流程如图 8-54 所示。

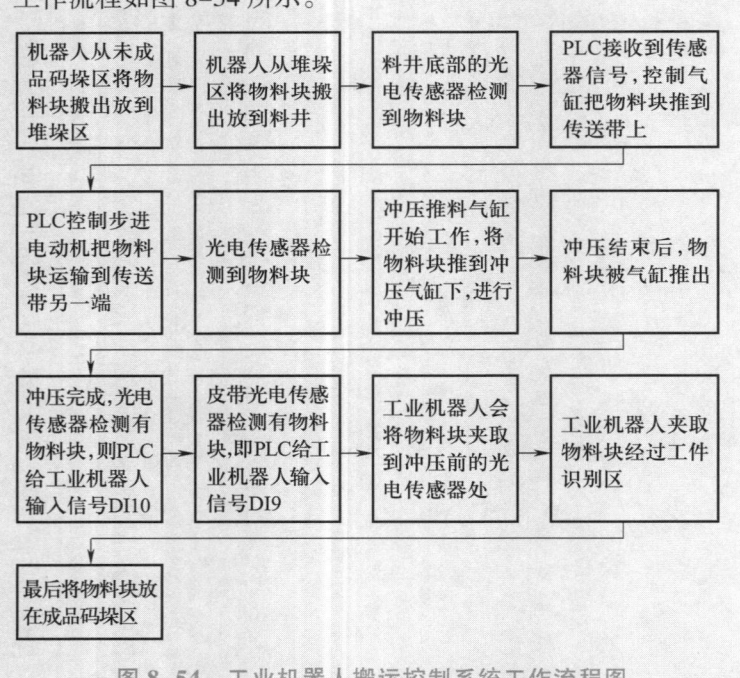

图 8-54　工业机器人搬运控制系统工作流程图

🖋 引导问题 1

工业机器人与传送带和冲压机构配合取物料块时，需要相互通信，具体 I/O 接线如何实现？通信信号如何配置？

🖋 引导问题 2

在完成引导问题 1 后，思考：如何实现"PLC 端流水线控制编程"？

2. 制订计划

根据上述引导问题所提出的控制工艺要求，小组内互相讨论，制订工作计划，并派代表进行汇报展示。

工作计划单					
小组基本资料					
组别	关系	姓名	联系方式		
第__组	组长				
	组员				
工作计划					
序号	工作流程	预计用时	使用工具/材料/设备/软件	数量	负责人
1					
2					
3					
4					
5					
其他说明					
计划评价	教师评语： 签字： 年　　月　　日				

3. 实施步骤

» 步骤 1　设计 I/O 地址分配表

I/O 设备名称	I/O 地址	说明

» 步骤 2　设计 I/O 接线示意图
» 步骤 3　硬件组态
» 步骤 4　程序设计
» 步骤 5　程序调试

4. 任务检查

实施检查单（工作过程小组自查）				
序号	工作流程	实际用时	工作过程中遇到的问题及解决方法	负责人
1				
2				
3				
4				
5				
工作成果小组自查				
检查项目	检查结果		完成度	
I/O 地址分配表				
I/O 接线示意图				
程序设计				
程序调试（按功能实现情况检查）				
教师检查	检查结论： 签字： 年　　月　　日			

5. 效果评估

训练完成后，综合个人、小组在完成任务过程中的表现和教师的评价，明确学习的重点和后期的改进方向。

评价指标	评价内容	评分	评价结果
获取与处理信息	能根据工作内容有效利用网络、学习平台自主学习	5	
	能依据图书资源、工作手册等资料查找相关信息		
行为表现	仪态自然、大方	5	
	语言表达流畅、逻辑清晰		
	层次分明、准确		
团队精神	积极参与讨论，完成小组给定的软硬件设计任务，与老师和同学相处融洽	10	
	在讨论中提出自己的见解，并倾听同学的意见，适应小组工作方式		
	在小组工作中态度友好，富有创新性；能够代表本小组与其他小组同学交流和探讨		
学习方法	独立确定学习时间、方法，能解决调试过程中出现的问题	10	
	认识自己的缺陷并及时补救		
	能独立决定学习进度和制定设计方案，做到有效学习		
工作过程	遵守实验实训室管理规定，确保工作过程安全有效	50	
	工具、器件摆放有序，工作台面整洁		
	善于发现问题、分析问题、解决问题		
	能正确完成工作任务		
工匠精神	绘制的接线示意图整齐、美观	20	
	程序设计正确、严谨		
	硬件及外围接线整齐、可靠，无裸露及松动		
自评得分：		核定总分：	

【能力测试】

一、填空题

1. 在西门子 PLC 中，可以通过 TIA Portal 软件进行_____和_____，实现与工业机器人的通信。

2. ABB 工业机器人支持的通信方式有：_____、_____、_____三种。

3. PROFINET 是_____的简称，由西门子公司和 PROFIBUS 协会共同研发，是一种_____技术。

4. 西门子 PLC 目前通常使用_____协议与工业机器人进行通信，它是目前自动化生产线较为广泛的一种通信方式。

5. 当使用 PROFIBUS DP 或 PROFINET I/O 总线通信时，有时需要组态第三方设备或智能从站设备，此时需要安装这些设备的_____文件。

6. 在工业机器人与 PLC 的通信中，工业机器人输入信号地址和 PLC_____信号地址等效，即它们同时通断。

二、简答题

1. ABB 工业机器人支持哪几种方式的 PROFINET 总线通信？各有什么特点？

2. 请解释西门子 IM151-3PN 的 GSD 文件名称：

GSDML-V2.32-Siemens-ET200S-20170516.xml

各部分代表的含义。

3. 通信传输介质一般有哪几种？

4. 试简述在 TIA Portal 软件中安装 GSD 文件和配置网络的步骤。

项目 9

智能变频恒压供水 PLC 控制系统设计

【项目情景】

目前,国内许多城市的生活小区及高层建筑的供水系统,尤其是老旧小区,仍然采用传统的高位水箱、水塔供水或直接水泵加压的方式。这种传统供水方式存在诸多缺点:值班人员的人为干预较多,难以保障供水压力的稳定性,容易导致管网共振,进而损坏管道;水泵电动机长期以高速工频运行,能耗高且磨损严重;此外,高位水箱和水塔的使用不仅增加了基建投资,还可能造成水资源的二次污染。

近年来,基于 PLC 和变频器控制的恒压供水系统作为一种先进的供水控制方式,已在部分新建的生活小区和高层建筑中得到广泛应用。相较于传统供水方式,这种新型系统具有显著优势,包括稳定性高、可靠性强、节能效果显著、操作维护便捷等,同时有效避免了水资源的二次污染。

本项目以恒压供水系统为载体,包含两个学习任务"设计中小型 PLC 控制系统"和"设计智能变频恒压供水 PLC 控制系统"。拓展训练设计了一个稻田洗灌控制系统。通过本项目的学习,将深入了解 PLC 控制系统设计的基本原则,掌握如何选择合适的 PLC,并完成 PLC 控制系统设计。

【项目导学】

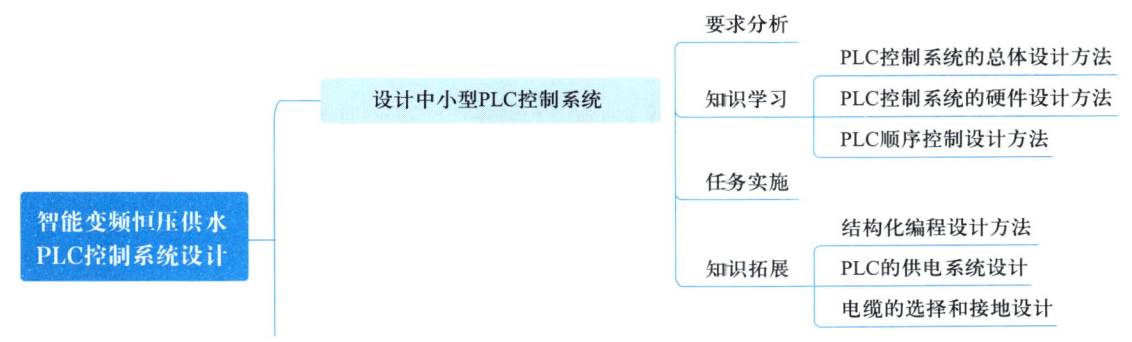

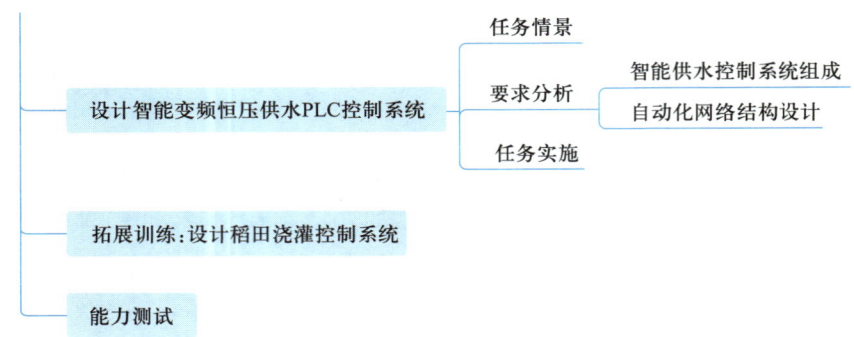

【学习目标】

知识目标	▶ 了解 PLC 控制系统的设计内容； ▶ 掌握 PLC 控制系统的设计步骤； ▶ 掌握 PLC 控制系统的设计方法。
能力目标	▶ 会依据控制系统设计方案正确选择 PLC 的机型和 I/O 设备； ▶ 会依据控制系统设计方案合理分配 I/O 点； ▶ 会依据控制系统设计方案合理设计 PLC 的供电系统； ▶ 会使用常规绘图软件绘制工艺图和程序流程图。
素质目标	▶ 具有系统思维、逻辑思维和工程思维能力； ▶ 具有安全操作意识和团队合作精神； ▶ 具有环保意识和节能理念。

【学习指导】

重点

▶ 理解恒压供水系统的组成及工作原理；
▶ 掌握子程序的功能划分和设计；
▶ 掌握 FC 和 FB 的编程方法；
▶ 会根据控制要求用 STEP 7 和 TIA Portal 软件进行程序设计和调试。

难点

▶ 设计思路的建立；
▶ I/O 设备的选型和符号表设计；
▶ 指令的灵活运用及整体编程调试；
▶ 程序流程图的绘制。

"大国工匠"
崔兴国

学习任务 1

设计中小型 PLC 控制系统

1.1　要求分析

本学习任务主要介绍了中小型 PLC 控制系统的总体设计方法、硬件设计方法、顺序控制设计方法以及线性化、模块化和结构化程序设计方法等内容。

1.2　知识学习

1.2.1　PLC 控制系统的总体设计方法

1. 设计的基本原则

任何一种控制系统都是为了满足被控对象的工艺要求,以提高生产效率和产品质量。因此,在设计 PLC 控制系统时,应遵循以下基本原则,以确保系统的稳定性和可靠性。

（1）满足被控对象的控制要求

要充分发挥 PLC 的功能,最大限度地满足被控对象的控制要求,这是设计 PLC 控制系统的首要前提,也是设计中最重要的一条原则。为了实现系统的控制目标,设计人员在设计前应深入现场进行调查研究,收集控制现场的资料,并参考国内外先进的技术资源。同时,设计人员需要与现场的工程管理人员、技术人员和操作人员紧密配合,共同拟定控制方案,解决设计中的重点和难点问题。

（2）保证 PLC 控制系统安全可靠且操作简单

确保 PLC 控制系统能够长期安全、可靠并稳定的运行,是设计控制系统的另一条重要原则。设计人员需要在系统设计、元器件选择和软件编程上全面考虑,以确保系统的安全性。例如,PLC 程序应能在正常和异常工况下（如突然掉电再上电、非法操作等）正常工作。此外,操作界面应尽量简单直观,系统应仅接受合法操作,拒绝非法操作。

（3）力求简单、经济、使用及维修方便

一个完备的控制系统不仅能提高产品质量和劳动效率,还能带来显著的经济效益和社会效益。因此,在满足控制要求的前提下,设计人员应注重降低工程成本,同时提高系统的使用和维护便利性。设计的控制系统应既可靠高效,又经济实用。

（4）适应发展的需要

随着技术的不断发展,控制系统的要求也会不断提高。设计时应适当考虑未来控制系统的发展和改进需求。例如,在选择 PLC、I/O 模块、I/O 点数和内存容量时,应留有一定的裕量,以满足未来生产发展和工艺改进的需求。

（5）人机界面友好

人机界面（human machine interface, HMI）是计算机（包括 PLC）与操作人员交换信息的设备或软件。作为人机交互的界面，应充分体现"以人为本"的设计理念，使用户获取信息便捷。

2. 设计的基本内容

PLC 控制系统是由 PLC、用户 I/O 设备及相应控制软件构成的。因此，PLC 控制系统设计的基本内容如下。

（1）选择 I/O 设备

用户输入设备（如按钮、操作开关、限位开关、传感器等）和输出设备（如继电器、接触器、信号灯等执行元件），以及由输出设备驱动的控制对象（如电动机、电磁阀等）。

（2）正确选择 PLC

PLC 是控制系统的核心部件，正确选择 PLC 对保证整个控制系统的技术经济性能指标至关重要。选择 PLC 时，应包括机型、容量、I/O 模块和电源模块的选择。

（3）绘制 I/O 端子连接图，分配 I/O 点

绘制 I/O 端子连接图，并合理分配 I/O 点，以确保系统的连接和通信顺畅。

（4）设计控制程序

控制程序是系统工作的核心，是保证系统正常、安全、可靠运行的关键。控制程序的设计需要经过反复调试和修改，直到满足控制要求为止，包括梯形图、语句表（即程序清单）或控制系统流程图。

（5）设计控制台（电气柜）

设计控制台或电气柜，以满足系统的安装和运行需求。

（6）编制控制系统的技术文件

技术文件应包括说明书、电气图、电器元件明细表、元件布置图、系统维护手册及系统安装调试报告等。传统电气图一般包括电气原理图、电气布置图和电气安装图。在 PLC 控制系统中，这些图可以统称为"硬件图"，并在传统电气图的基础上增加 PLC 的 I/O 端子连接图。此外，PLC 控制系统的电气图还应包括程序图（梯形图），即"软件图"，便于用户在扩大生产或工艺改进时修改程序，在维修时分析和排除故障。

3. 设计步骤

PLC 的工作方式与通用微机不完全相同，因此，基于 PLC 的自动控制系统设计与基于微机的控制系统开发过程也存在差异。PLC 的控制功能需要通过程序来体现，程序设计过程可以按照以下步骤完成。

（1）确定被制对象及控制需求

详细分析被控对象的控制需求，明确任务动作及其执行顺序，归纳出工作循环和状态流程，这是整个设计的基础，可确保后续设计方向的正确性。

（2）确定 I/O 设备及 PLC 型号

根据工艺生产要求，分析被控对象的复杂程度，统计所需的 I/O 点数及其类型（数字量、模拟量等），并列出清单。结合市场情况，评估不同 PLC 生产厂家的产品性能、售后服务、技术支持和网络通信能力，选择性价比合适的 PLC 机型。在选择时，应适当留有余量，避免资源浪费，同时保留系统的扩展性。

（3）硬件设计

根据所选 PLC 型号和控制要求，设计外部电路。绘制电气控制系统总装配图和接线图，确保硬件设计的完整性和可靠性。

（4）软件设计

在硬件设计的同时，可以同步进行软件设计。软件设计的主要任务是根据控制要求将工艺流程图转换为梯形图。在程序设计过程中，建议将使用的软继电器（如内部继电器、定时器、计数器等）列成表格并标明用途，以便于程序设计、调试和系统运行维护。程序初调（模拟调试）是将设计好的程序通过编程工具下载到 PLC 控制单元中，通过外接信号源引入测试信号，观察输入 / 输出之间的变化关系及逻辑状态是否符合设计要求，并及时修改和调整程序，直到满足设计要求。

（5）现场调试

在模拟调试合格后，将 PLC 与现场设备连接。在正式调试前，全面检查整个 PLC 控制系统，包括电源、接地线、设备连接线和 I/O 连线等，确保硬件连接的正确性。通电后，将 PLC 控制单元设置为"RUN"模式并开始运行。通过反复调试，泯除可能出现的各种问题。在调试过程中，可根据实际需求对硬件进行适当修改，以配合软件调试。调试过程中应保持足够长的运行时间，以充分暴露并纠正问题。试运行无误后，将程序保存到具有长期记忆功能的存储器中，并进行备份（至少两份）。图 9-1 是设计 PLC 控制系统的一般步骤。

1.2.2　PLC 控制系统的硬件设计方法

在过去十多年，全球众多制造商推出了多种系列、型号和功能各异的 PLC 产品。鉴于 PLC 种类繁多，它们在结构形式、性能、I/O 点数、存储器容量、运算速度、指令系统、编程方法和价格上各有千秋，适应的场合也各有不同。因此，在进行 PLC 硬件设计时，合理选择 PLC 对于提升控制系统的性能和经济性指标至关重要。

1. 总体方案设计

确立控制目标和被控对象的需求是开展控制系统设计的基础。在此基础上，根据实际需求确定 PLC 控制系统类型和系统的运行方式。

（1）PLC 控制系统类型

PLC 控制系统可以分为以下四种类型。

第一类是单机控制系统，由一台 PLC 实现对被控对象的控制，如图 9-2 所示。这种系统的 I/O 点数较少，存储容量有限。在选择 PLC 时，应综合考虑经济性和适用性，避免资源浪费。

第二类是集中控制系统，由一台 PLC 控制多台被控设备，每个被控对象都与 PLC 的指定 I/O 设备相连，如图 9-3 所示。这种系统的被控对象通常位置较近，动作之间存在一定的关联性。如果被控对象相距较远，采用这种类型的控制系统会增加成本，因此通常会考虑使用远程 I/O 控制系统。

第三类是分布式控制系统，采用计算机或 PLC 作为上位机，控制系统由多个具有通信联网功能的 PLC 组成，如图 9-4 所示。这类系统的被控对象较多且分布较广，各被控对象之间需要频繁地交换数据和信息。

第四类是用 PLC 构成远程 I/O 控制系统，将 I/O 模块置于远离 PLC 的被控对象的系统。这种系统使用同轴电缆在远程 I/O 模块与 PLC 之间传递信息。远程 I/O 控制系统特别适用于

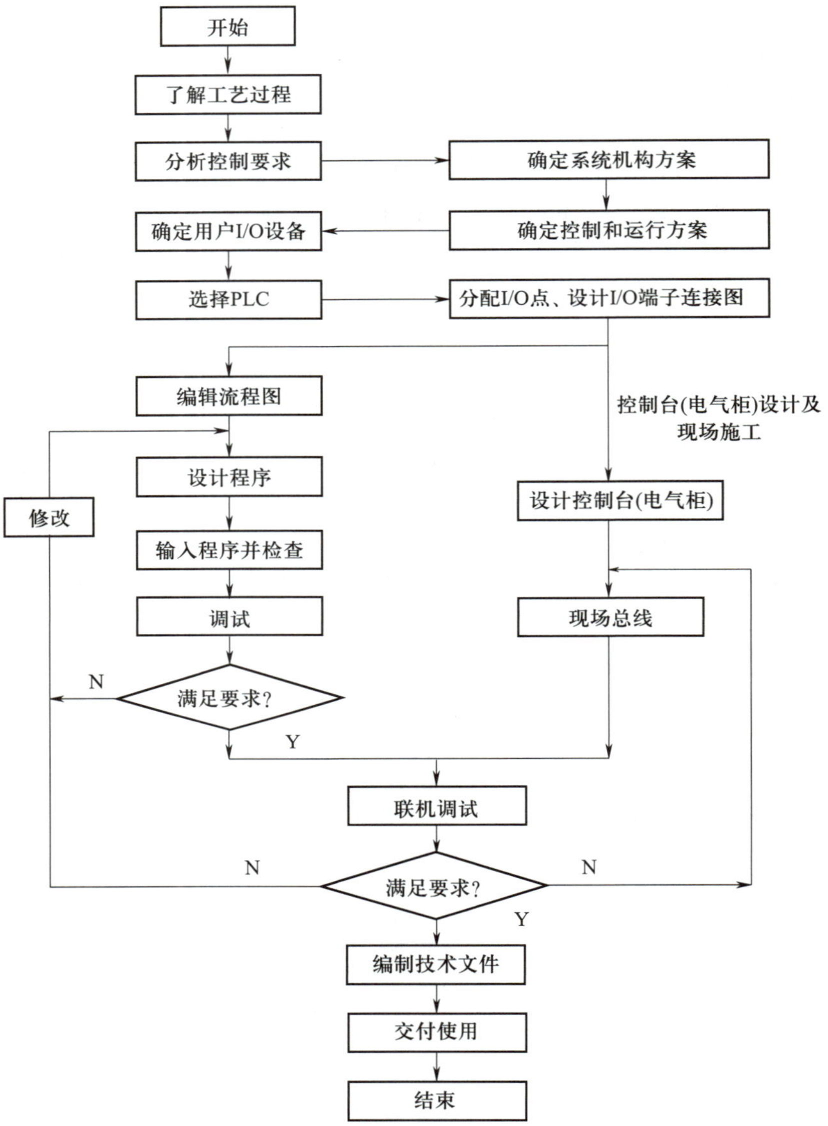

开始
了解工艺过程
分析控制要求
确定系统机构方案
确定用户I/O设备
确定控制和运行方案
选择PLC
分配I/O点、设计I/O端子连接图
编辑流程图
控制台(电气柜)设计及现场施工
设计程序
修改
设计控制台(电气柜)
输入程序并检查
调试
现场总线
N
满足要求?
Y
联机调试
N
满足要求?
N
Y
编制技术文件
交付使用
结束

图 9-1　设计 PLC 控制系统的一般步骤

控制器
被控对象

图 9-2　单机控制系统

I/O
控制器
被控对象A
被控对象B
被控对象C

图 9-3　集中控制系统

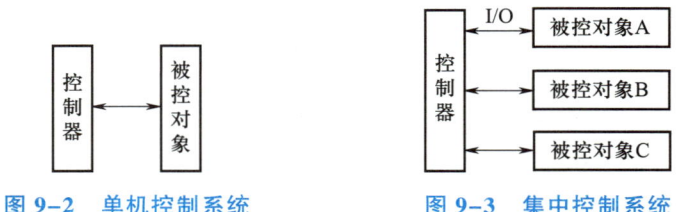

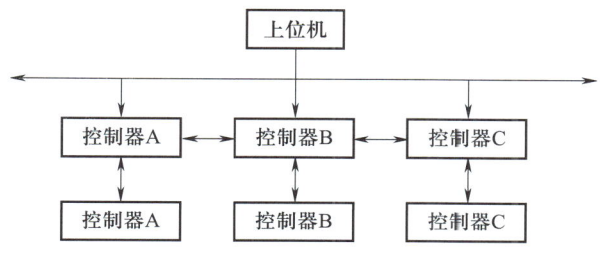

图 9-4　分布式控制系统

被控对象远离集中控制室的工业环境,如大型工厂的远程监控设施等。图 9-5 清晰地展示了远程 I/O 控制系统的布局和信息传递方式。

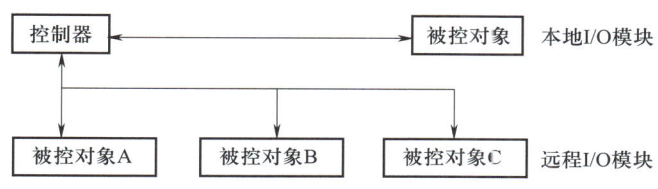

图 9-5　远程 I/O 控制系统

（2）系统的运行方式

PLC 控制系统有三种运行方式:手动、半自动和自动。手动运行方式通常用于设备调试、系统调整以及系统故障时的运行控制,可作为自动运行方式或半自动运行方式的一种补充。半自动运行方式适用于系统在启动和运行过程中需要人工干预的场合。自动运行方式则适用于系统能够按照给定的程序自动完成被控对象的动作而无须人工干预的场合,是控制系统的主要运行方式。

2. 系统设计依据

系统设计应以被控对象为目标,在设计时应考虑如下要素。

（1）工艺要求

工艺流程的特点和要求是设计选型的主要依据。因此,在进行系统设计时,应首先了解被控对象的工艺要求,判断系统控制的复杂程度。

（2）设备状况

设备是控制系统中的具体被控对象,设备的具体状况是控制系统设计的基本依据。

（3）控制功能

控制功能是控制系统设计的重要依据,由此确定系统的类型、规模、机型、模块和软件等内容。

（4）I/O 点数和种类

在进行系统的详细设计时,应对系统的 I/O 点数和种类进行精确统计,以便确定系统的规模、机型和配置。I/O 点数包括输入信号和输出信号的总点数,一般会考虑到未来的调整和扩充,增加 10% ~ 20% 的备用量。

（5）系统的先进性及可扩展性

系统的先进性是高性能的保证和基础,同时可以有效减少维护和使用人员的障碍。系统设计的基本思想应符合技术发展的潮流,使其在整个生命周期内保持一定的先进性。良好的

271

可扩展性则为系统未来的发展提供保障,确保新设备能够顺利与现有设备共同工作,进一步扩展和提升性能。

3. PLC 的机型、容量及模板选择

（1）PLC 选型

随着技术的发展,PLC 产品的种类越来越多。不同型号的 PLC 在结构形式、性能、容量、指令系统、编程方式、价格和适用场合等方面各有不同。合理选用 PLC 对于提高控制系统的性能和经济性具有重要意义。

a. 合理的结构形式

PLC 主要有整体式和模块式两种结构形式。整体式 PLC 适用于系统工艺过程较为固定的小型控制系统;而模块式 PLC 则适用于较复杂的控制系统,其功能扩展灵活且维修方便。

b. 安装方式的选择

PLC 的安装方式分为集中式、远程 I/O 式和分布式（多台 PLC 联网）。集中式适用于小型系统,远程 I/O 式适用于大型系统,分布式适用于多台设备独立控制但又需要相互联系的场合。

c. 功能需求

根据控制需求选择不同档次的 PLC。小型 PLC 适用于开关量控制,增强型低档 PLC 适用于带少量模拟量的控制系统,中档或高档 PLC 适用于复杂控制需求。

d. 响应速度需求

大多数 PLC 的响应速度一般能满足绝大部分需求。对于有特殊响应速度需求的功能或信号,应选择具有高速 I/O 处理模块的 PLC。

e. 系统可靠性

对于高可靠性要求的系统,应考虑采用冗余系统或热备用系统。

f. 机型尽量统一

企业应尽量选择统一的 PLC 机型,以减少备件数量,便于程序编写和维护,并且有利于技术培训和资源共享。

（2）PLC 容量估算

PLC 容量包括两个方面:一是 I/O 点数,二是存储器容量。

a. I/O 点数的估算

根据功能说明书,可统计出 PLC 系统的开关量 I/O 点数、模拟量 I/O 通道数以及开关量和模拟量的信号类型。应在统计后得到 I/O 总点数的基础上,增加 10% ~ 15% 的裕量。选定的 PLC 机型的 I/O 能力极限值必须大于 I/O 总点数的估算值,并应尽量避免使 PLC 能力接近饱和状态,一般应留有 30% 左右的裕量。

b. 存储器容量的估算

用户应用程序占用多少内存与许多因素有关,如 I/O 点数、控制要求、运算处理量和程序结构等,因此,在程序设计之前只能粗略地估算。根据经验,每个 I/O 点数及有关功能器件占用的内存大致如下:

所需存储器容量（KB）=（1 ~ 1.25）×（DI × 10+DO × 8+AI/AO × 100+CP × 300）/1 024

其中:DI 为数字量输入总点数;DO 为数字量输出总点数;AI/AO 为模拟量 I/O 通道总数;CP 为通信接口总数。

（3）I/O 模块的选择

a. 开关量输入模块的选择

PLC 的输入模块用来检测来自现场（如按钮、行程开关、温控开关和压力开关等）的电平信号，并将其转换为 PLC 内部的低电平信号。开关量输入模块按输入点数分，常用的有 8 点、12 点、16 点、32 点等；按工作电压分，常用的有直流 5 V、12 V、24 V，交流 110 V、220 V 等；按外部接线方式又可分为汇点输入、分隔输入等。选择输入模块主要应考虑以下两点：

根据现场输入信号（如按钮、行程开关）与 PLC 输入模块距离的远近来选择电压的高低。一般 24 V 以下属低电平，其传输距离不宜太远。例如，12 V 电压模块的传输距离一般不超过 10 m，而距离较远的设备选用较高电压模块比较可靠。

高密度的输入模块（如 32 点）允许同时接通的点数取决于输入电压和环境温度，一般不得超过总输入点数的 60%。

b. 开关量输出模块的选择

输出模块的任务是将 PLC 内部低电平的控制信号转换为外部所需电平的输出信号，驱动外部负载。输出模块有三种输出方式：继电器输出、双向晶闸管输出和晶体管输出。

输出方式的选择：继电器输出价格便宜，使用电压范围广，导通压降小，承受瞬间过电压和过电流的能力较强，且有隔离作用。但继电器有触点，寿命较短，且响应速度较慢，适用于动作不频繁的交 / 直流负载。当驱动感性负载时，最大开闭频率不得超过 1 Hz。晶闸管输出（交流）和晶体管输出（直流）都属于无触点开关输出，适用于通断频繁的感性负载，但感性负载在断开瞬间会产生较高的反压，必须采取抑制措施。

输出电流的选择：输出模块的输出电流必须大于负载的额定电流，如果负载电流较大，输出模块不能直接驱动，则应增加中间放大环节。对于电容性负载、热敏电阻负载，考虑到接通时有冲击电流，故要留有足够的裕量。

允许同时接通的输出点数：在选择输出模块时，还要看整个输出模块的满负载能力，输出模块的输出电流应该大于负载的额定电流。对于电容性负载，也要保留有足够的裕量。

（4）分配 I/O 点

一般输入点与输入信号、输出点与输出信号是一一对应的。在个别情况下，也有两个信号用一个输入点的，那样就应在接入输入点前，按逻辑关系接好线（如两个触点先串联或并联），然后再接到输入点。

a. 明确 I/O 通道范围

不同型号的 PLC，其 I/O 通道范围是不一样的，应根据所选的 PLC 型号，弄清相应 I/O 通道地址的分配。

b. 内部辅助继电器

内部辅助继电器不对外输出，不能直接连接外部器件，而是在控制其他继电器、定时器、计数器时，完成数据存储或数据处理。根据程序设计的需要，应合理安排 PLC 的内部辅助继电器，在设计说明书中应详细列出各内部辅助继电器在程序中的用途，避免重复使用。

c. 分配定时器 / 计数器

对于用到定时器和计数器的控制系统，注意定时器和计数器的编号不能相同。若扫描时间较长，则要使用高速定时器以保证计时准确。

4. 系统硬件设计文件

在进行系统硬件的大体设计之后，可以整理出系统硬件设计文件，完成系统硬件设计。系统硬件设计文件包括系统硬件配置图、模块统计表、I/O 硬件接口图及 I/O 地址表等。

（1）系统硬件配置图

系统硬件配置图包括系统构成级别、系统联网情况、网上 PLC 的站点、每个站点的中心单元和扩展单元的构成情况以及各个 PLC 中各种模块的具体构成等。

（2）模块统计表

模块统计表是根据系统硬件配置图统计出来的整个系统硬件设备状况估算出的硬件设备投资情况。模块统计表包括模块名称、模块类型、模块订货号和模块数量等内容。

（3）I/O 硬件接口图及 I/O 地址表

I/O 硬件接口图反映 PLC 的 I/O 模块与现场设备之间的连接情况，是系统设计的一部分。I/O 地址表也称为输入输出表，是将系统的输入和输出列成表，填写相应的地址和名称，便于软件编程和系统调试时使用。

1.2.3 PLC 顺序控制设计方法

1. 顺序控制设计法

顺序控制是指按照生产工艺预先规定的顺序，在各个输入信号的作用下，根据内部状态和时间的顺序，使生产过程中的各个执行机构自动且有秩序地进行操作。采用顺序控制设计法时，首先根据系统的工艺过程绘制顺序功能图（sequential function chart，SFC），然后根据顺序功能图绘制梯形图。

顺序控制设计法也称为功能表图设计法。功能表图是一种用于描述控制系统控制过程功能和特性的图形工具，也是设计 PLC 顺序控制程序的有力工具。它主要由以下元素组成：步（Step）表示系统的一个稳定状态；有向线段表示步之间的转换方向；转换（Transition）条件表示从一个步到另一个步的条件，转换条件可以是外部输入信号（如按钮、指令开关的接通/断开等）或 PLC 内部产生的信号（如定时器、计数器提供的信号），也可以是几种信号的逻辑组合；动作（或命令）是在某个步中执行的操作。顺序控制设计法是一种先进的设计方法，尤其适用于复杂系统，可以节约 60% ~ 90% 的设计时间。根据 GB/T 21654—2008 标准，控制系统中的顺序行为可以用 GRAFCET 规范语言进行功能描述。梯形图的编制可以采用以下四种方式：启保停编程方式（适用于简单的控制逻辑）、步进梯形指令编程方式（适用于复杂的顺序控制）、移位寄存器编程方式（适用于需要移位操作的控制逻辑）和置位复位编程方式（适用于需要置位和复位操作的控制逻辑）。

顺序控制设计法将一个工作周期分成若干个顺序相连的阶段，这些阶段就是步，然后用编程元件来代表步。在任何一步之内，各输出量的状态不变，但相邻两步输出量总的状态是不同的。

顺序控制设计法的思想就是用转换条件控制代表各步的编程元件，让它们的状态按一定的顺序变化，然后用代表各步的编程元件去控制 PLC 的各输出位。

2. 顺序功能图的基本结构

（1）单序列由一系列相继激活的步组成，每一步后面仅接一个转换，每一个转换后面只有一步，如图 9-6a 所示。

（2）在选择序列中，序列的开始称为分支，转换条件只能标在水平连线之下，有多少分支就有多少条件，一般只能同时选择一个条件对应的分支序列，序列的结束称为合并，N 个选择序列合并到一个公共序列时需要相同数量的转换条件，且其条件只能标在水平连线之上，如

图 9-6b 和图 9-6c 所示。

（3）在并行序列中，当转换的实现导致几个序列同时被激活（分支处），激活后每个序列中活动步的进展将是独立的。当并行序列结束时（合并处），只有当合并前的所有前级步（步5、步7）为活动步，且满足转换条件（XB 为 1）时，才会发生步5、步7到步10的进展。为了强调转换的同步实现，在功能图中水平连线用双线表示，如图 9-6d 所示。

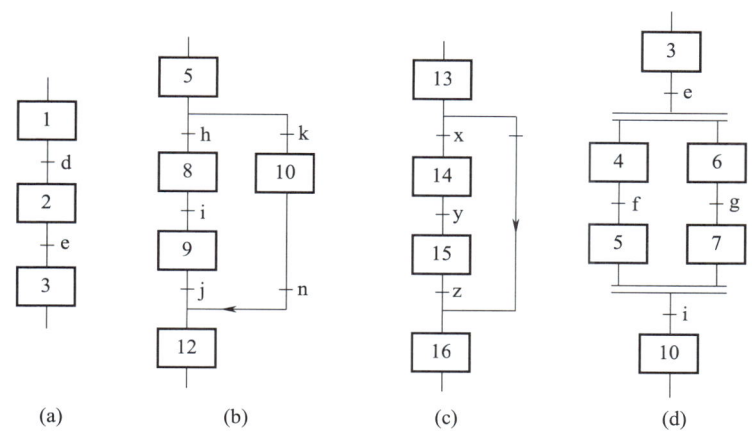

图 9-6　顺序功能图的基本结构

3. 顺序功能图中转换实现的基本规则

在顺序功能图中，步的活动状态的进展是由转换的实现来完成的。转换的实现必须同时满足下列条件：

（1）该转换所有的前级步都是活动步；

（2）相应的转换条件得到满足。

如果转换的前级步或后续步不止一个，转换的实现称为同步实现。为了强调同步实现，有向连线的水平部分用双线表示。转换的实现使所有由有向连线与相应转换符号相连的后续步都变为活动步，而使所有前级步都变为不活动步。

以上规则可以用于任意结构中的转换，是设计梯形图的基础。但是，对于不同结构，其区别如下：

在单序列中，一个转换仅有一个前级步和一个后续步。

在并行序列的分支处，转换有几个后续步，在实现转换时应同时将它们变为相同数量的活动步（对应的编程元件置位）。

在并行序列的合并处，转换有几个前级步，只有当它们均为活动步时才有可能实现转换，同时也应将它们变为不活动步（对应的编程元件复位）。

在选择序列的分支处与合并处，一个转换实际上也只有一个前级步和一个后续步，但是一个步可能有多个前级步或多个后续步，只能选择其一。

4. 绘制顺序功能图的注意事项

（1）两个步绝对不能直接相连，必须用一个转换将它们隔开。

（2）两个转换也不能直接相连，必须用一个步将它们隔开。

（3）顺序功能图中的初始步一般对应于等待系统启动的初始状态，初始步是必不可少的。一方面因为该步与它的相邻步相比，从总体上说输出变量的状态各不相同；另一方面如果没有该步,就无法表示初始状态,系统也无法返回停止状态。

（4）自动控制系统应能多次重复地执行同一工艺过程,因此在顺序功能图中一般应有由步和有向连线组成的闭环,即在完成一次工艺过程的全部操作之后,应从最后一步返回初始步。系统停留在初始状态,在采用连续循环工作方式时,将从最后一步返回下一工作周期开始运行的第一步。

（5）如果选择有断电保持功能的存储器位（M）来代表顺序控制图中的各位,在交流电源突然断电时,可以保存当时的活动步对应的存储器位的地址。系统重新上电后,可以使系统从断电瞬时的状态开始继续运行。如果用没有断电保持功能的存储器位代表各步,进入"RUN"工作方式时,它们均处于"OFF"状态,必须在"OB100"中将初始步预置为活动步,否则会因顺序功能图中没有活动步造成系统无法工作。如果系统有自动、手动两种工作方式,顺序功能图是用来描述自动工作过程的,因此还应在系统由手动工作方式进入自动工作方式时,用一个适当的信号将初始步置为活动步,并将非初始步置为不活动步。

硬件组态时,双击 CPU 模块所在行,打开 CPU 模块属性对话框,选择"Retentive Memory（有保持功能的存储器）"选项卡,可设置有断电保持功能的存储器位（M）的地址范围。

5. 顺序控制设计法的本质

顺序控制法不是用 PLC 的输入 I 直接控制输出 Q,而是用输入 I 控制代表各步的辅助继电器 M,再用辅助继电器 M 控制输出 Q,如图 9-7 所示。不管系统多么复杂和千变万化,对辅助继电器 M 的控制要求都是一样的（即依次为"1"状态）。因此用输入 I 控制辅助继电器 M 的梯形图设计方法是通用的,并且很容易掌握。系统的特殊性体现在输出电路上,虽然不同系统的辅助继电器 M 与输出 Q 的逻辑关系各不相同,但是由于步是根据 PLC 的输出 Q 的状态来划分的,辅助继电器 M 与输出 Q 之间的逻辑关系非常简单,故输出电路的设计也变得简单、通用。

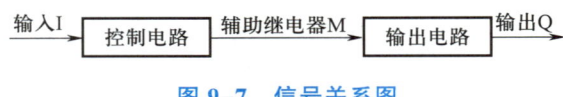

图 9-7　信号关系图

1.3　任务实施

对运料小车机皮带系统进行 PLC 程序设计,如图 9-8 所示,系统启动后,运料小车向右行驶。小车行至 C_限位,皮带电动机 M1 开始启动,8 s 后皮带电动机 M2 开始启动（即实现顺启）。小车行至乙_限位,小车停车开始放料。80 s 后,小车放料结束开始向右返回。返回至 C_限位,皮带电动机 M2 停车,8 s 后皮带电动机 M1 停车（即实现逆停）。小车行至甲_限位停车,待再一次装满料并按下启动按钮后,系统再一次开始自动运料、卸料动作。

需设计自动程序（小车在甲_限位装满料后按下启动按钮即开始自动运行）、手动程序（用于系统检修或系统故障复位）、公共显示程序（在控制台 / 电气柜上显示系统的运行状况）、故障报警程序（对小车电动机和两条皮带电动机进行过载报警）。

要求:子程序使用 FC（fuction）进行模块化编程。

» 步骤 1　规划并生成各程序块,如图 9-9 所示。

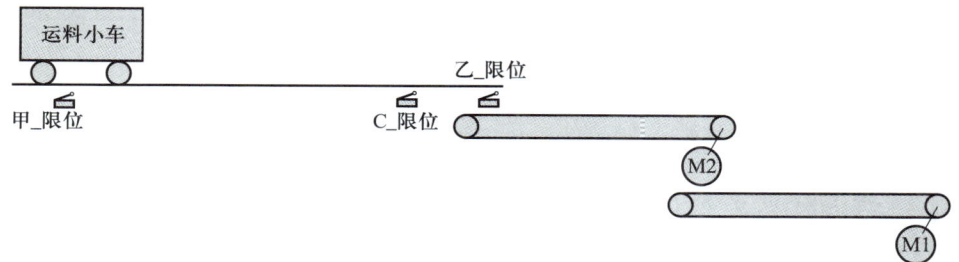

图 9-8　运料小车机皮带系统

FC1	自动程序	LAD	194	Function
FC2	手动程序	LAD	1C6	Function
FC3	公共显示程序	LAD	66	Function
FC4	故障报警程序	LAD	122	Function
OB1	主程序	LAD	114	Organization Block
OB82	错误中断	LAD	38	Organization Block
OB121	编程错误中断	LAD	38	Organization Block
OB122	I/O访问错误中断	LAD	38	Organization Block
System data	---	---	--	SDB

图 9-9　控制系统的程序块

》步骤 2　编辑符号表

定义各程序块的符号名称,根据控制要求设计和定义各 DI、DO 信号的绝对地址及符号名称,如图 9-10 所示。

》步骤 3　在 OB1 中编写主程序,生成并调用子程序 FC1 ~ FC4,如图 9-11 所示。

模块化编程设计方法

当各子程序的控制功能不同时(如本任务 4 个子程序的功能均不相同),推荐使用模块化编程。调用 FC,即生成多个子程序。各子程序满足调用条件即可执行运行,如自动程序 FC1、手动程序 FC2 由选择开关 I1.0 进行切换,公共显示程序 FC3、故障报警程序 FC4 为无条件自动调用。对于复杂的控制系统,部分子程序之间也存在相互调用的关系,推荐绘制程序流程图辅助理清各子程序之间的逻辑关系。

微课

模块化程序
设计方法

FC 的插入方法如图 9-12 所示,在左侧的工作区依次单击"插入新对象→功能",分别插入 FC1 ~ FC4,可设置 FC 的属性,包括符号名、符号注释等。

》步骤 4　在 FC1 中编写自动程序,如图 9-13 所示。

》步骤 5　在 FC2 中编写手动程序,如图 9-14 所示。

》步骤 6　在 FC3 中编写公共显示程序,如图 9-15 所示。

》步骤 7　在 FC4 中编写故障报警程序,如图 9-16 所示。

	Symbol	Address		Data type		Comment
1	自动程序	FC	1	FC	1	
2	手动程序	FC	2	FC	2	
3	公共显示程序	FC	3	FC	3	
4	故障报警程序	FC	4	FC	4	
5	系统启动_自动	I	0.0	BOOL		
6	小车前行_手动	I	0.1	BOOL		
7	小车后退_手动	I	0.2	BOOL		
8	小车放料_手动	I	0.3	BOOL		
9	1#皮带启动_手动	I	0.4	BOOL		
10	2#皮带启动_手动	I	0.5	BOOL		
11	故障报警复位按钮	I	0.6	BOOL		
12	手动、自动选择开关	I	1.0	BOOL		选择开关
13	甲_限位	I	1.1	BOOL		SQ(动断点)
14	C_限位	I	1.2	BOOL		SQ(动断点)
15	乙_限位	I	1.3	BOOL		SQ(动断点)
16	系统停车_自动	I	2.0	BOOL		SB(动断点)
17	小车停车_手动	I	2.1	BOOL		SB(动断点)
18	1#皮带停车_手动	I	2.2	BOOL		SB(动断点)
19	2#皮带停车_手动	I	2.3	BOOL		SB(动断点)
20	小车M0_FR	I	3.0	BOOL		FR(动断点)
21	1#皮带M1_FR	I	3.1	BOOL		FR(动断点)
22	2#皮带M2_FR	I	3.2	BOOL		FR(动断点)
23	小车M0_KM1反馈	I	3.3	BOOL		
24	小车M0_KM2反馈	I	3.4	BOOL		
25	1#皮带_KM3反馈	I	3.5	BOOL		
26	2#皮带_KM4反馈	I	3.6	BOOL		
27	主程序	OB	1	OB	1	
28	错误中断	OB	82	OB	82	错误中断(I/O Point F...
29	编程错误中断	OB	121	OB	121	编程错误中断(Program...
30	I/O访问错误中断	OB	122	OB	122	I/O访问错误中断(Modu...
31	手动档_显示	Q	0.0	BOOL		
32	自动档_显示	Q	0.1	BOOL		
33	小车前行_显示	Q	0.2	BOOL		
34	小车后退_显示	Q	0.3	BOOL		
35	1#皮带运行_显示	Q	0.4	BOOL			
36	2#皮带运行_显示	Q	0.5	BOOL		
37	KY放料_显示	Q	0.6	BOOL		
38	系统故障报警_铃声	Q	0.7	BOOL		
39	系统故障报警_显示	Q	1.0	BOOL		1Hz闪烁
40	小车M0过载_显示	Q	1.1	BOOL		
41	1#皮带M1过载_显示	Q	1.2	BOOL		
42	2#皮带M2过载_显示	Q	1.3	BOOL		
43	KY放料_线圈	Q	1.4	BOOL		
44	小车M0前行_KM1线圈	Q	2.0	BOOL		
45	小车M0后退_KM2线圈	Q	2.1	BOOL		
46	1#皮带M1_KM3线圈	Q	2.2	BOOL		
47	2#皮带M2_KM4线圈	Q	2.3	BOOL		

图 9-10　编辑符号表

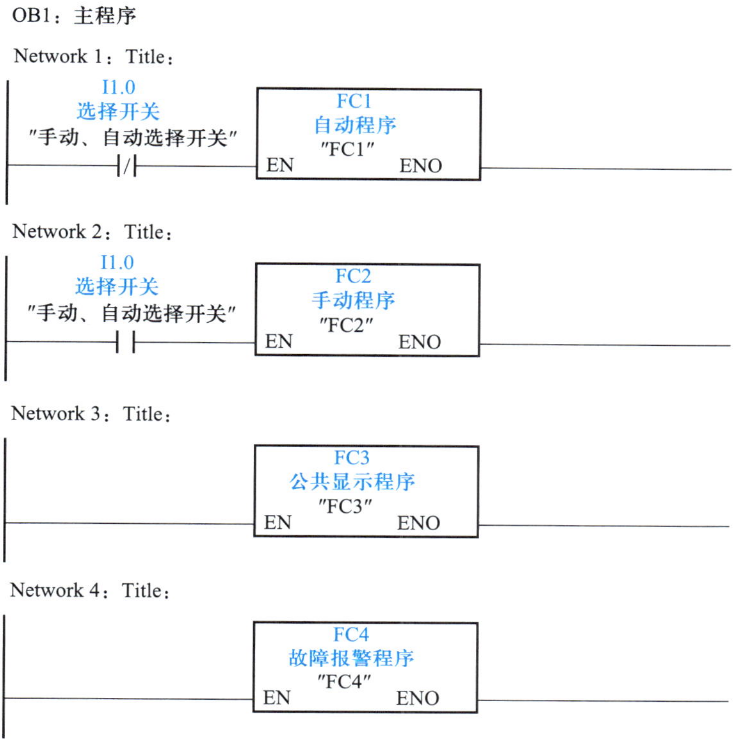

OB1：主程序

Network 1：Title：

```
        I1.0
       选择开关                    FC1
 "手动、自动选择开关"            自动程序
 ────────┤/├────────    EN    "FC1"   ENO ───────
```

Network 2：Title：

```
        I1.0
       选择开关                    FC2
 "手动、自动选择开关"            手动程序
 ────────┤├─────────    EN    "FC2"   ENO ───────
```

Network 3：Title：

```
                                  FC3
                               公共显示程序
 ─────────────────────    EN    "FC3"   ENO ───────
```

Network 4：Title：

```
                                  FC4
                               故障报警程序
 ─────────────────────    EN    "FC4"   ENO ───────
```

图 9-11　OB1 中调用子程序 FC1 ~ FC4

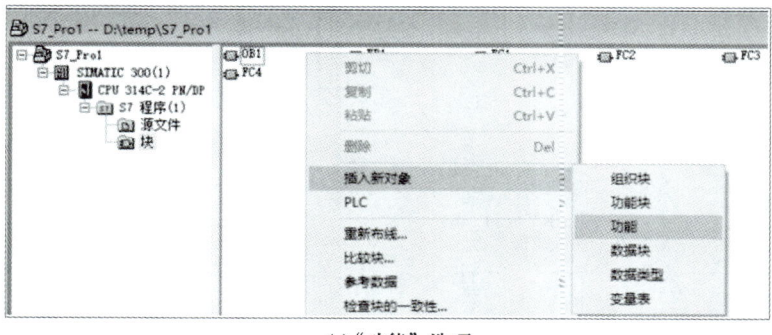

(a)"功能"选项

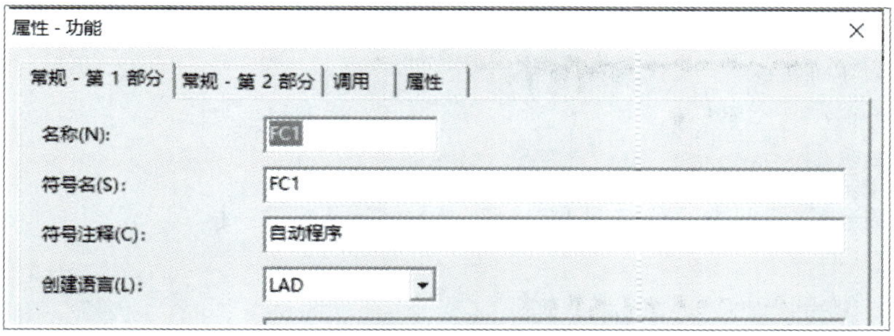

(b) 设置"符号名"和"符号注释"

图 9-12　FC 的插入方法

FC1：自动程序

Network 1：Title：

Network 2：小车前行

(a) 自动程序1和自动程序2

Network 3：到C_限位，顺启1#皮带

(b) 自动程序3

Network 4：顺启2#皮带

(c) 自动程序4

Network 5：放料

(d) 自动程序5

Network 6：小车后退，停止放料

(e) 自动程序6

Network 7：小车后退到C_限位点，开始逆停2#皮带、1#皮带

```
  I3.4              I1.2                          I3.5
"小车MO_        SQ（动断点）                   "1#皮带_
KM2反馈"        "C_限位"        T3          KM3反馈"        M10.0
──┤├──────────┤/├──┬───────┤/├──────────┤├──────────( )────
                    │                                   T3
   M10.0            │                                  (SD)───
──┤├────────────────┘                                S5T# 8S
```

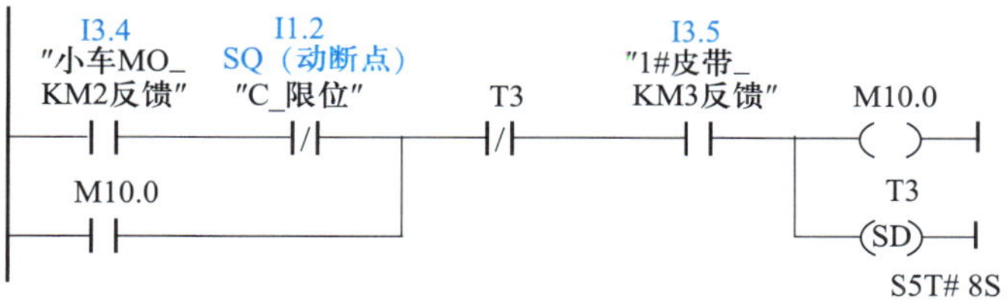

(f) 自动程序7

Network 8：小车返回甲_限位，系统自动再次开始循环

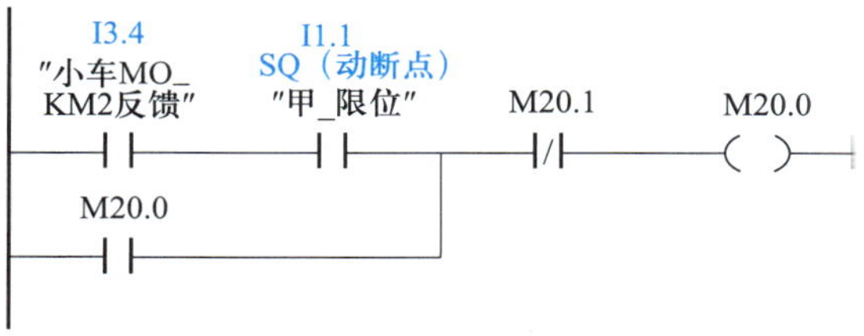

```
  I3.4              I1.1
"小车MO_        SQ（动断点）
KM2反馈"        "甲_限位"        M20.1        M20.0
──┤├──────────┤├──┬──────────┤/├──────────( )────
                   │
   M20.0           │
──┤├───────────────┘
```

(g) 自动程序8

Network 9：系统停车按钮，切断自动循环条件；系统启动按钮，复位自动循环条件

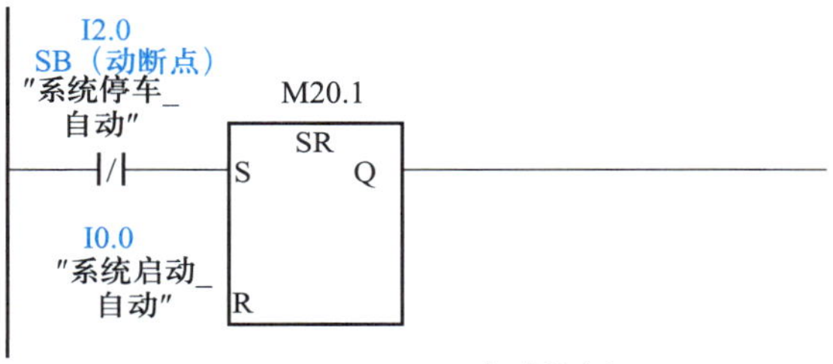

```
  I2.0
SB（动断点）
"系统停车_        M20.1
 自动"          ┌─────SR─────┐
──┤/├──────────┤S         Q ├──────────────
               │            │
  I0.0         │            │
"系统启动_      │            │
 自动"         │            │
──┤├──────────┤R           │
               └────────────┘
```

(h) 自动程序9

图 9-13　在 FC1 中编写自动程序

FC2：手动程序

Network 1：小车前行

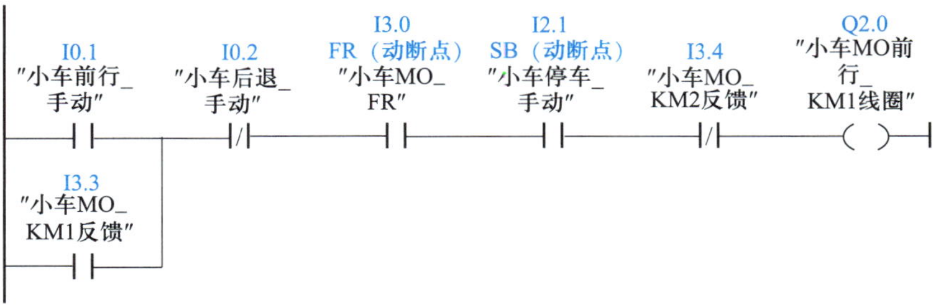

```
   I0.1          I0.2         I3.0          I2.1                        Q2.0
"小车前行_      "小车后退_    FR（动断点）  SB（动断点）                "小车MO前
 手动"         手动"       "小车MO_      "小车停车_     I3.4          行_
                           FR"          手动"      "小车MO_        KM1线圈"
──┤├──┬──────┤/├──────────┤├──────────┤├──────KM2反馈"──┤/├────( )────
      │
   I3.3
"小车MO_
KM1反馈"
──┤├──┘
```

(a) 手动程序1

Network 2：小车后退

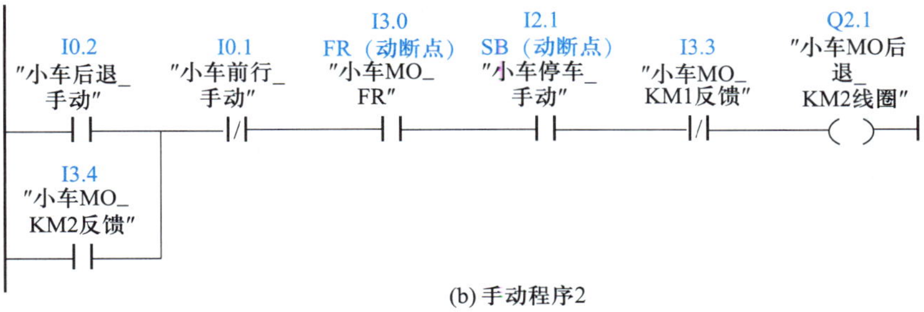

```
   I0.2          I0.1         I3.0          I2.1                        Q2.1
"小车后退_      "小车前行_    FR（动断点）  SB（动断点）                "小车MO后
 手动"         手动"       "小车MO_      "小车停车_     I3.3          退_
                           FR"          手动"      "小车MO_        KM2线圈"
──┤├──┬──────┤/├──────────┤├──────────┤├──────KM1反馈"──┤/├────( )────
      │
   I3.4
"小车MO_
KM2反馈"
──┤├──┘
```

(b) 手动程序2

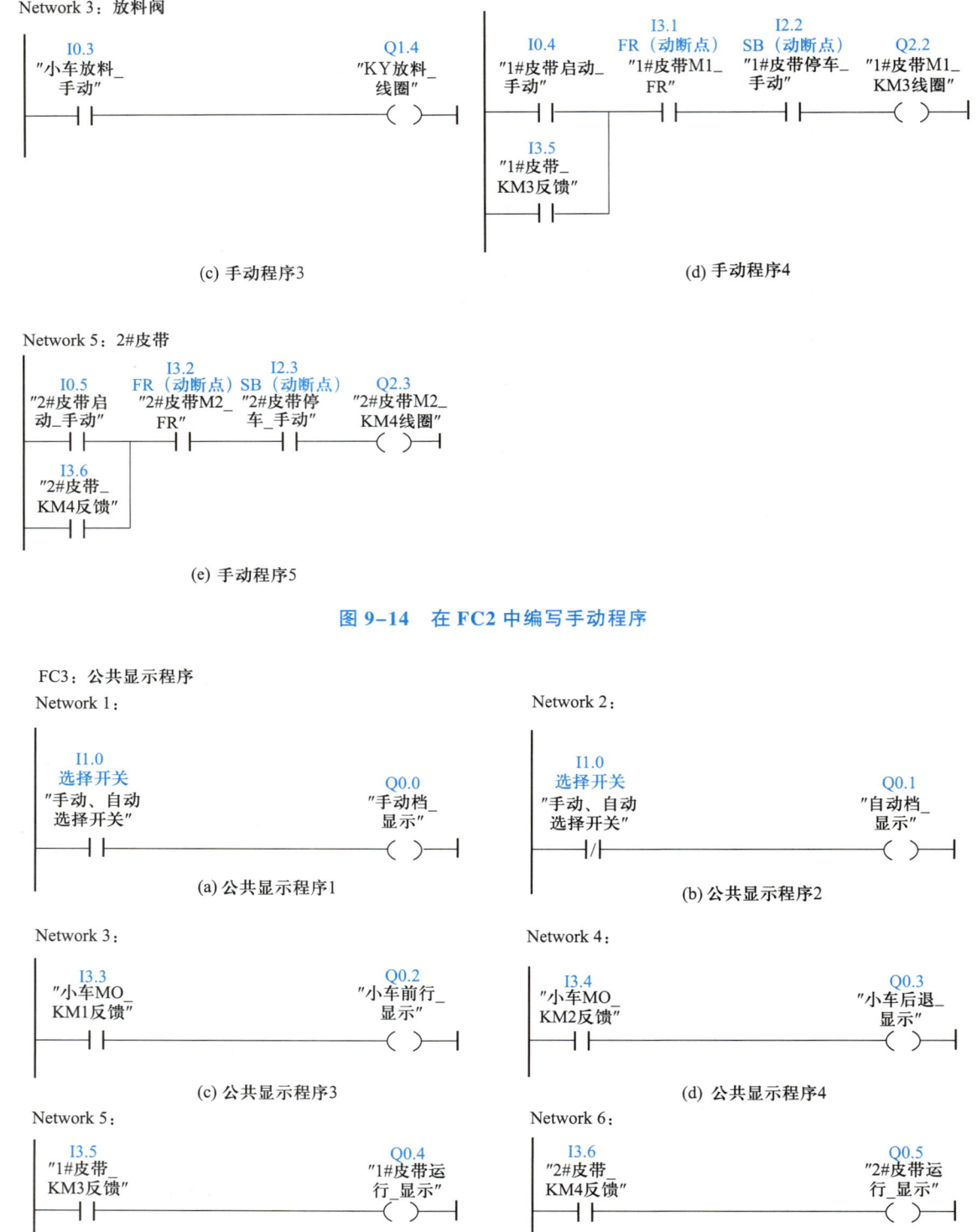

(c) 手动程序3

(d) 手动程序4

(e) 手动程序5

图 9-14　在 FC2 中编写手动程序

(a) 公共显示程序1

(b) 公共显示程序2

(c) 公共显示程序3

(d) 公共显示程序4

(e) 公共显示程序5

(f) 公共显示程序6

图 9-15　在 FC3 中编写公共显示程序

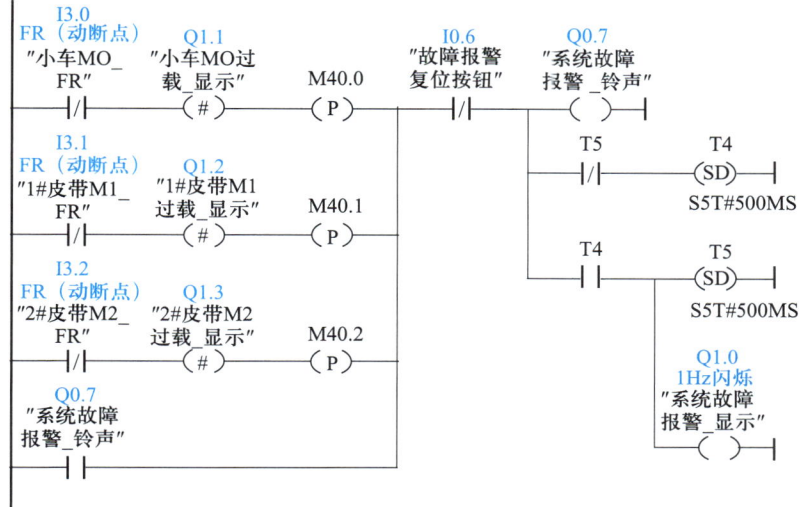

FC4：故障报警程序
Network 1：Title：

图 9-16　在 FC4 中编写故障报警程序

1.4　知识拓展

1.4.1　结构化编程设计方法

当有同类控制设备且控制要求相同时（如两个皮带电动机的手动 / 检修程序均为电动机单转控制），推荐使用结构化编程。调用功能块 FB（Function Block），在 FB1 中生成与皮带电动机控制相关的临时变量，用临时变量编写皮带电动机通用的手动 / 检修程序，再在 FC2（手动程序）中调用两次 FB1，分别匹配两台皮带电动机的实际 I/O 地址，并生成背景数据块 DB1、DB2。结构化编程的优点是只需要按控制要求编写一次通用程序，每个控制设备可重复调用此通用程序，避免了程序的重复编写。

结构化程序
设计方法

FB 的插入方法如图 9-17 所示：在块的工作区依次单击"插入新对象→功能块"选项，可设置 FB 的属性，例如："符号名"和"符号注释"，提升程序的可读性。

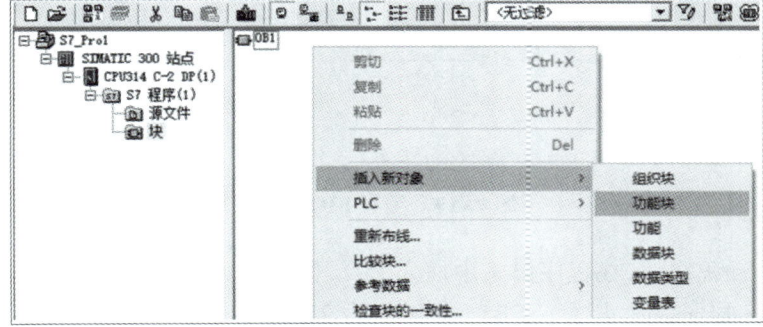

(a)"功能块"选项

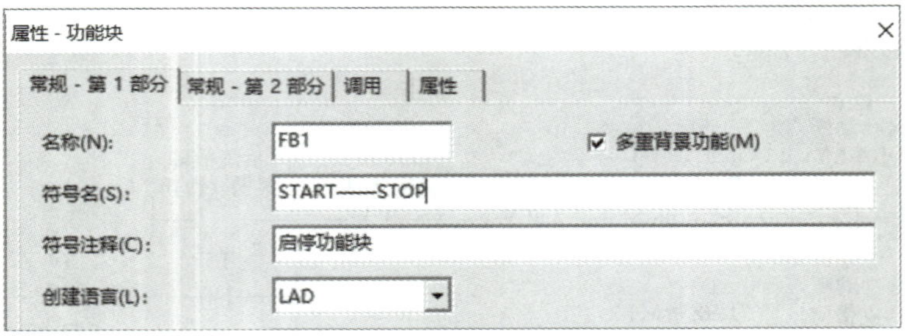

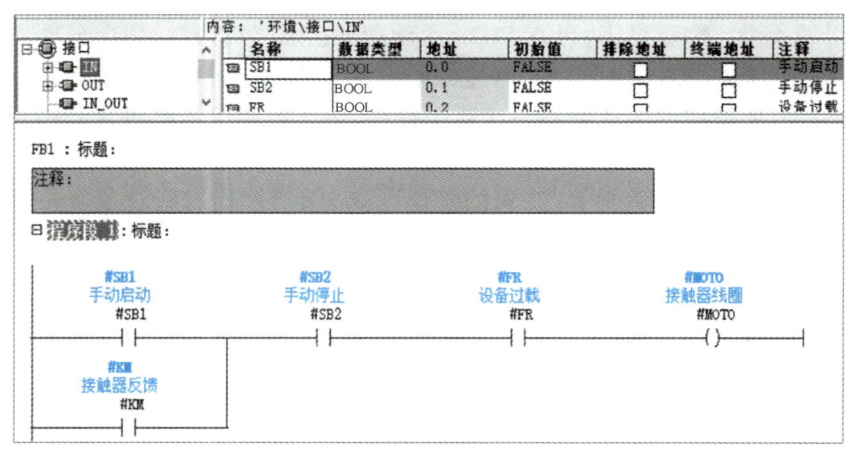

(b) 设置"符号名"和"符号注释"

图 9-17　FB 的插入方法

激活 FB1 功能块，并定义 FB1 的局部变量，如图 9-18 所示。输入变量分别为：手动启动、手动停止、设备过载和接触器反馈；输出变量为：接触器线圈。注意：变量名称要用英文字母和数字构成，不能用中文。

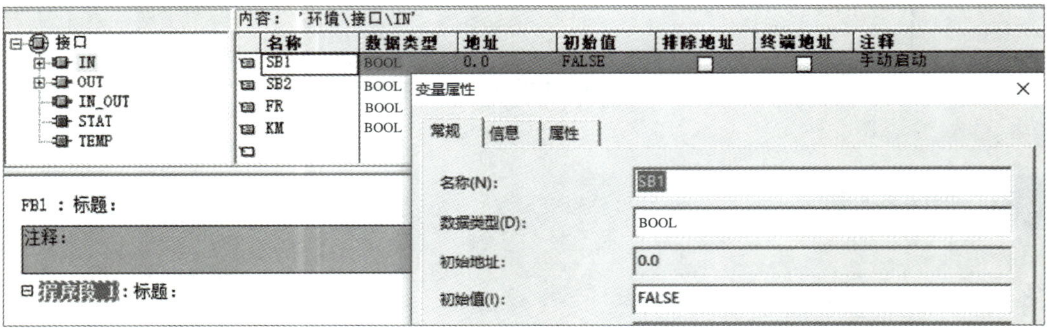

图 9-18　定义 FB1 的局部变量

编写 FB1 程序，如图 9-19 所示。所有地址为虚参，在变量前使用"#"，以便同全局变量区分。

图 9-19　编写 FB1 程序

打开 FC2 手动程序块，在程序段 1 中插入 FB1，设 DB1 为 1# 皮带电动机独享的背景数据块，填写实参。在程序段 2 中插入 FB1，设 DB2 为 2# 皮带电动机独享的背景数据块，填写实参，如图 9-20 所示。

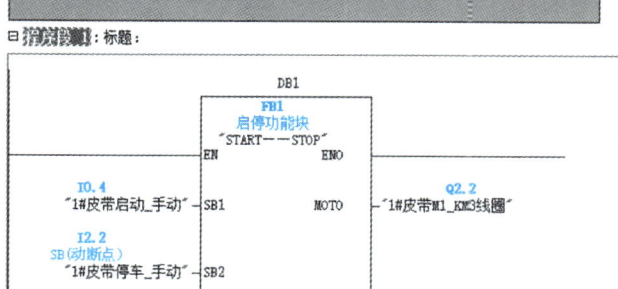

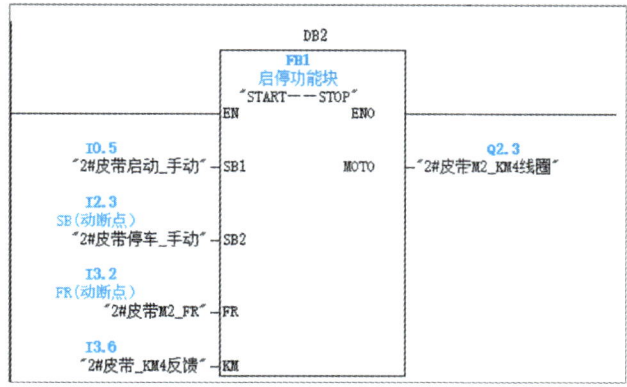

图 9-20　在 FC2 中插入 FB1 并填写皮带电动机实参

1.4.2　PLC 的供电系统设计

PLC 控制系统一般用于工业现场,而工业现场存在各种严重的干扰,因此供电系统设计的好坏直接影响到控制系统的可靠性。对于 PLC 控制系统,在进行供电系统设计时应考虑电源系统的抗干扰性,外部设备失电时的 PLC 供电以及供电电源的冗余等。

1. 电源的供电方式

（1）分相供电方式

由于许多干扰是电源线引入的,因此在供电线路配置上应把干扰大的设备与测控装置分开,由不同的相线供电,甚至最好直接从配电室用屏蔽电缆分别引出两相供电,这对消除干扰有利,如图 9-21 所示。

（2）分别供电方式

PLC 控制系统中的被控设备（如交流电动机、变流装置、电磁阀、加热器等）所用的交流电源的容量大,且受各种负载变化的影响大,当负载不对称时,中性点往往发生较大的偏移。PLC 控制系统使用的交流低压电源容量小,但要求电压尽量稳定,干扰尽量小。因此,被控设备和 PLC 控制系统不宜采用同一变压器供电,可以采用分别供电方式,如图 9-22 所示。

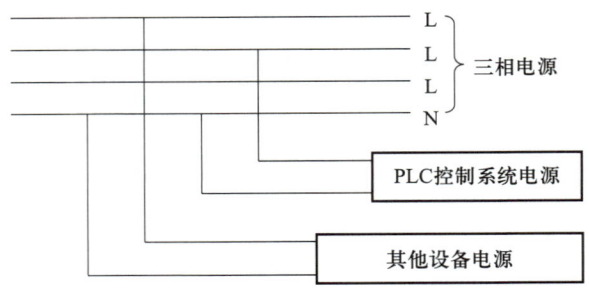

图 9-21　分相供电方式

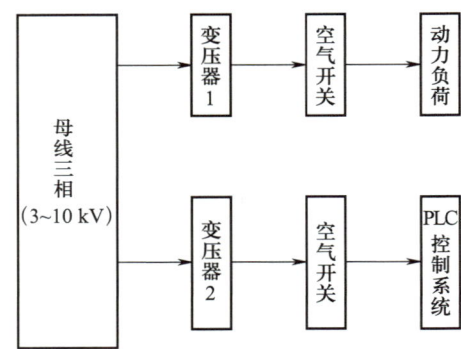

图 9-22　分别供电方式

（3）电源容量

为了使 PLC 控制系统能适应负载较大范围的变化和防止通过电源造成的内部干扰，系统电源必须留有较大的储备量，并有较好的动态特性。在实际应用中，通常建议选取 0.5～1 倍裕量。

2. 供电电源的冗余

（1）交流双电源供电

为了提高供电系统的可靠性，交流供电最好采用双电源冗余供电，两路电源分别引自不同的变电站，当一路电源供电出现故障时，可自动切换到另一路电源供电。图 9-23a 是交流双电源供电的典型结构，保护电路主要有欠电压保护、切换互锁等。

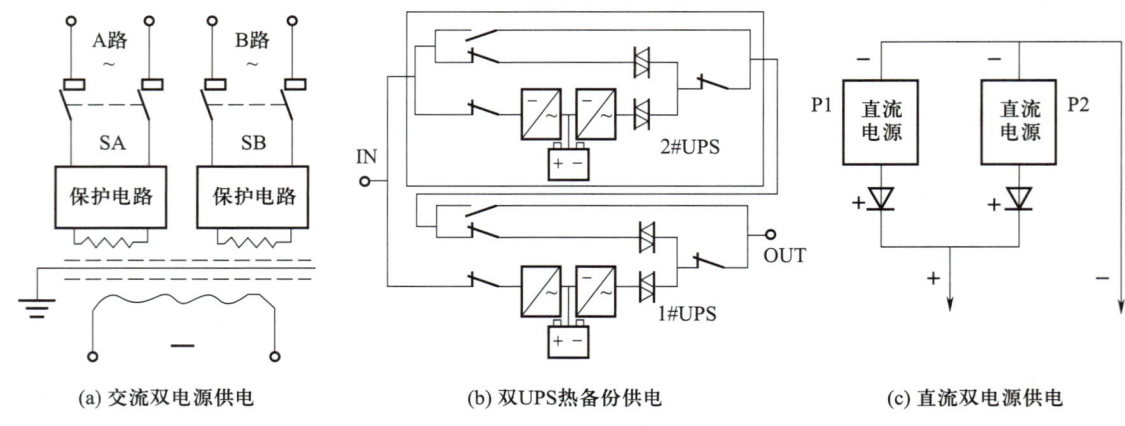

(a) 交流双电源供电　　　　　(b) 双 UPS 热备份供电　　　　　(c) 直流双电源供电

图 9-23　供电电源的冗余

（2）双 UPS 热备份供电

不间断电源 UPS 是计算机的有效保护装置。UPS 虽然可靠性很高，但由于供电条件的变化，UPS 本身的电器装置容易老化，个别元件过早失效等都会引起 UPS 故障。由于 PLC 控制系统属于整个设备系统的心脏，为了保证其稳定和可靠的工作，可采用双 UPS 热备份供电，即冗余技术，把备用机（2#UPS）的输出端接至主机（1#UPS）的旁路电源输入端，而两台 UPS 的交流电源输入端可接至同一市电电源（图 9-23b）。

正常工作时，由主机（1#UPS）提供负载电源。当主机内部出现故障，此时 1#UPS 的输出端静态开关会自动切换至旁路，由 2#UPS 的输出提供负载所需电源。当异常状况消除后，静态开关会自动从旁路（2#UPS）转入主机（1#UPS）的逆变器输出端，此时由主机（1#UPS）继续为负载提供电源。静态开关的切换基于严密的电路控制，保证不会在切换时有任何断电情况发生。综上所述，停电时，一部 UPS 故障，另一部仍可供电；维护时，仍保持 UPS 功能，两部 UPS 寿命皆延长。此外，热备份机的结构可确保负载设备不会在市电停电时因主机故障而断电，以确保负载设备不会产生数据丢失、设备损坏、系统崩溃等问题。

（3）直流双电源供电

采用两个直流电源经过二极管并接的方法，可以提高直流供电系统的可靠性，如图 9-23c 所示。当一个直流电源出现故障时系统仍能继续工作，但要选用两个独立的、导通电压很接近的二极管，否则当一个二极管发生故障时会无法处理，而且会导致两个电源负载不均匀的情况。

1.4.3　电缆的选择和接地设计

一般来说，PLC 系统所处的工业现场环境都比较恶劣，各种被控设备所产生的高频或低频干扰都会通过与现场设备相连的电缆影响 PLC 控制系统，破坏系统的稳定性和可靠性。所以，进行 PLC 控制系统的设计时，要合理地选择并敷设电缆。

1. 电缆的选择

在 PLC 控制系统中，既有传输各种开关量、模拟量和高速信号（例如，高速脉冲、光电信号）的信号线，又有供电系统的动力线。开关量信号对信号电缆没有严格的要求，可以选择普通电缆；长距离传输时，可以选用屏蔽电缆。模拟量信号和高速信号传输也应该选用屏蔽电缆。传输高频信号时，应该选用专用电缆或者光纤电缆；传输低频信号时，可以采用带屏蔽的多芯电缆或者双绞线电缆。电源供电系统一般可按通常的供电系统选择电源电缆。对于系统中一些有特殊要求的设备，一般由厂家直接提供电缆。

2. 电缆的敷设

防止信号干扰的有效方法是使系统中的信号线与功率线分开走线，电力电缆单独走线。不同类型的线应该分别装入不同的电缆管或电缆槽中，相互间保持尽可能大的空间距离。当传输开关量的信号线距离大于 300 m 时，应采用中间继电器来转接信号，或者使用 PLC 的远程 I/O 模块。如果模拟量 I/O 信号线很长，应采用 4～20 mA 的电流传输方式，且用于传输模拟量信号和数字量信号的屏蔽线应一端接地。

3. 控制系统的接地

接地是抑制干扰、提高系统可靠性的有效手段之一。控制系统中正确的接地，不仅可以抑制电磁干扰，还可以抑制系统设备发出干扰。错误的接地会引入干扰信号，使 PLC 不能稳定、可靠的工作。在控制系统中，PLC 与强电设备最好分别使用接地装置，PLC 接地线的截面积应不小于 2 mm²。信号源接地时,电缆的屏蔽层应在信号侧单点接地;信号源不接地时,电缆的屏蔽层应在 PLC 侧接地。如果系统中存在多个测点信号的屏蔽双绞线与多芯屏蔽双绞线电缆连接时,要把各屏蔽层相互连接(连接点经过绝缘处理),然后选择适当的接地点进行单点接地。

在大型的控制系统中,为了防止不同信号回路接地线上的电流引起交叉干扰,必须分系统接通弱电信号的内部地线,再由各系统用规定截面积的导线,统一引至接地网络的同一接地点,实现控制系统的单点接地。

学习任务 2　设计智能变频恒压供水 PLC 控制系统

2.1　任务情景

传统恒压供水设备虽然能够实现管网压力的恒定调节,但往往缺乏更深层次的智能控制功能。例如,如何科学合理地控制水泵机组,使电动机均匀工作和休眠,以最大限度延长设备使用寿命;如何根据用户用水量灵活分时段设置供水压力,以实现最佳使用效果和节能目标;以及如何对消防用水进行科学管控,避免突发火灾时无水可用。

为了解决这些问题,本任务设计智能变频恒压供水 PLC 控制系统,采用西门子新一代 PROFINET 总线、S7-1500 PLC 和 G120 变频器构建自动化网络,将生活管网与消防管网统一设计。通过分时段自动调节供水压力和采用循环休眠算法控制水泵机组,有效提升供水质量和节能效果,同时确保消防用水的安全性和可靠性。

2.2　要求分析

2.2.1　智能供水控制系统组成

某大型生活小区的智能供水控制系统及自动化网络结构如图 9-24 所示。系统主要由生活管网、消防管网、远程值班控制室(含主站控制设备)以及水泵机房(含从站控制设备及水泵机组)组成。

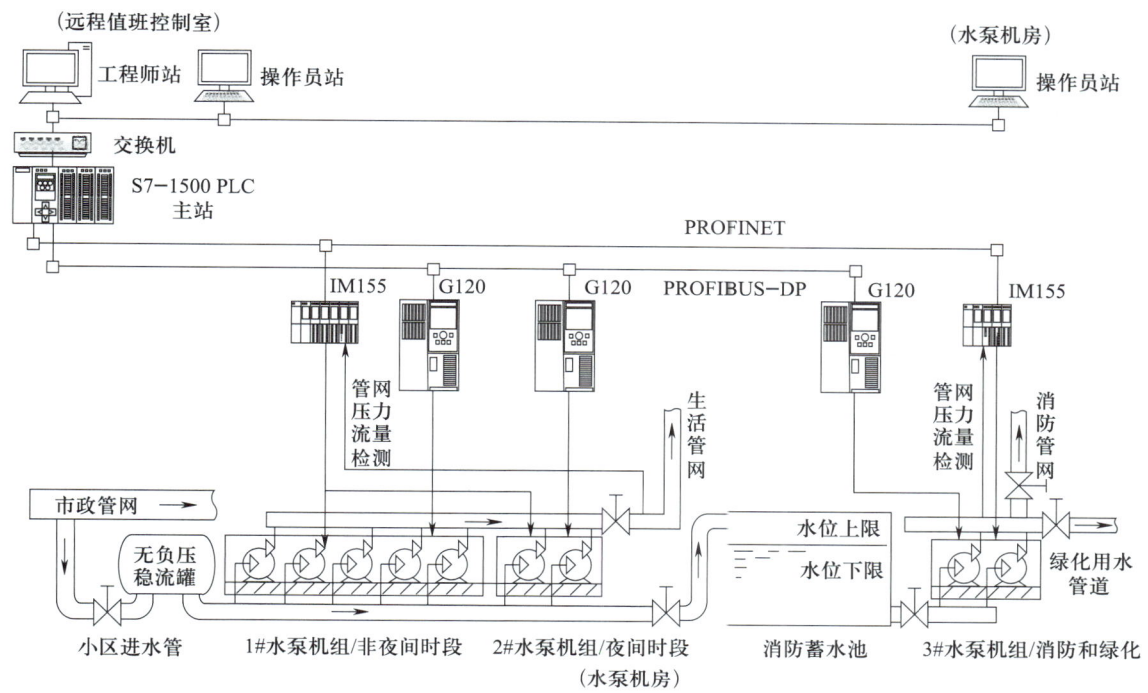

图 9-24　智能供水控制系统及自动化网络结构图

远程值班控制室位于小区物业办公室旁,包含主站控制柜、工程师站和操作员站。主站控制柜装有西门子 S7-1500 PLC,负责系统的整体控制。水泵机房则建在小区偏僻处,安装了 9 台水泵电动机和 2 套从站控制柜。其中,1# 水泵机组(5 台,大功率)用于非夜间时段生活管网供水,2# 水泵机组(2 台,小功率)用于夜间时段生活管网供水,3# 水泵机组(2 台)用于消防管网和绿化用水。为保障消防用水安全,3# 水泵机组旁设有专用消防蓄水池。

水泵机房内的 2 套从站控制柜分别包含 2 台 IM155 分布式从站和 3 台 G120 变频器,共同负责水泵机组的控制及管网压力、流量等运行数据的监测。

2.2.2　自动化网络结构设计

系统采用西门子 PROFINET 及 PROFIBUS-DP 总线技术,构建高效、可靠的自动化网络。PROFINET 是西门子新一代基于工业以太网技术的自动化总线标准,支持实时以太网、运动控制、分布式自动化等功能,为主站与从站之间的通信提供完整解决方案。PROFIBUS-DP 则用于主站与变频器之间的高速通信。

如图 9-24 所示,远程值班控制室的主站 S7-1500 PLC 通过其 PN 接口与水泵机房的 IM155 分布式从站(支持 PN 接口)实现 PROFINET 通信,同时通过 DP 接口与水泵机房的 3 台 G120 变频器(支持 DP 接口)实现 PROFIBUS-DP 通信,确保主站与从站之间的实时数据交换。

此外,主站 S7-1500 PLC 通过另一个 PN 接口连接交换机,将工程师站和操作员站纳入统一的 PROFINET 网络。工程师站负责系统的编程调试、人机界面设计及后台控制,仅由系统设计和维护人员操作。远程值班控制室操作员站提供常规操作权限,值班人员可通过授权访问人机界面(HMI),远程监控系统运行状况并进行常规操作。水泵机房操作员站则主要用于系统定期检修和故障维修时的现场运行监控。通过上述设计,系统实现了高效、智能的供水控制,同时确保了消防用水的安全性和可靠性。

2.3　任务实施

》步骤 1　生活管网分时段供水压力设计

在确保生活管网供水压力满足小区所有高层住户正常用水需求的基础上,通过对全天 24 小时不同时段生活管网出口压力、流量的数据监测,并经过一段时间的数据统计分析,发现小区住户用水量在全天 24 小时有一定的规律。例如:早、中、晚做饭期间用水量较大,特别是做晚饭期间用水量最大;上午、下午上班期间用水量相对较小,特别是在深夜到凌晨用水量极小。因此可将全天 24 小时分为 8 个时段,各时段分别对应四个供水压力设定值(P1 ~ P4),得出如图 9-25 所示的生活管网 24 小时分时段供水压力设定曲线。该曲线的压力设定、时段设定均可通过 PLC 程序编写来实现,但需要根据小区的住户数量、地势坡度以及所在地区作息时间的差异等具体情况进行调整。

1# 水泵机组在非夜间时段(早—中—晚)工作,根据不同时段的压力设定,动态调整水泵机组工作的数量及频率。2# 水泵机组在夜间时段(深夜—凌晨)工作,由于此时段用水量非常少,如继续使用大功率 1# 水泵机组,将低频持续工作、浪费电能。因此,2# 水泵机组选择了2 台小功率电动机,并以夜间供水压力 P4 为设定值,使小功率电动机工作在较高频率,提高了电动机效率,保持较好的节能效果。

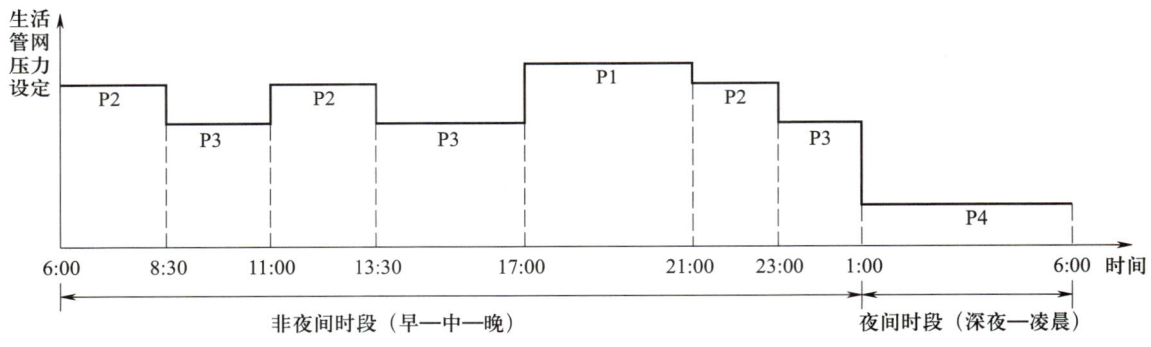

图 9-25　生活管网 24 小时分时段供水压力设定曲线

》步骤 2　水泵机组控制功能设计

如图 9-26 所示,小区水泵机房的水泵机组有 3 组,控制功能设计如下。

1# 水泵机组承担着小区非夜间时段(早—中—晚)的供水任务。在用户管网需要最大用水量时最多启用 4 台水泵即可满足供水压力的要求,剩下 1 台作为应急备用。该机组以图 9-25 中各时段设定的供水压力(P1 ~ P3)为给定量 Pr,以压力表检测的主出水管道的压力值作为反馈量 Pf,以比例积分控制作为基本控制算法组成闭环控制系统(PI 控制可通过TIA Portal 软件专用的 PID 指令组态编辑器来实现)。PLC 通过控制工频泵的数量及变频泵的输出频率,对水泵机组进行动态的水压调节,实现出口总管网的实际供水压力跟随设定供水压力变化而变化,并动态维持在设定水压正常误差范围内,以保证供水压力的恒定。同时为了保证水泵的均衡使用,延长工作寿命,5 台水泵电动机自动作为循环运行和休眠备用。

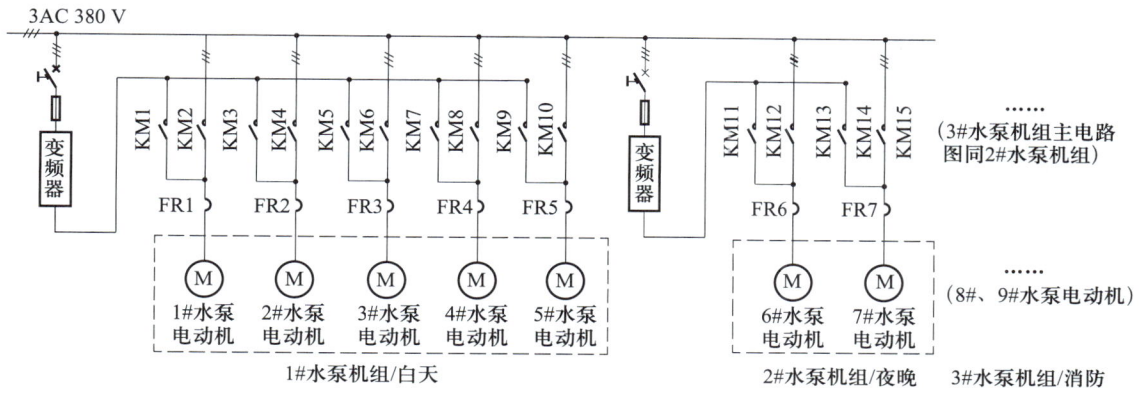

图 9-26 水泵机组主电路图

2# 水泵机组用于夜间时段(深夜—凌晨)供水。以该时段设定的供水压力 P4 为给定量 Pr,以压力表检测的主出水管道的压力值作为反馈量 Pf,进行压力闭环控制。2 台水泵电动机同样也做自动作为循环运行和休眠备用。

3# 水泵机组用于消防、绿化管网供水。消防蓄水池设置了水位上限(水池顶部)和下限(水池 4/5 高度处),在保证充足蓄水量(不少于 4/5)的前提下与小区绿化用水管道进行共用。当水位高于下限时,系统将定期自动打开小区绿化用水管道阀门,通过自动喷淋系统进行小区绿化喷洒。当水位降至下限时,系统将自动打开进水阀进行补水,直至水位达到高限。当小区临时停水,或水位低于下限时,系统会在远程控制室发出报警信号并关闭绿化用水管道阀门,以确保消防蓄水池保持足够的蓄水量应急,避免突发火灾时因小区停水造成无法弥补的损失。该蓄水池采用高位进水管和低位出水管设计,通过小区绿化用水保持了循环流动和池水的干净。

》**步骤 3** 水泵机组主电路设计与动作分析

水泵机组主电路设计如图 9-26 所示,所有水泵电动机均采用双回路供电,即由电网直接供电和变频器调节供电。为了节约成本,每一组水泵机组仅配置一台变频器,通过程序的控制和接触器的切换,实现变频器与电网对水泵机组的变频、工频交替控制。

以 1# 水泵机组为例,系统正常启动时,按顺序先闭合 KM1,由变频器启动 1# 水泵电动机,当电动机达到 50 Hz 时,进行延时判断(延时时间一般为几秒至几分钟,视水泵机组功率大小和具体调试情况而定)。若延时后还未达到管网水压,则变频器断开 KM1 并切断 1# 水泵电动机。随即 KM2 合闸,投入电网,此时 1# 水泵电动机即在工频下运行。接着系统再闭合 KM3,由变频器启动 2# 水泵电动机……依此类推,直到压力达到设定值为止。同时系统程序将检测并跳过故障停车和检修停车的电动机。以上为增泵过程,减泵过程则相反。

另外,在变频器与电网的切换过程中,为防止损坏变频器和水泵,同一组接触器之间应进行电气互锁,同时切换时应注意电网和变频器供电的相序需一致。在具体切换过程中,如需切断变频器,投入电网,应首先断开变频器与水泵电动机之间的接触器,再合上电网与该水泵电动机之间的接触器。若需切断电网,投入变频器时,动作则相反。

》**步骤 4** PLC 程序设计及流程分析

本系统的 PLC 程序设计较为复杂,且子程序较多,故只简单介绍 1# 水泵机组 / 白天各程序的主要功能,并附以较详细的主程序(OB1)流程图和水泵机组循环休眠控制算法设计。

1. 主程序（OB1）流程图设计及分析

（1）主程序（OB1）如图 9-27 所示，OB1 是整个程序的主干，被 PLC 设备的 CPU 不断循环扫描，与其他子程序共同完成系统的程序控制，其主要功能包括：系统控制方式选择；系统初始化、退出清零；地下清水池水位检测及相应的处理；压力、流量信号检测。通过判断设定压力与反馈压力的差值范围，以及流量值是否为 0，系统能够确定是否启动电磁阀与水泵及调用"工作程序（FC2）"。另外主程序还包括系统检修、运行显示、水泵电动机故障检测、系统报警等功能。

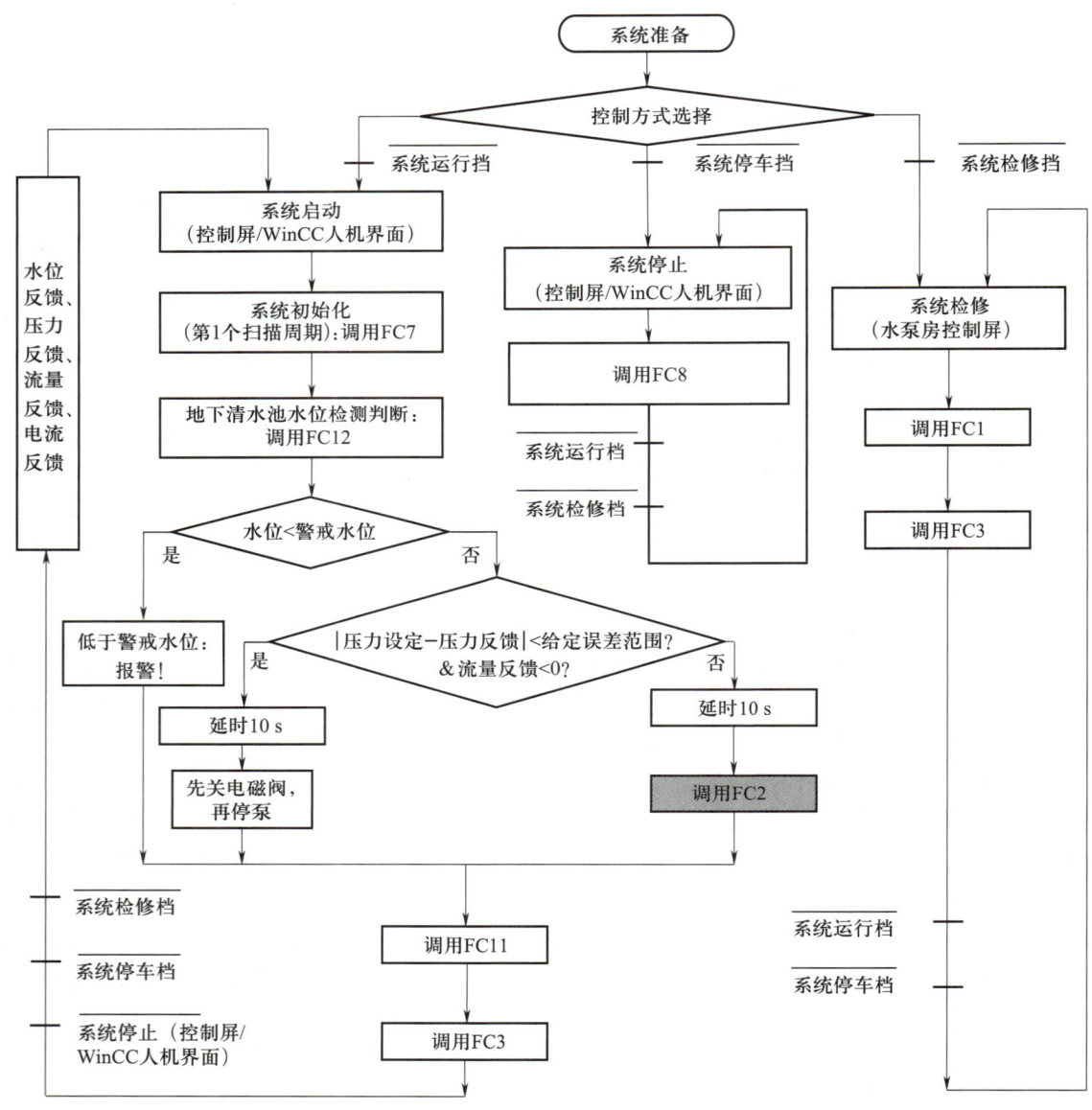

图 9-27　1# 水泵机组 / 白天主程序（OB1）流程图

（2）检修程序（FC1）：在水泵房控制屏上操作，用于检修各执行元件。

（3）工作程序（FC2）较为关键，主要功能包括：当压力表送回压力反馈信号，经转换后与压力设定信号进行 PID 运算，将计算出的当前频率给定值送与变频器，以调整变频泵的转速，从而改变管网压力;对反馈的压力、频率进行分析,判断当前是否该加泵或减泵(或只是调节频率),以及该加哪台泵、该减哪台泵,哪台泵该变频、哪台泵又该由变频转为工频;周期性调用循环休眠程序,使每台电动机与水泵都能均匀休息;同时对因管网泄漏而造成 5 台水泵同时工作且不能达到设定压力的故障情况进行报警。

(4)显示程序(FC3):用于在控制屏/人机界面上显示系统的各种信息。

(5)循环休眠程序(FC4):周期性地被工作程序调用,计算并切除出当前连续运行时间最久的泵并使之休眠,同时计算出新的变频泵序号并使之变频。

(6)加泵程序(FC5):在"压力设定 > 压力反馈"且"频率反馈 ≥ 50 Hz"时被工作程序调用,先将当前变频泵由变频切换为工频,再计算出新的变频泵序号并使之变频。

(7)减泵程序(FC6):在"压力设定 < 压力反馈"且"频率反馈 ≤ 0 Hz"时被工作程序调用,计算出当前起始泵序号(即当前工作最久的泵)并将它切除。

(8)初始化程序(FC7):用于系统启动后,第一个扫描周期的初始化清零。

(9)退出程序(FC8):用于系统停车后,所有 DO、AI/AO 量的清零或禁止。

(10)计算新的变频泵序号程序(FC9):当被加泵程序、循环休眠程序以及初始化程序调用,可计算出新的变频泵序号应换至哪台泵(跳过故障、检修泵)。

(11)计算当前起始泵序号程序(FC10):当被减泵程序及循环休眠程序调用,可计算出当前连续运行时间最久的泵是哪台,以备减泵或休眠需求。

(12)水泵电动机故障检测程序(FC11):根据电流互感器检测出的各电动机工作电流,判断出故障电动机并发出报警信号,同时被 FC7、FC9、FC10 等程序不断调用,使系统正常运行时跳过故障电动机。

(13)水位检测程序(FC12):用于检测水池水位及判断是否启动系统、给水池注水。

2. 水泵机组循环休眠控制算法设计

(1)问题的提出

1# 水泵机组承担着最主要的供水任务,在实际运行中,由于系统需要动态调节水压,使得 5 台水泵电动机要经常进行增减泵操作。但怎样增减泵才能使 5 台电动机得以均衡地工作、休眠与磨损?怎样避开故障停车电动机,使其他电动机继续正常循环工作?再者,如果在某时间段内管网压力比较稳定,造成水泵机组无增减泵操作,始终是固定的几台电动机运行,这样也会造成电动机的工作、休眠与磨损的不合理。可见,要解决以上问题,必须设计一个较为科学的水泵机组循环休眠控制算法。

(2)水泵机组循环休眠控制算法设计

总体思路上可采用"先入先出、后入后出"的循环队列控制思想。在具体的控制算法设计中,可将 5 台电动机顺序编号并建立 2 个队列,其中"增泵队列"用于计算增泵时准备投入运行的电动机序号,"减泵队列"用于计算减泵时准备停机的电动机序号。另外,为达到循环效果,在增/减泵 NO.>5 时,应将下一个准备入列的电动机序号返回至 1,以达到循环控制的目的。

a. 电动机增泵队列算法设计

电动机增泵队列算法控制流程如图 9-28 所示。在系统每次重新启动或在运行过程中满足增泵条件时即调用该增泵程序。首先通过"增泵 NO.= 增泵 NO.+1"的运算式得出当前准备入列的增泵 NO.,由于系统每次重启时增泵 NO. 的初始值为 0,一旦执行上面的运算式后增泵 NO. 即变为 1,即系统每次重启总是由 1# 泵入列并进行变频。同理,系统运行过程中准备入列的序号,也是由上一次增泵 NO. 再加 1 得到的,此时对应的电动机也由变频器启动。

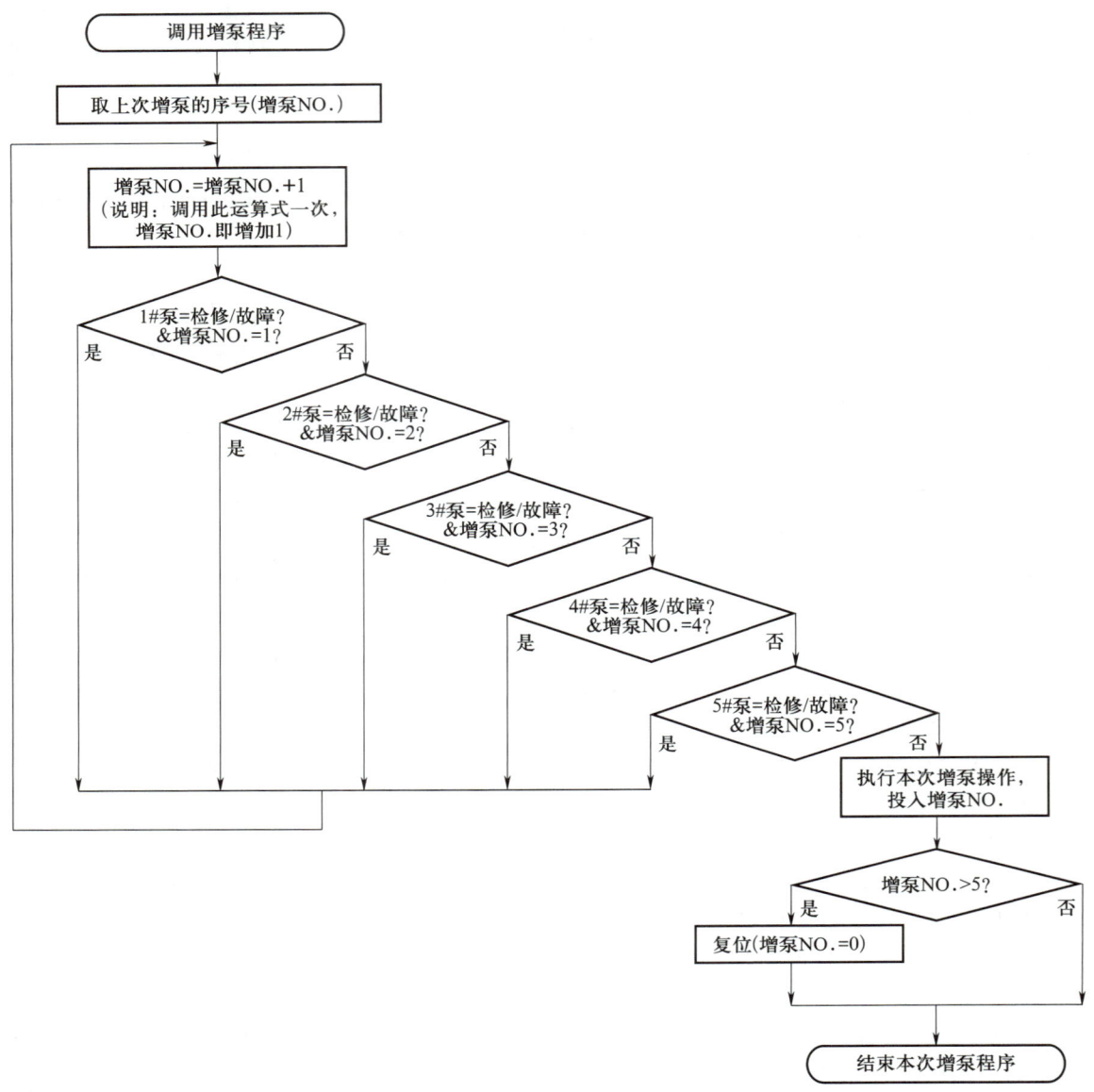

图 9-28　电动机增泵队列算法控制流程图

　　找到了增泵 NO. 后,还应考虑当前入列的电动机是否正处于故障停车或检修停车的状态(可通过相应的检测信号及 PLC 程序进行判断)。例如 1# 泵如果处于故障 / 检修状态,增泵流程将重新返回,再执行一次"增泵 NO.= 增泵 NO.+1"运算,此时增泵 NO. 即变为 2,从而有效地跳过处于故障 / 检修状态的 1# 电动机。

　　相反,如果系统启动时 1# 泵完好,则在程序流程中将一直执行"否"的判断,直至执行本次增泵操作,投入 1# 泵。另外,当准备入列的 NO.>5 时,程序流程自动将增泵 NO. 复位为 0,即进入新一轮的增泵循环。

　　实际上,管网压力的变化并不是有规律的,导致每台电动机每次连续运行的时间也不一样。但从长期运行统计来看,这种控制方法能够使每台电动机运行的时间基本相当,以达到电动机均衡使用、循环休眠、延长工作寿命的目的。

b. 电动机减泵队列算法设计

电动机减泵与增泵的控制算法基本类似,采用的都是队列的控制思想。为保证电动机的均衡工作和休眠,减泵采用了"先进先出、后进后出"的算法设计,即在当前运行的电动机中,谁是相对最先投入运行的那台电动机,在执行减泵操作时就应将其最先减泵出列。在减泵程序设计时,同样需要考虑跳过故障 / 检修泵。

c. 电动机队列定期强制循环控制

在实际运行中,也存在这样一种情况,由于某时间段内用户用水量比较稳定,管网压力也比较稳定,造成水泵机组无增、减泵动作执行,始终是固定的几台电动机运行,仅由其中一台做变频调节,而其他的电动机一直休眠。为避免这种少量设备运行、磨损不合理的情况,可采用一种非常巧妙的方法强行打破这种平衡以实现水泵机组队列的循环。具体方法是先设定一个强制队列循环的时间周期(比如 1 h)。当水泵机组连续运行且无增 / 减泵动作的时间超过时间周期设定值后,系统将强行停止当前运行时间最长的那台水泵,即瞬间造成系统管网供水压力减小,使 $Pf<Pr$。由于系统设计了 PI 闭环控制,随之会自动调用"增泵程序",投入一台新的水泵电动机,使系统供水压力经过短暂的不稳定之后又一次进入稳定的运行状态,从而实现电动机队列的定期强制循环控制。

》步骤 5 完成系统设备和网络组态并进行系统人机界面设计

1. 系统设备和网络组态

本系统的设计采用了西门子 TIA Portal 软件,它是西门子工业自动化集团发布的一款全新的全集成自动化软件,是业内首个采用统一的工程组态和软件项目环境的自动化软件,几乎适用于所有自动化任务。

使用 TIA Portal 软件进行项目设计时,需先进行设备硬件组态、网络组态及通信调试;再进行 PLC 全局变量表编写、PLC 程序设计、变频器参数设置、WinCC 人机界面设计;最后进行系统调试,程序和参数修订、优化等。TIA Portal 软件可完成上述所有设计任务,真正意义上实现了全集成自动化设计。

系统设备和网络组态界面如图 9–29 所示。主站选用了 CPU 1516–3 PN/DP,从站选用了 IM 155–6 PN 分布式从站,变频器选用了两台 G120 变频器。网络包括了 PROFINET 及 PROFIBUS–DP 总线。

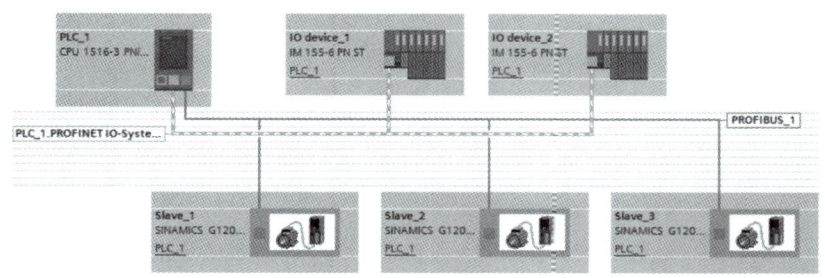

图 9–29 系统设备和网络组态界面

2. 系统人机界面设计

系统的人机界面(HMI)采用了 TIA Portall 软件里的 WinCC 软件进行设计,主要包括 1# ~ 3# 水泵机组的运行界面、系统网络界面、系统主电路运行界面、变频器参数曲线界面以及故障报警记录界面等。每个人机界面都可以直观、动态、实时地显示系统当前的工作情况及相关信息。其中,最为主要的 1# 水泵机组运行界面如图 9–30 所示,5 台电动机运行情况(工频、变频、停车），管网压力和流量等实时数据都可以直观地在 HMI 中显示出来。

值班人员通过授权可以访问值班室操作员站的 HMI，轻松地进行远程操作和实时监控，远离了泵房的噪声污染。

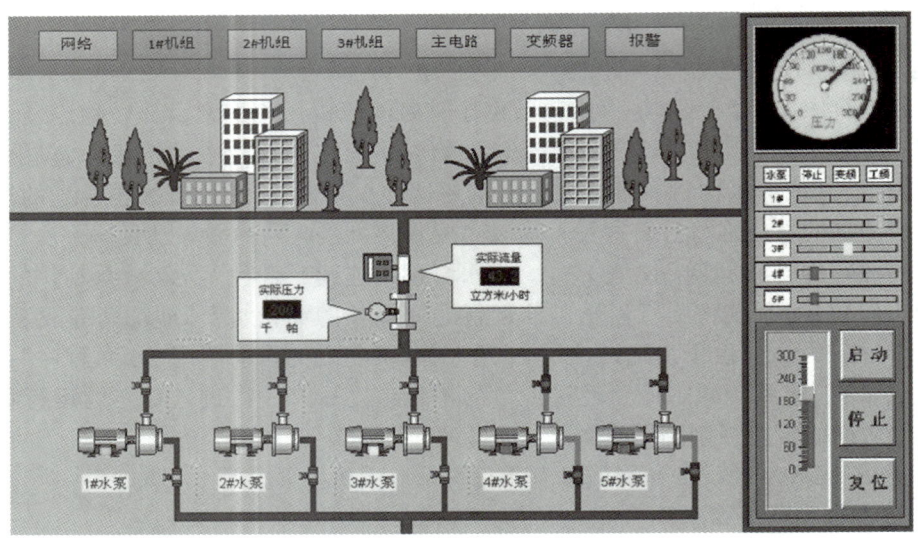

图 9–30　1# 水泵机组运行界面

本任务采用先进的西门子 PROFINET 总线技术、新一代 S7-1500 PLC 和 G120 变频器构建的小区智能供水控制系统，将生活用水、消防用水、绿化用水进行了有机的统一设计，较好地提升了现代生活小区的供水质量和供水安全。通过对生活管网供水压力的分时段自动调节，增设夜间时段的小功率水泵机组，达到了最佳的节能效果。通过对水泵机组进行循环休眠智能算法控制，最大限度地延长了电动机的工作寿命，降低了设备的使用维护成本。通过 PROFINET、PROFIBUS–DP 总线将所有控制设备进行网络连接，TIA Portal 软件对系统进行全集成控制设计，HMI 实现远程实时监控和泵房无人值守，有效提升了系统的智能控制水平，降低了管理维护费用，具有良好的实用性、经济性和推广价值。

拓展训练：设计稻田浇灌控制系统

【任务情景】

随着科技的发展,智能灌溉已经成为一种趋势。不仅可以提高灌溉的效率,提高农作物的产量,减少农业成本,提高农民的收入。还可以提高农业的抗旱能力,减少农作物受灾的风险,因此智能灌溉有着广阔的应用前景。本任务设计一个稻田浇灌控制系统,并实现 PLC 与昆仑通态触摸屏的通信。

1. 任务描述与引导问题

如图 9-31 所示,某稻田浇灌系统,水池中有水资源若干,通过水管进入加肥机加肥,并存储在混料罐中,再通过分水阀流入地块。

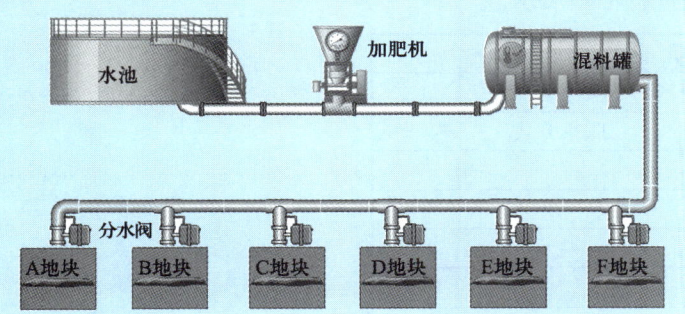

图 9-31　稻田浇灌系统

控制要求

（1）加肥机:由水池进水阀和肥料加料阀及振动电磁铁构成,阀门由三相异步电动机驱动。启动加肥机,系统将水和肥料按一定的比例混合,输送到混料罐,并能实时显示剩余的肥料,当混料罐的容量为 100% 或剩余肥料为 0 时,水肥机自动停止加料。

（2）混料罐:接收水肥机加肥处理后的溶液,并实时显示剩余的容量。

（3）分水阀:由电磁阀驱动,分水阀按时间原则依次为 6 块地施肥。施肥一遍后分水阀自动停止运行。当混料罐的容量低于 1% 时,分水阀自动停止,并发出警报。只有当混料罐的容量大于 50% 时,分水阀才可以重新启动。

📝 引导问题 1

如何通过背景块设定每块地块的施肥量,或如何按不同配方进行生产？

_____

_____

_____

📝 引导问题 2

混合罐的液位检测，采用液位传感器和干簧片检测各有何特点？

_____

_____

_____

2. 制订计划

根据上述引导问题所提出的控制工艺要求，小组内互相讨论，制订工作计划，并派代表进行汇报展示。

工作计划单					
小组基本资料					
组别	关系	姓名	联系方式		
第　组	组长				
	组员				
工作计划					
序号	工作流程	预计用时	使用工具/材料/设备/软件	数量	负责人
1					
2					
3					
4					
5					
其他说明					
计划评价	教师评语： 签字： 　年　　月　　日				

3. 实施步骤

» 步骤1 设计 I/O 地址分配表

I/O 设备名称	I/O 地址	说明

» 步骤2 设计 I/O 接线示意图

» 步骤3 硬件组态

» 步骤4 程序设计

» 步骤5 程序调试

4. 任务检查

实施检查单（工作过程小组自查）				
序号	工作流程	实际用时	工作过程中遇到的问题及解决方法	负责人
1				
2				
3				
4				
5				

工作成果小组自查		
检查项目	检查结果	完成度
I/O 地址分配表		
I/O 接线示意图		
程序设计		
程序调试（按功能实现情况检查）		
教师检查	检查结论： 签字： 年　　月　　日	

5. 效果评估

训练完成后，综合个人、小组在完成任务过程中的表现和教师的评价，明确学习的重点和后期的改进方向。

评价指标	评价内容	评分	评价结果
获取与处理信息	能根据工作内容有效利用网络、学习平台自主学习	5	
	能依据图书资源、工作手册等资料查找相关信息		
行为表现	仪态自然、大方	5	
	语言表达流畅、逻辑清晰		
	层次分明、准确		
团队精神	积极参与讨论，完成小组给定的软硬件设计任务，与老师和同学相处融洽	10	
	在讨论中提出自己的见解，并倾听同学的意见，适应小组工作方式		
	在小组工作中态度友好，富有创新性；能够代表本小组与其他小组同学交流和探讨		
学习方法	独立确定学习时间、方法，能解决调试过程中出现的问题	10	
	认识自己的缺陷并及时补救		
	能独立决定学习进度和制定设计方案，做到有效学习		
工作过程	遵守实验实训室管理规定，确保工作过程安全有效	50	
	工具、器件摆放有序，工作台面整洁		
	善于发现问题、分析问题、解决问题		
	能正确完成工作任务		
工匠精神	绘制的接线示意图整齐、美观	20	
	程序设计正确、严谨		
	硬件及外围接线整齐、可靠，无裸露及松动		
自评得分：		核定总分：	

【能力测试】

现有一台投币洗车机，用于自助清洗车辆。请设计一套基于 PLC 的控制系统，满足以下控制要求。

（1）洗车机的蓄水池由电磁阀控制进水，液位检测采用干簧片传感器，支持手动和自动两种控制模式。在自动模式下，当蓄水池液位低于设定值 L1 时，电磁阀自动打开；当液位高于设定值 L2 时，电磁阀自动关闭。

（2）喷水枪由三相异步电动机驱动，需支持手动启停控制。每投币一元，洗车机可运行 10 min，但喷水功能仅持续 5 min。若出现以下任一条件，洗车机将立即停止运行：投币时间结束、蓄水池液位低于 L1 或手动停止指令触发。

设计目标包括：实现蓄水池液位的自动和手动控制，确保液位在安全范围内；实现喷水枪的投币计时控制，确保喷水功能与投币时间匹配；提供故障保护机制，确保系统在异常情况下能够安全停止；编写清晰、高效的 PLC 程序，满足功能需求并具备可扩展性。

主要参考文献

［1］程龙泉,满海波.PLC编程与应用技术［M］.北京:冶金工业出版社,2015.

［2］廖常初.S7-300/400 PLC应用技术［M］.4版.北京:机械工业出版社,2016.

［3］沈治.PLC编程与应用(S7-1200)［M］.2版.北京:高等教育出版社,2025.

［4］余攀峰.西门子S7-1200 PLC项目化教程［M］.北京:机械工业出版社,2022.

［5］李鸿儒,梁岩.电气控制与S7-1500 PLC应用技术［M］.北京:机械工业出版社,2021.

［6］向晓汉.西门子PLC工业通信完全精通教程［M］.北京:化学工业出版社,2013.

［7］郭汀.电气制图标准实用手册［M］.北京:中国标准出版社,2015.

郑重声明

高等教育出版社依法对本书享有专有出版权。任何未经许可的复制、销售行为均违反《中华人民共和国著作权法》，其行为人将承担相应的民事责任和行政责任；构成犯罪的，将被依法追究刑事责任。为了维护市场秩序，保护读者的合法权益，避免读者误用盗版书造成不良后果，我社将配合行政执法部门和司法机关对违法犯罪的单位和个人进行严厉打击。社会各界人士如发现上述侵权行为，希望及时举报，我社将奖励举报有功人员。

反盗版举报电话 （010）58581999 58582371
反盗版举报邮箱 dd@hep.com.cn
通信地址 北京市西城区德外大街 4 号 高等教育出版社知识产权与法律事务部
邮政编码 100120